HarmonyOS NEXT 启程
零基础构建纯血鸿蒙应用

KFive启程小组 / 著

电子工业出版社
Publishing House of Electronics Industry
北京·BEIJING

内 容 简 介

HarmonyOS NEXT 操作系统被誉为"纯血鸿蒙",是操作系统领域的重大突破。该系统采用全新的底层架构和 API,为开发者带来了全新的机遇和挑战。

本书从初学者的角度出发,通过系统的讲解和丰富的实例,引导读者逐步掌握 HarmonyOS NEXT 的开发精髓。本书首先介绍 HarmonyOS 的背景知识,讲解如何配置环境,运行第一个 HelloWorld 项目程序。然后讲解 HarmonyOS 开发的核心技能,包括 ArkTS 和 ArkUI,帮助读者完成一个简单的应用。之后着重讲解 UIAbility、网络、数据、多媒体等内容,以丰富应用功能。此外,本书提供进阶知识,如 HarmonyOS 元服务、工具技巧、ArkTS 多线程和多设备适配。最后通过开发一个综合性的 App,将所讲知识融会贯通。

无论是初入 HarmonyOS 开发领域的新手,还是已经有一定开发经验的开发者,抑或希望深入了解 HarmonyOS 内部原理的高级开发者,都将从中获得有价值的参考和指导。

未经许可,不得以任何方式复制或抄袭本书之部分或全部内容。
版权所有,侵权必究。

图书在版编目(CIP)数据

HarmonyOS NEXT 启程 : 零基础构建纯血鸿蒙应用 / KFive 启程小组著. -- 北京 : 电子工业出版社, 2024.9. -- ISBN 978-7-121-48832-0

Ⅰ. TN929.53
中国国家版本馆 CIP 数据核字第 2024HT1129 号

责任编辑:宋亚东　　　文字编辑:李秀梅
印　　刷:固安县铭成印刷有限公司
装　　订:固安县铭成印刷有限公司
出版发行:电子工业出版社
　　　　　北京市海淀区万寿路 173 信箱　邮编:100036
开　　本:787×980　1/16　印张:22.5　字数:522 千字
版　　次:2024 年 9 月第 1 版
印　　次:2025 年 1 月第 3 次印刷
定　　价:108.00 元

凡所购买电子工业出版社图书有缺损问题,请向购买书店调换。若书店售缺,请与本社发行部联系,联系及邮购电话:(010)88254888,88258888。

质量投诉请发邮件至 zlts@phei.com.cn,盗版侵权举报请发邮件至 dbqq@phei.com.cn。
本书咨询联系方式:faq@phei.com.cn。

前　言

笔者从事移动开发工作多年，从最初在 Symbian 系统上编写小游戏，到从事 Android、iOS 开发，再到利用前端技术进行跨平台开发，每一次转变都见证了一个又一个奇迹诞生。自华为 2019 年发布的 HarmonyOS 至 2023 年发布的 HarmonyOS 4，均兼容 Android 系统。到了 2024 年，HarmonyOS NEXT 首次亮相，引起了广泛关注。它不仅因其创新性而备受瞩目，更因其与 Android 系统的不兼容性而备受期待。这款全新的操作系统不仅承载着华为对未来智能设备生态的愿景，还挑战着开发者的传统思维模式。笔者在适配和开发过程中经历的挑战和学习不仅限于技术层面，更多的是如何在新系统中找到创新的机会。

在这样的背景下，笔者决定将自己在探索和掌握这个全新操作系统过程中的心得体会以及遇到问题的解决方法，通过本书分享给广大开发者。

目前，本书是国内首本基于 HarmonyOS NEXT API 11 进行系统讲解的技术图书。希望各位读者在阅读本书的过程中，能够积极思考、勇于实践，不断探索 HarmonyOS 的奥秘，将自己的想法和创意转化为实实在在的应用成果。

本书读者对象

无论是初入 HarmonyOS 开发领域的新手，还是已经有一定开发经验的开发者，抑或希望深入了解 HarmonyOS 内部原理的高级开发者，都将从中获得有价值的参考和指导。在开始阅读本书之前，如果你从未涉足移动端开发领域，那么建议先了解 JavaScript 语言。因为本书是使用 ArkTS 语言进行开发的，ArkTS 是基于 JavaScript 的一门语言。如果对 JavaScript 有所了解，将会非常有助于学习本书的内容。如果你之前从事过大前端的开发工作，不管是 iOS、Android 还是前端开发，那么在阅读过程中都会感到很熟悉，因为很多设计模块的开发过程都是相通的。如果你之前已经了解 HarmonyOS，那么本书提供的最新 API 应用的知识会让你对 HarmonyOS

的认识更进一步。此外，本书还提供了很多进阶内容，相信一些资深开发者看过之后会有新的启发。

本书主要内容

本书的内容设计从易到难，适合不同阶段的读者学习，既适合初学者，也为有经验的开发者提供了丰富的技术参考和实战经验。第 1 章介绍了 HarmonyOS 的发展历史，讲解了系统的整体架构以及如何配置环境，如何运行第一个 HelloWorld 项目程序。第 2~4 章讲解了 HarmonyOS 开发的核心技能，包括 ArkTS 的一些基础知识，如类、变量、接口、函数等，以及如何使用 ArkUI 进行界面开发、组件的生命周期，帮助读者完成一个简单的应用，之后介绍的 UIAbility 可帮助读者理解组件之间的交互。第 5~7 章主要针对网络、数据、多媒体等内容进行了深入讲解，利用数据存储和网络来丰富应用功能。第 8~12 章提供了一些进阶知识，如 HarmonyOS 元服务、工具技巧、ArkTS 多线程和多设备适配，辅助读者深入理解 HarmonyOS 开发方法。第 13 章是实战部分，通过开发一个综合性的 App，将所讲知识融会贯通。第 14 章介绍了 HarmonyOS 应用发布的整体流程。

致谢

本书在写作过程中得到了多位一线开发人员的支持，尤其感谢董伟平在全书出版过程中做出的努力，感谢袁国正、陈松、樊帅飞、邓燕周、潘铭、杨梅、赵聪等在开发过程中把经验及时沉淀和分享，让本书的广度和深度都得以完善。

作 者

读者服务

微信扫码回复：48832

- 获取本书配套项目源码。
- 加入本书读者交流群，与本书作者互动。
- 获取【百场业界大咖直播合集】（持续更新），仅需 1 元。

目 录

第1章 初识HarmonyOS，开启探索之旅 / 1

1.1 HarmonyOS简介 / 1
- 1.1.1 HarmonyOS系统 / 2
- 1.1.2 HarmonyOS系统架构 / 2
- 1.1.3 HarmonyOS应用 / 4

1.2 一览应用包组成 / 4
- 1.2.1 应用包组成 / 4
- 1.2.2 应用包开发调试与发布部署流程 / 5

1.3 开始运行第一行HarmonyOS代码 / 6
- 1.3.1 环境搭建 / 6
- 1.3.2 运行HarmonyOS项目 / 7
- 1.3.3 HarmonyOS项目结构分析 / 12

1.4 本章小结 / 14

第2章 ArkTS语言快速入门 / 15

2.1 什么是ArkTS / 15
- 2.1.1 ArkTS简介 / 15
- 2.1.2 ArkTS与TypeScript、JavaScript的不同 / 16

2.2 基本数据类型 / 16
- 2.2.1 布尔值 / 16
- 2.2.2 数字 / 17
- 2.2.3 字符串 / 18
- 2.2.4 数组 / 19
- 2.2.5 枚举 / 19
- 2.2.6 对象 / 20
- 2.2.7 空值 / 22
- 2.2.8 联合类型 / 22
- 2.2.9 类型别名 / 23
- 2.2.10 其他类型 / 23

2.3 变量 / 25
- 2.3.1 声明 / 25
- 2.3.2 运算符 / 26
- 2.3.3 Null与Undefined / 26

2.4 接口 / 27
- 2.4.1 接口声明 / 27
- 2.4.2 接口属性 / 28
- 2.4.3 接口继承 / 29

2.5 函数 / 29
- 2.5.1 函数声明 / 29
- 2.5.2 可选参数 / 30

2.5.3 剩余参数 /30
2.5.4 函数类型 /31
2.5.5 箭头函数 /31
2.5.6 闭包 /31
2.6 类 /32
2.6.1 类声明 /32
2.6.2 字段 /33
2.6.3 字段初始化 /34
2.6.4 存取器 /34
2.6.5 继承 /35
2.6.6 方法重载 /36
2.6.7 对象字面量 /36
2.7 泛型类型 /37
2.8 空安全 /37
2.8.1 非空断言运算符 /38
2.8.2 空值合并运算符 /38
2.8.3 可选链 /38
2.9 模块 /39
2.9.1 导出 /39
2.9.2 导入 /39
2.10 JSON /40
2.11 其他问题 /41
2.11.1 interface与class的区别 /41
2.11.2 TypeScript写单例 /41
2.12 本章小结 /42

第3章 打造精美界面 /43

3.1 ArkUI简介 /43
3.2 ArkUI基本语法 /43
3.2.1 ArkUI语法结构 /43
3.2.2 状态变量 /45
3.2.3 自定义构建函数 /46
3.2.4 渲染控制 /47

3.3 自定义组件及页面生命周期 /49
3.4 布局 /52
3.4.1 布局概述 /52
3.4.2 线性布局 /53
3.4.3 层叠布局 /56
3.4.4 相对布局 /57
3.4.5 列表 /58
3.5 页面路由 /61
3.5.1 页面跳转 /61
3.5.2 页面返回 /63
3.6 本章小结 /63

第4章 深入探究UIAbility /64

4.1 UIAbility概述 /64
4.1.1 Stage模型概述 /64
4.1.2 UIAbility声明配置 /65
4.2 UIAbility生命周期 /66
4.2.1 Create状态 /66
4.2.2 WindowStageCreate和
WindowStageDestroy状态 /67
4.2.3 Foreground和Background状态 /68
4.2.4 Destroy状态 /69
4.3 UIAbility间交互 /69
4.3.1 启动应用内的UIAbility /69
4.3.2 启动应用内的UIAbility并获取
返回结果 /72
4.3.3 启动其他应用的UIAbility /73
4.4 UIAbility启动模式 /75
4.4.1 singleton启动模式 /75
4.4.2 multiton启动模式 /75
4.4.3 specified启动模式 /76
4.5 使用EventHub进行数据通信 /78
4.6 本章小结 /79

第5章 网络技术应用 / 80

5.1 Web组件的用法 / 80
- 5.1.1 加载网络HTML链接 / 80
- 5.1.2 加载本地网页 / 81
- 5.1.3 Web和JavaScript交互 / 82
- 5.1.4 处理页面导航 / 85
- 5.1.5 拦截页面内请求 / 87
- 5.1.6 设置和获取cookie / 88

5.2 使用HTTP访问网络 / 89
- 5.2.1 使用http模块 / 89
- 5.2.2 简单热榜示例 / 92
- 5.2.3 使用WebSocket / 97

5.3 可用的网络库：axios / 99
- 5.3.1 axios的基本用法 / 99
- 5.3.2 实战：使用axios重构简单热榜列表 / 100

5.4 本章小结 / 101

第6章 数据持久化技术详解 / 102

6.1 应用沙箱 / 102
- 6.1.1 应用文件目录 / 102
- 6.1.2 获取应用文件目录 / 105

6.2 数据持久化 / 107
- 6.2.1 普通文件存储 / 107
- 6.2.2 用户首选项 / 109
- 6.2.3 键值数据库 / 114
- 6.2.4 关系数据库 / 119

6.3 本章小结 / 125

第7章 熟练运用手机多媒体 / 126

7.1 多媒体系统架构 / 126

7.2 音频 / 127
- 7.2.1 音频播放开发概述 / 127
- 7.2.2 使用AVPlayer播放音频 / 128
- 7.2.3 使用AudioRenderer播放音频 / 132
- 7.2.4 使用SoundPool播放音频 / 134
- 7.2.5 音频录制概述 / 136
- 7.2.6 使用AVRecorder录制音频 / 136
- 7.2.7 使用AudioCapturer录制音频 / 138

7.3 视频 / 140
- 7.3.1 视频播放开发概述 / 140
- 7.3.2 使用AVPlayer播放视频 / 140
- 7.3.3 使用Video组件播放视频 / 145
- 7.3.4 使用AVRecorder录制视频 / 148

7.4 相机 / 151
- 7.4.1 相机开发概述 / 151
- 7.4.2 预览 / 154
- 7.4.3 拍照 / 155

7.5 图片 / 157
- 7.5.1 图片开发概述 / 157
- 7.5.2 图片解码 / 158
- 7.5.3 图片编码 / 158
- 7.5.4 图像变换 / 159

7.6 媒体文件管理 / 162
- 7.6.1 媒体文件管理概述 / 162
- 7.6.2 查询和更新用户相册资源 / 162
- 7.6.3 查询系统相册资源 / 163

7.7 本章小结 / 164

第8章 HarmonyOS元服务开发与应用 / 165

8.1 元服务 / 165
- 8.1.1 创建一个元服务项目 / 166
- 8.1.2 如何在桌面添加元服务 / 169
- 8.1.3 元服务基础知识 / 171

8.2 服务卡片 / 173

8.2.1 服务卡片的基础架构 / 173
8.2.2 服务卡片的开发方式 / 174
8.2.3 静态卡片和动态卡片 / 175
8.2.4 如何通过IDE创建一个服务卡片 / 176

8.3 服务卡片的生命周期与应用 / 179
8.3.1 生命周期 / 179
8.3.2 extensionAbilities配置 / 181
8.3.3 卡片相关的配置文件 / 182
8.3.4 手动触发下一次更新时间 / 183
8.3.5 数据操作 / 184
8.3.6 举例 / 185

8.4 服务卡片的交互与应用 / 187
8.4.1 action为router / 188
8.4.2 action为message / 192
8.4.3 action为call / 194

8.5 编写一个待办列表 / 197
8.5.1 目录结构 / 197
8.5.2 首页 / 198
8.5.3 服务卡片 / 200
8.5.4 数据操作类 / 203

8.6 本章小结 / 206

第9章 DevEco Studio调试技巧 / 207

9.1 一些必备的基础知识 / 207
9.1.1 HAP的安装流程 / 207
9.1.2 HDC简介 / 208

9.2 代码断点调试 / 209
9.2.1 添加和管理断点 / 209
9.2.2 启动调试 / 211
9.2.3 ArkUI逻辑调试 / 214
9.2.4 C/C++调试 / 218

9.3 使用ArkUI Inspector调试UI布局信息 / 222
9.4 WebView的调试 / 224
9.5 查看日志 / 225
9.5.1 HiLog / 227
9.5.2 FaultLog / 229

9.6 性能监测 / 230
9.7 常用的快捷键 / 233
9.8 本章小结 / 234

第10章 ArkTS多线程开发概览 / 235

10.1 ArkTS线程模型的特点 / 235
10.1.1 ArkTS线程模型的特点和比较 / 235
10.1.2 ArkTS线程设计的优缺点 / 237

10.2 ArkTS多线程开发的注意点 / 238
10.2.1 线程同步方式 / 239
10.2.2 线程数据传输方式 / 240
10.2.3 如何让代码在子线程上运行 / 241
10.2.4 使用@Concurrent和@Sendable时对闭包和ES module的限制 / 241
10.2.5 使用@ohos.taskpool时运行环境的初始化问题 / 244
10.2.6 使用@ohos.taskpool时运行环境的清理问题 / 247
10.2.7 如何跨VM传输function和class / 248

10.3 异步 API 的使用 / 253
10.3.1 await 和 Promise的使用 / 253
10.3.2 await和Promise的实现 / 257
10.3.3 用同步API还是异步API / 258

10.4 本章小结 / 261

第11章 自由流转，让应用无处不在 / 262

11.1 什么是自由流转 / 262
- 11.1.1 跨端迁移 / 262
- 11.1.2 多端协同 / 262
- 11.1.3 HarmonyOS 可实现的流转场景 / 263

11.2 服务互通 / 263
- 11.2.1 设备限制和使用限制 / 263
- 11.2.2 核心API / 263

11.3 应用接续 / 266
- 11.3.1 工作机制与流程 / 266
- 11.3.2 设备限制与使用限制 / 267
- 11.3.3 核心API / 267
- 11.3.4 应用接续开发流程 / 268
- 11.3.5 迁移功能可选配置 / 271
- 11.3.6 应用接续的注意事项 / 272

11.4 媒体播控 / 272
- 11.4.1 HarmonyOS 媒体播控的基本概念 / 273
- 11.4.2 工作机制与流程 / 273
- 11.4.3 设备限制与使用限制 / 274
- 11.4.4 核心API / 274
- 11.4.5 开发步骤及示例代码 / 275

11.5 跨设备拖曳和剪贴板 / 279
- 11.5.1 运作机制 / 279
- 11.5.2 设备限制与使用限制 / 280
- 11.5.3 开发指导 / 281

11.6 本章小结 / 283

第12章 一次开发，多端部署 / 284

12.1 HarmonyOS多设备适配简介 / 284

12.2 开发前的工作 / 284

12.3 "一多"工程配置 / 285
- 12.3.1 目录结构调整 / 285
- 12.3.2 模块配置调整 / 288

12.4 "一多"页面布局开发 / 290
- 12.4.1 自适应布局 / 290
- 12.4.2 响应式布局 / 296

12.5 多设备功能适配 / 306
- 12.5.1 系统能力适配 / 306
- 12.5.2 应用尺寸限制和适配 / 308

12.6 本章小结 / 309

第13章 打造多层级Tab信息流App / 310

13.1 项目设计 / 310
- 13.1.1 功能与界面设计 / 310
- 13.1.2 架构设计 / 310

13.2 一级Tab实现 / 312

13.3 二级Tab实现 / 313

13.4 信息流 / 315
- 13.4.1 信息流模板实现 / 316
- 13.4.2 信息流单击事件处理 / 325
- 13.4.3 信息流内容页实现 / 326

13.5 信息流数据的网络请求和处理 / 328

13.6 本章小结 / 332

第14章 HarmonyOS应用发布 / 333

14.1 HarmonyOS应用发布整体流程 / 333

14.2 准备签名文件 / 334
- 14.2.1 生成密钥和证书请求文件 / 334

14.2.2 创建AGC项目 / 336
14.2.3 创建HarmonyOS应用 / 337
14.2.4 申请发布证书 / 338
14.2.5 申请发布Profile文件 / 340
14.3 配置构建App / 341
14.3.1 配置签名信息 / 341
14.3.2 编译构建App / 343
14.4 上架应用市场 / 343
14.5 本章小结 / 348

第 1 章 初识 HarmonyOS，开启探索之旅

1.1 HarmonyOS 简介

欢迎来到 HarmonyOS 探索之旅。HamonyOS 是由华为自主研发的面向全场景的分布式操作系统，旨在将人、设备、场景有机地联系起来，打造一个超级虚拟终端互联世界，让消费者在多种智能终端设备中畅享全场景体验。下面通过表 1-1 回溯 HarmonyOS 的发展历程。

表 1-1 HarmonyOS 的发展历程

时 间	版 本	说 明
2019 年 8 月	HarmonyOS 1.0	华为在东莞举行华为开发者大会，正式发布操作系统 HarmonyOS，同时宣布该操作系统的源码开源
2020 年 9 月	HarmonyOS 2.0	此版本主要用于手机、手表、平板等终端设备
2022 年 7 月	HarmonyOS 3.0	该版本针对应用程序的生态系统和体验进行了进一步改进，并加入了新的功能和特性
2023 年 8 月	HarmonyOS 4.0	融合多设备生态，实现全场景互联，更安全、更个性、更流畅
2023 年 8 月	HarmonyOS NEXT 开发者预览版	HarmonyOS NEXT 开发者预览版正式发布，不再兼容 Android 系统

2024 年 1 月，华为举行了"鸿蒙生态千帆启航"发布会，正式宣布 HarmonyOS NEXT 鸿蒙星河版系统的开发者预览版开放申请。截至本书写作时，已经有超过 200 家头部企业参与

HarmonyOS 原生应用的开发，305 所高校学生参与鸿蒙活动，超过 38 万名开发者通过 HarmonyOS 认证，鸿蒙生态乘风千帆而起。说到这里，相信大家迫不及待地想要学习 HarmonyOS 开发方法了，接下来就正式开启 HarmonyOS 探索之旅。

1.1.1 HarmonyOS 系统

在 HarmonyOS NEXT 系统发布之前，HarmonyOS 系统包含两种：一种是 HarmonyOS，另一种是 OpenHarmony。

- 从支持应用运行的角度看：HarmonyOS 系统同时支持 Android 应用、HarmonyOS 应用运行；OpenHarmony 系统不支持 Android 应用运行，只支持 HarmonyOS 应用运行。
- 从支持应用开发语言看：HarmonyOS 系统应用开发语言支持 Java、JavaScript、C++；OpenHarmony 系统应用开发语言支持 ArkTS、JavaScript、C++。
- 从系统使用场景看：HarmonyOS 系统只用于提供给华为终端设备使用，类似于 Android 系统；OpenHarmony 系统提供了鸿蒙基础能力的底座，可供手机、嵌入式设备等使用，类似于 AOSP。

在 HarmonyOS NEXT 系统发布后，HarmonyOS 系统可直接升级至 HarmonyOS NEXT。截至本书写作时，HarmonyOS NEXT 系统已发布 Developer Preview1 版本，本书后续也是基于此版本进行介绍的。

注：对于本书提到的 HarmonyOS 系统，如无特殊说明，均指 HarmonyOS NEXT 系统。

1.1.2 HarmonyOS 系统架构

为了更好地理解 HarmonyOS 系统是如何运作的，先来看 HarmonyOS 系统的整体架构，如图 1-1 所示。HarmonyOS 系统遵从分层设计，从下向上依次为内核层、系统服务层、框架层和应用层。

1. 内核层

- 内核子系统：采用多内核（Linux 内核或者 LiteOS）设计，支持针对不同资源受限设备选用适合的 OS 内核。内核抽象层（Kernel Abstract Layer，KAL）通过屏蔽多内核差异，对上层提供基础的内核能力，包括进程/线程管理、内存管理、文件系统、网络管理和外设管理等。
- 驱动子系统：HDF（硬件驱动框架）是系统硬件生态开放的基础，提供统一外设访问能力和驱动开发、管理框架。

2. 系统服务层

系统服务层是 HarmonyOS 系统的核心能力集合，通过框架层对应用程序提供服务。该层包含以下几部分。

第 1 章　初识 HarmonyOS，开启探索之旅

图 1-1　HarmonyOS 系统的整体架构

- 系统基本能力子系统集：为分布式应用在多设备上的运行、调度、迁移等操作提供了基础能力，由分布式软总线、分布式数据管理、分布式任务调度、公共基础库、多模输入、图形、安全、AI 等子系统组成。
- 基础软件服务子系统集：提供公共的、通用的软件服务，由事件通知、电话、多媒体、DFX（Design For X）等子系统组成。
- 增强软件服务子系统集：提供针对不同设备的、差异化的能力增强型软件服务，由智慧屏专有业务、穿戴专有业务、IoT 专有业务等子系统组成。
- 硬件服务子系统集：提供硬件服务，由位置服务、用户 IAM、穿戴专有硬件服务、IoT 专有硬件服务等子系统组成。

3．框架层

框架层为应用开发提供了 C、C++、JavaScript 等多语言的用户程序框架和 Ability 框架，适用于 JavaScript 的 ArkUI 框架。根据系统的组件化裁剪程度，设备支持的 API 也会有所不同。

4．应用层

应用层包括系统应用和第三方非系统应用。应用由一个或多个 FA（Feature Ability）或 PA（Particle Ability）组成。其中，FA 有 UI 界面，提供与用户交互的能力；而 PA 无 UI 界面，提供后台运行任务的能力及统一的数据访问抽象。基于 FA/PA 开发的应用，能够实现特定的业务功

能，支持跨设备调度与分发，为用户提供一致、高效的应用体验。

1.1.3　HarmonyOS 应用

如表 1-2 所示，HarmonyOS 应用有两种，一种是元服务，另一种是 HarmonyOS App。

表 1-2　HarmonyOS 应用的种类

应　用	特　　　性	包体积限制
元服务（原名原子化服务）	免安装 可以独立运行，不依赖 HarmonyOS App 的安装 可以与 HarmonyOS App 绑定	不能超过 10MB
HarmonyOS App	必须安装 可以与多个元服务绑定	无限制

1.2　一览应用包组成

1.2.1　应用包组成

HarmonyOS 应用是以.app 文件的形式发布到应用市场的，但是可安装的最小单位是.hap 文件，如图 1-2 所示为 HarmonyOS 应用的基本组成。

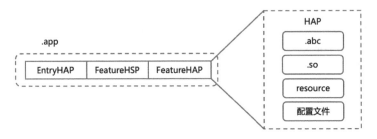

图 1-2　HarmonyOS 应用的基本组成

App（Application Package）为应用上架格式，不能直接手动安装运行，可以包含一个或多个 HAP 包。

HAP（Harmony Ability Package）为应用安装的基本单位，可以独立安装和运行，HAP 包可以包含.abc 文件（应用字节码文件）、.so 文件、resource 文件和配置文件。HAP 包有两种类型：一种是 entry 类型，它是应用的主模块，包含应用的入口界面、入口图标和主功能特性；每一个应用分发到同一类型的设备上的应用程序包，都只能包含唯一一个 entry 类型的 HAP 包，如

图 1-2 中的 EntryHAP；另一种是 feature 类型，它是应用的动态特性模块，一个应用中可以包含一个或多个 feature 类型的 HAP 包，也可以不包含，如图 1-2 中的 FeatureHAP。

HarmonyOS 提供了两种共享包：静态共享包（Harmony Archive，HAR）和动态共享包（Harmony Shared Package，HSP），都是用于实现代码和资源的共享，如图 1-2 中的 FeatureHSP。HAR 与 HSP 的主要区别如表 1-3 所示。

表 1-3　HAR 与 HSP 的主要区别

共享包类型	编译和运行方式	发布和引用方式	业务规则
HAR	HAR 中的代码和资源跟随使用方编译，如果有多个使用方，则它们的编译产物中会存在多份相同拷贝，如图 1-3 所示	HAR 除了支持应用内引用，还可以独立打包发布，供其他应用引用	可以发布到 HarmonyOS 中心仓库，供其他应用引用
HSP	HSP 中的代码和资源可以独立编译，运行时在一个进程中代码也只会存在一份，如图 1-4 所示	HSP 一般随应用进行打包，当前只支持应用内引用，不支持独立发布和跨应用的引用	不可以发布到 HarmonyOS 中心仓库，供其他应用引用

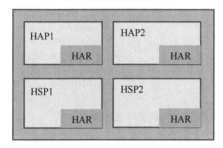

图 1-3　HAR 被其他模块依赖

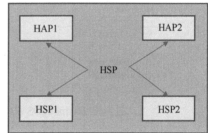

图 1-4　HSP 被其他模块依赖

1.2.2　应用包开发调试与发布部署流程

图 1-5 展示了 HarmonyOS 应用从编译发布到上架部署的流程。

每个 HarmonyOS 应用中都至少包含一个 .hap 文件，可能包含若干 .hsp 文件，也可能不包含，应用中的所有 .hap 与 .hsp 文件合在一起被称为 Bundle，其对应的 bundleName 是应用的唯一标识。

当应用发布上架到应用市场时，需要将 Bundle 打包为一个 .app 后缀的文件，这个 .app 文件被称为 App Pack（Application Package），与此同时，DevEco Studio 工具会自动生成一个 pack.info 文件。pack.info 文件描述了 App Pack 中每个 HAP 和 HSP 的属性，包含 App 中的 bundleName 和 versionCode 信息，以及 Module 中的 name、type 和 abilities 等信息。

HarmonyOS 应用上架到应用市场后，会校验 App 签名，并拆分出其中的 HAP、HSP，然后进行重签名，最终按照 HAP、HSP 的维度分发部署到用户的终端设备。

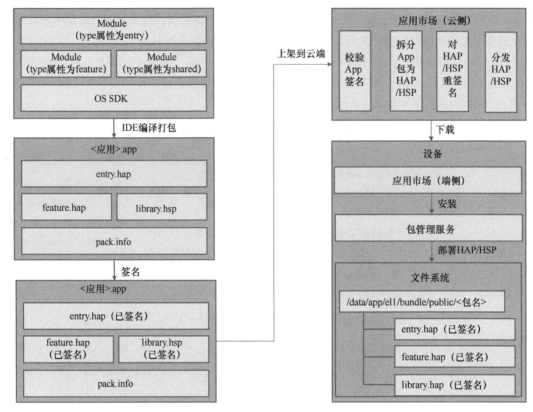

图 1-5　HarmonyOS 从编译发布到上架部署的流程图

1.3　开始运行第一行 HarmonyOS 代码

1.3.1　环境搭建

古人云"磨刀不误砍柴工",在正式运行 HarmonyOS 应用之前,需要准备好开发环境和运行环境。下面介绍环境搭建的过程。

1. 开发环境

(1) DevEco Studio。DevEco Studio 是开发 HarmonyOS 应用的 IDE,可以从华为官网下载最新版本(版本至少要在 4.x 以上)。

(2) HarmonyOS SDK。HarmonyOS SDK 是 HarmonyOS 应用开发工具包,包含工具集合、基础 Kit、基础 API 等内容,IDE 下载后会同时下载对应的 SDK。

下载 DevEco Studio 安装包后，解压缩安装包，并按照安装包内的安装配置指导逐步安装配置即可。

2. 运行环境

（1）真机环境。手机系统版本、IDE 版本、SDK 版本必须配套，避免因为环境不匹配导致程序运行异常，如表 1-4 所示为真机环境的配套关系。

表 1-4　真机环境的配套关系

软件包	发布类型	版本号	发布时间
手机系统	Developer Preview	HarmonyOS NEXT Developer Preview1	2024 年 01 月 18 日
DevEco Studio	Developer Preview	Version：DevEco Studio NEXT Developer Preview1 Build Version：DevEco Studio 4.1.3.500	2024 年 01 月 18 日
SDK	Developer Preview	HarmonyOS NEXT Developer Preview1 SDK	2024 年 01 月 18 日

（2）模拟器环境。目前，华为只提供了 ARM 版本的模拟器，可以从华为官网下载与 IDE 版本配套的模拟器。下载模拟器安装包后，按照安装包内的安装配置指导逐步安装配置即可。

模拟器与真机在能力支持上是有差别的，模拟器的能力支持如表 1-5 所示。

表 1-5　模拟器的能力支持

场景	已支持	后续提供
应用签名	模拟器支持签名；支持签名/不签名的应用安装、调试	—
UI 开发	ArkUI 组件、Web、窗口管理	支持 OpenGL ES 3.0 及以上指令
媒体	图片、音视频软件编解码	录音、录像、拍照/扫码
网络与连接	Wi-Fi、本地网络、访问互联网	网络代理、蜂窝网络
通知	系统通知	—
数据管理	用户首选项、键值数据管理、关系数据管理	分布式数据对象
账号管理	华为账号	—
DFX	HiLog、FaultLog	HiTrace
硬件模拟	GPS、屏幕旋转、电池、传感器（步数、湿度、心率、光照强度、环境温度）	摇一摇、相机、麦克风
安全	访问控制、安全控件、通用密钥库、加解密算法库、证书管理	用户认证
应用测试	单元测试框架、UI 测试框架	—
其他	—	多端设备模拟、自由流转

1.3.2　运行 HarmonyOS 项目

1. 创建 HelloWorld 项目

在 DevEco Studio 欢迎界面，单击 Create Project 按钮，弹出如图 1-6 所示界面，提示选择应用类型、Ability 模板。

（1）应用类型。创建 HarmonyOS 应用，选择左侧边栏 Application；创建元服务应用，选择 Atomic Service。

（2）Ability 模板。IDE 提供了 Empty Ability 模板、C++开发模板、ArkUI-X 跨平台模板等，根据开发场景需要选择对应的模板。

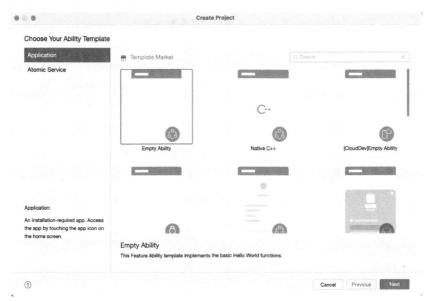

图 1-6　项目创建

HelloWorld 项目直接选择 Application 应用类型，选择 Empty Ability 模板即可，单击 Next 按钮后，弹出如图 1-7 所示的界面，需要填写项目配置信息，其中：

- Project name：项目名称，由大小写字母、数字和下画线组成，这里演示填写 HelloWorld。
- Bundle name：应用包名，HarmonyOS 系统内不同的应用包名需要保持唯一性，否则无法上架，这里演示填写 com.sample.helloworld。
- Save location：项目文件的本地存储路径，由大小写字母、数字和下画线等组成，不能包含中文字符。
- Compile SDK：应用的目标 API Version，在项目编译构建时，DevEco Studio 会根据指定的 Compile API 版本进行编译打包，这里演示选择 4.1.0(11)版本。
- Compatible SDK：兼容的最低 API Version，这里演示选择 4.1.0(11)版本。
- Module name：模块名称，这里演示填写默认名称 entry。
- Device type：该项目支持的设备类型，目前支持手机、平板、2in1 设备（融合了屏幕触摸和键鼠的交互手段），这里演示选择 Phone。

第 1 章　初识 HarmonyOS，开启探索之旅

- Node：配置当前项目运行的 Node.js 版本，可选择使用已有的 Node.js 或下载新的 Node.js 版本。

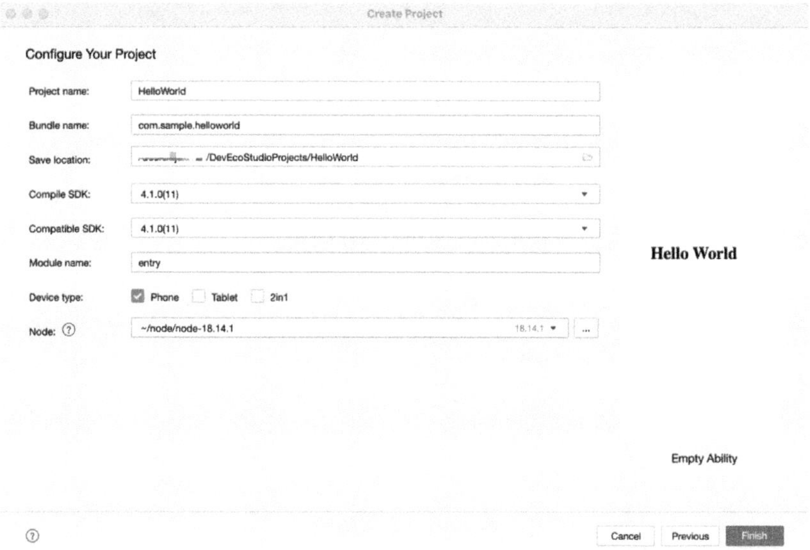

图 1-7　项目配置

单击 Finish 按钮，成功创建 HelloWorld 项目，如图 1-8 所示。

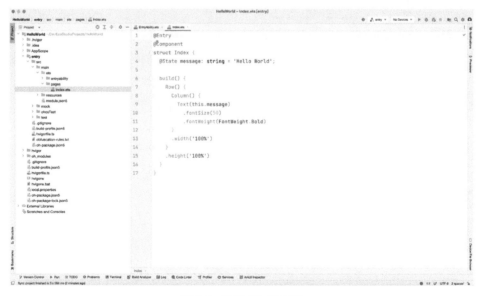

图 1-8　HelloWorld 项目

2. 运行 HelloWorld 项目

如图 1-9 所示，IDE 连接真机或者模拟器后，单击 Run 按钮（▷），运行 HelloWorld 项目。

图 1-9　运行 HelloWorld 项目

此时提示因签名问题，导致安装失败，如图 1-10 所示。

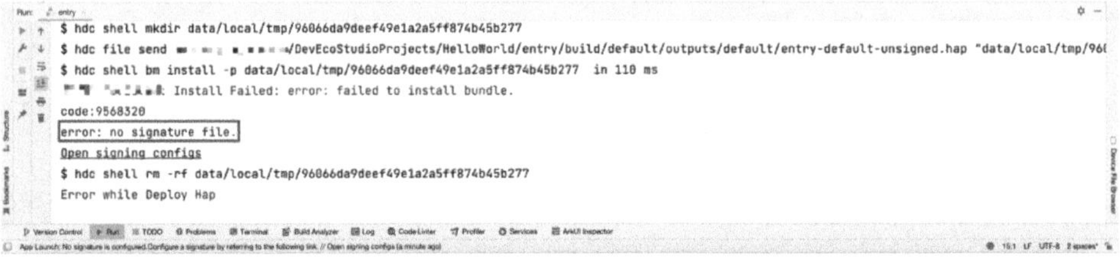

图 1-10　安装失败

HarmonyOS 应用运行必须签名才可以安装，现在开始配置签名，单击工具栏 File→Project Structure 按钮，弹出项目配置界面，如图 1-11 所示。

图 1-11　项目配置界面

切换到 Signing Configs 选项卡，进入图 1-12 所示的签名信息配置界面。

图 1-12　签名信息配置界面

单击 Sign In 按钮，跳转到华为账号登录界面，如图 1-13 所示，按照提示完成登录即可。

图 1-13　华为账号登录界面

登录成功后，返回至 IDE，签名信息配置成功，如图 1-14 所示。

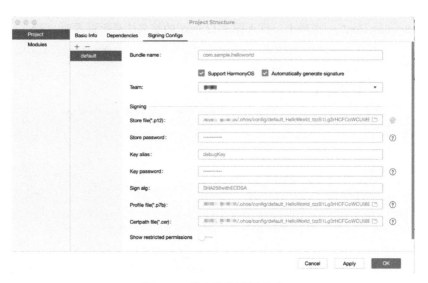

图 1-14　签名信息配置成功

单击 OK 按钮后，重新运行项目，在模拟器内成功运行 HelloWorld 项目，如图 1-15 所示。

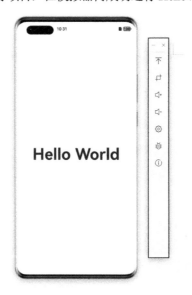

图 1-15　模拟器运行 HelloWorld 项目

1.3.3　HarmonyOS 项目结构分析

以上面创建的 HelloWorld 项目为例，介绍 HarmonyOS 项目结构，如图 1-16 所示。

第 1 章　初识 HarmonyOS，开启探索之旅

图 1-16　HarmonyOS 项目结构

工程结构主要包含的文件类型及说明如表 1-6 所示。

表 1-6　工程结构主要包含的文件类型及说明

文 件 类 型	说　　明
配置文件	包括应用级配置信息及 Module 级配置信息。 • AppScope > app.json5：app.json5 配置文件，用于声明应用的全局配置信息，如应用 Bundle 名称、应用名称、应用图标、应用版本号等。 • Module_name > src > main > module.json5：module.json5 配置文件，用于声明 Module 基本信息、支持的设备类型、所含的组件信息、运行所需申请的权限等
ArkTS 源码文件	Module_name > src > main > ets：用于存放 Module 的 ArkTS 源码文件（.ets 文件）
资源文件	包括应用级资源文件及 Module 级资源文件，支持图形、多媒体、字符串、布局文件等，详见资源分类与访问。 • AppScope > resources：用于存放应用需要用到的资源文件。 • Module_name > src > main > resources：用于存放该 Module 需要用到的资源文件

续表

文件类型	说明
其他配置文件	用于编译构建，包括构建配置文件、混淆规则文件、依赖的共享包信息等。 • build-profile.json5：工程级或 Module 级的构建配置文件，包括应用签名、产品配置等。 • hvigorfile.ts：应用级或 Module 级的编译构建任务脚本，开发者可以自定义编译构建工具版本、控制构建行为的配置参数。 • obfuscation-rules.txt：混淆规则文件。混淆开启后，在使用 Release 模式进行编译时，会对代码进行编译、混淆及压缩处理，保护代码资产。 • oh-package.json5：用于存放依赖库的信息，包括所依赖的第三方库和共享包

1.4 本章小结

本章首先介绍了 HarmonyOS 的发展历史，然后介绍了 HarmonyOS 系统的整体架构，又从应用的包结构入手，介绍了一个应用从开发态到部署态的全流程，最后搭建了应用开发环境，并运行了一个 HelloWorld 项目程序。

第 2 章
ArkTS 语言快速入门

2.1 什么是 ArkTS

2.1.1 ArkTS 简介

作为程序员,你肯定知道 JavaScript 和 TypeScript,但可能会疑惑,ArkTS 是什么?它的名字中包含 TS,肯定与 TypeScript 有关系,那它与 TypeScript 及 JavaScript 有什么关系呢?我们先看看图 2-1。

JavaScript 目前是应用广泛的跨平台语言之一,运用于各种规模的前端和后端应用程序中;但因为它的弱类型的特点,导致容易在编写代码的过程中出现错误。

TypeScript 可以解决这个问题,它是 JavaScript 程序的静态类型检查器,在代码运行之前能够确保程序类型的正确。我们可以认为它是 JavaScript 的一个超集,添加了可选的静态类型检查和基于类的面向对象编程等。

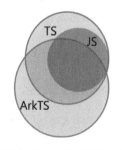

图 2-1 ArkTS 与 JavaScript 和 TypeScript 的关系

ArkTS 是 HarmonyOS 的主力应用开发语言,它在 TypeScript 的基础上,匹配 ArkTSUI 框架,扩展了声明式 UI、状态管理等相应的功能,让开发者以更简洁、更自然的方式开发跨端应用,同时通过规范定义强化开发期静态检查和分析,提升程序执行的稳定性和性能。截至 2024 年 1 月 31 日,华为发布了 API 11 的 release 版本,本章的内容都是以 API 11 为基准进行讨论的。

大家都知道 JavaScript 文件以扩展名 .js 结尾，TypeScript 文件以.ts 结尾，而 ArkTS 文件则以.ets 结尾，且必须在 HUAWEI DevEco Studio（面向 HarmonyOS 应用及元服务开发者提供的集成开发环境）中使用，否则和 TypeScript 文件没区别。

2.1.2 ArkTS 与 TypeScript、JavaScript 的不同

我们从图 2-1 可以大致看出三者之间的关系，具体的不同将在本节中通过以下几方面来解释。

- 引擎的不同：TypeScript/JavaScript 的引擎有 v8、JavaScriptCore、Hermes、QuickJS 等，ArkTS 的引擎是方舟引擎，也可以认为是 JavaScript 引擎，能将.js 文件、.ts 文件、.ets 文件编译成字节码，主要运用于 HarmonyOS 系统中。
- 不支持 TypeScript 的很多特性，如解构赋值、解构变量声明，以及 declaration merging 等。
- 不支持 TypeScript、JavaScript 中与动态特性相关的接口，如全局对象的方法：eval。全局对象的属性有三个，分别如下。

  Object：__proto__、__defineGetter__、__defineSetter__、__lookupGetter__、__lookupSetter__、assign、create、defineProperties、defineProperty、freeze、fromEntries、getOwnPropertyDescriptor、getOwnPropertyDescriptors、getOwnPropertySymbols、getPrototypeOf、hasOwnProperty、is、isExtensible、isFrozen、isPrototypeOf、isSealed、preventExtensions、propertyIsEnumerable、seal、setPrototypeOf

  Reflect：apply、construct、defineProperty、deleteProperty、getOwnPropertyDescriptor、getPrototypeOf、isExtensible、preventExtensions、setPrototypeOf

  Proxy：handler.apply()、handler.construct()、handler.defineProperty()、handler.deleteProperty()、handler.get()、handler.getOwnPropertyDescriptor()、handler.getPrototypeOf()、handler.has()、handler.isExtensible()、handler.ownKeys()、handler.preventExtensions()、handler.set()、handler.setPrototypeOf()

- 匹配 ArkTSUI 框架，扩展了声明式 UI、状态管理等相应的功能。

2.2 基本数据类型

不同的编程语言都提供了不同类型的数据，以满足不同的编程需求，而 ArkTS 的数据类型与 JavaScript 的数据类型基本是一致的，除了 Symbol 不支持,因为每个从 Symbol()返回的 symbol 值都是唯一的，且常见的使用场景在静态类型语言中没有意义，所以 ArkTS 目前不支持 Symbol 数据类型。

2.2.1 布尔值

boolean 类型由 true 和 false 两个逻辑值组成。

```
let isDone: boolean = false;
```

其他类型转换 boolean 值，如表 2-1 所示，列出来的值转换成的 boolean 值均为 false。

表 2-1　其他类型转换 boolean 值

原 始 类 型	原 始 值	boolean 值
String	''	false
Null	null	false
Undefined	undefind	false
Number	0	false
	NaN	false

其他空数组、空对象、非 0 数值及非空字符串转换成 boolean 值为 true。除了以上显式转换，还存在一些隐式转换，如+（可用于算术运算符，也可用于拼接字符串）、-、== 、>、!、语句中的判断条件都会触发隐式转换，在使用过程中需要特别注意。

比如当进行相等性判断时，不用==，而要用===，因为==会触发隐式转换，可能造成预期外的错误。===用于判断对象相等，不会进行类型转换，但会同时判断类型和值是否相等。

```
let a = 'abc';
let b = 'a' + 'bc';
a === b; // true
let a: string = '8';
let b: number = 8;
a == b; // true
a === b; // false
```

有一个特殊场景可以用==。JavaScript 里有一个特定的设定：null 和 undefined 能互相==，它们和其他所有的值则不互相==。

2.2.2　数字

number 类型包含整数与浮点数，包括十进制、十六进制、二进制和八进制字面量，而 Java 等其他语言则包含了 Float、Int 和 Double。在 Java、C 中，1/0 表达式在类型为 Int 的情况下会抛出异常，在 JavaScript 中的结果是 Infinity。

```
// 十进制
let num: number = 6;
// 十六进制
let num16: number = 0xf00d;
// 二进制
let num2: number = 0b1010;
// 八进制
let num8: number = 0o744;
```

JavaScript 中的 number 的取值范围等性质，可大体认为和 Java、C 中的双精度浮点数

（Double）一样，使用 64 位二进制数进行存储，同时遵守 IEEE_754 标准，且都有 NaN、Infinity 等定义，也都存在十进制表示时的精度问题：如 0.1 + 0.2 得到 0.30000000000000004。不要用它表示超过能够精确表示的最大（>9007199254740991）和最小（<-9007199254740991）整数。

Number.MAX_SAFE_INTEGER 表示能够精确表示的最大整数，即 9007199254740991（2^53 – 1）。

```
console.log(String(JavaScriptON.parse('{"a": 110000000000000009}').a)); // 得到 '110000000000000020'
```

JavaScript 中有一个全局属性 NaN，表示非数字的值。

```
// 失败的数字转换
Number(undefined); // NaN
// 计算结果不是实数的数学运算
Math.sqrt(-1); // NaN
// TypeScript
isNaN(null); // false
isNaN(undefined); // true
Number.isNaN(undefined); // false
Number.isNaN(null); // false
// ArkTS
// 暂时无法使用 isNaN()方法
Number.isNaN(undefined); // false
Number.isNan(null); // false
```

2.2.3 字符串

string 字符串可用于保存以文本形式表示的数据，字符串字面量可以使用单引号（'）或者双引号（"）来表示。

```
let name: string = "tom";
let name: string = 'name';
```

ES6（JavaScript 2015）中新增了模板字符串，以反引号（"）包裹，可以定义多行文本和内嵌表达式，文本可以嵌入表达式（${expr}）。

```
let name: string = 'tom';
let age: number = 35;
let sentence: string = 'Hello, my name is ${ name },
    I'll be ${ age + 1 } years old next month.';
```

如果需要类型转换 String，则可以使用以下几种方法。

```
let a: number = 12;
let b: string = String(a);
let c: string = a + '';
// 以下不建议，因为 new String 返回的是一个对象，所以使用 typeof 可以得到 object，而不是 string
new String('abc');
```

对于 Java、OC 来说，string 不是基本类型，而是一个对象。

2.2.4 数组

数组是一个可以存储一组或一系列相同类型数据的集合,在程序设计中,为了处理方便,人们通常把具有相同类型的若干元素按有序的形式组织起来。组成数组的各个变量称为数组的元素,有时也称为下标变量。总的来说,数组的主要作用是解决大量相关数据的存储和使用的问题。

使用数组字面量定义数组。

```
let names: string[] = ['Alice', 'Bob', 'Carol'];
let list: number[] = [1, 2, 3];
```

使用数组泛型定义数组。

```
let list: Array<number> = [1, 2, 3];
```

不过,在某些情况下,如果希望数组元素的数据类型不相同,就要用到 TypeScript 中的元组类型。但是,ArkTS 的低版本不支持元组,而 API 11 支持元组。

```
let x:[string,number];
x =['1',2];
```

数组字面量必须仅包含可推断类型的元素。

```
// TypeScript
let a = [{a: 1, b: '1'}, {a: 2, b: '2'}];
// ArkTS
class C {
  a: number = 0;
  b: string = '';
}
// a1 的类型为"C[]"
let a1 = [{a: 1, b: '1'} as C, {a: 2, b: '2'} as C];
// a2 的类型为"C[]"
let a2: C[] = [{a: 1, b: '1'}, {a: 2, b: '2'}];
// a3 的类型为"C[]"
let a3: Array<C> = [{a: 1, b: '1'}, {a: 2, b: '2'}];
```

2.2.5 枚举

enum 类型又称枚举类型,是预先定义的一组命名值的值类型,其中命名值又称为枚举常量。使用时,必须以枚举类型的名称为前缀。在 TypeScript 中,可以以数值来取值。但 ArkTS 不支持使用在运行期间才能计算的表达式来初始化枚举成员。此外,枚举中所有显式初始化的成员必须具有相同的类型。

```
enum Color {Red, Yellow, Blue};
// ArkTS
let c: Color = Color.Green;
// 注意,TypeScript 中可以以数值来取值
```

```
let c: Color = Color[0];  // 输出 Red
```
ArkTS 不支持 enum 声明合并。
```
// TypeScript
enum Color {
  RED
}
enum Color {
  YELLOW = 2
}
enum Color {
  BLUE
}
// ArkTS
enum Color {
  RED,
  YELLOW,
  BLUE
}
```

2.2.6 对象

ArkTS 不支持修改对象的方法。在静态语言中，对象的布局是确定的。如果需要为某个特定的对象增加方法，则可以通过封装函数或者使用继承机制来实现。

```
// TypeScript
class C {
  foo() {
    console.log('foo');
  }
}
function bar() {
  console.log('bar');
}
let c1 = new C();
let c2 = new C();
c2.foo = bar;
c1.foo(); // foo
c2.foo(); // bar
// ArkTS
class C {
  foo() {
    console.log('foo');
  }
}
class D extends C {
  foo() {
```

```
    console.log('Extra');
    super.foo();
  }
}
let c1 = new C();
let c2 = new C();
c1.foo(); // foo
c2.foo(); // foo
let c3 = new D();
c3.foo(); // Extra foo
```

ArkTS 不支持动态声明字段,也不支持动态访问字段,只能访问已存在的字段。可以使用点操作符访问字段,例如 obj.field,但不支持索引访问 obj[field]。

```
interface Person {
  name: string;
}
let person: A = {
  name: '小明'
}
// TypeScript
console.log('姓名', person['name']);
console.log('姓名', person.name);
 // ArkTS
console.log('姓名', person.name);
```

在 ArkTS 中,对象布局在编译时就确定了,且不能在运行时被更改,因此不能通过 delete 删除属性。

```
// TypeScript
class Person {
    name?: string = '';
    age?: number = 0;
    work?: string = '';
}
let p = new Person();
delete p.work;
// ArkTS
// 可以声明一个可空类型,并使用 null 作为缺省值
class Person {
    name: string = '';
    age: number = 0;
    work: string|null = '';
}
let p = new Person();
p.work = null;
```

在 TypeScript 中,instanceof 运算符的左操作数的类型必须为 any 类型、对象类型,或者类型参数,否则结果为 false。

在 ArkTS 中，instanceof 运算符的左操作数的类型必须为引用类型（例如对象、数组或者函数），否则发生编译时错误。此外，在 ArkTS 中，instanceof 运算符的左操作数不能是类型，必须是对象的实例。

由于在 ArkTS 中，对象布局在编译时是已知的，并且在运行时无法修改，因此不支持 in 运算符。

如果仍需检查某些类成员是否存在，则使用 instanceof 代替。

```
class Person {
  name: string = '';
}
let p = new Person();
// TypeScript
let b = 'name' in p; // true
// ArkTS
let b = p instanceof Person; // true，且属性 name 一定存在
```

ArkTS 中不支持 for…in，可以使用 for 代替。

```
let a: number[] = [1, 2, 3];
for (let i in a) {
    console.log('i:', a[i]);
}
// ArkTS
let a: number[] = [1, 2, 3];
for (let i = 0; i < a.length; ++i) {
    console.log('i:', a[i]);
}
```

2.2.7 空值

void 类型表示没有任何类型，可用于指定函数没有返回值。

```
function warnUser(): void {
   alert("This is my warning message");
}
```

2.2.8 联合类型

联合类型，即 union 类型，是由多个类型组合成的引用类型。联合类型包含了变量的所有可能类型。

```
class Cat {
  // ...
}
class Dog {
  // ...
}
```

```
class Frog {
  // ...
}
// 可以将类型为联合类型的变量赋值为任何组成类型的有效值
type Animal = Cat | Dog | Frog | number;
// Cat、Dog、Frog 是一些类型（类或接口）
let animal: Animal = new Cat();
animal = new Frog();
animal = 35;
```

2.2.9 类型别名

Aliases 类型为匿名类型（数组、函数、对象字面量或联合类型）提供名称，或为已有类型提供替代名称。

```
type Matrix = number[][];
type Handler = (s: string, n: number) => string;
type Predicate <T> = (x: T) => Boolean;
type NullableObject = Object | null;
```

类型别名不能被 extends（继承）和 implements（实现），也不能被 extends 和 implements 其他类型。如果无法通过接口来描述一个类型，并且需要使用联合类型，则通常会使用类型别名。

2.2.10 其他类型

ArkTS 不支持交叉类型，可以使用继承来替代。

```
interface Identity {
    id: number;
    name: string;
}
interface Contact {
    email: string;
    phoneNumber: string;
}
// TypeScript
type Employee = Identity & Contact;
// ArkTS
interface Employee extends Identity, Contact {}
const a: Employee = {
    id: 1,
    name: 'a',
    email: '<EMAIL>',
    phoneNumber: '123456789'
};
```

```
console.log('name: ', a.name);
```
　　ArkTS 不支持条件类型别名，可以引入带显式约束的新类型，或使用 Object 重写逻辑。
　　ArkTS 不支持正则字面量，需要使用 RegExp()创建正则对象。
```
// TypeScript
let regex: RegExp = /bc*d/;
// ArkTS
let regex: RegExp = new RegExp('bc*d');
```
　　ArkTS 不支持解构赋值，也不支持解构变量声明，同时不支持参数解构的函数声明。
```
// TypeScript
let [one, two] = [1, 2];
[one, two] = [two, one];
let head, tail;
[head, ...tail] = [1, 2, 3, 4];
// ArkTS
let arr: number[] = [1, 2];
let one = arr[0];
let two = arr[1];
let tmp = one;
one = two;
two = tmp;
let data: Number[] = [1, 2, 3, 4];
let head = data[0];
let tail: Number[] = [];
for (let i = 1; i < data.length; ++i) {
  tail.push(data[i]);
}
```
　　ArkTS 不支持 structural typing，因为编译器无法比较两种类型的 publicAPI，并判断它们是否相同。
```
interface Dog {
    name: string;
    age: number;
}
function getName(obj: Dog): string {
    return obj.name;
}
const dog = { name: 'scoop', age: 4, gender: 'F' };
// dog 的结构(structure)兼容于接口 Dog
// ArkTS
interface DogN extends Dog {
  gender: string;
}
const dog: DogN = {
  name: 'scoop',
  age: 4,
```

```
  gender: 'F'
}
getName(dog); // TypeScript 可以执行
```
ArkTS 对 TypeScript 基本类型的支持情况可以参考表 2-2。

表 2-2　ArkTS 对 TypeScript 基本类型的支持情况

Typescript 类型	ArkTS 是否支持	特殊说明
布尔类型（boolean）	支持	
数字类型（number）	支持	
字符串类型（string）	支持	
数组类型（array）	支持	
元组类型（tuple）	API 11 支持	
枚举类型（enum）	支持	不支持数值取值
null、undefined	支持	
函数类型（function）	支持	
对象类型（object）	支持	不支持修改对象的布局
空值类型（void）	支持	
联合类型（union）	支持	
类型别名（type）	支持	不支持 extends、implements 别的类型，也不支持被 extends、implements
任何类型（any）	不支持	
未知类型（unknown）	不支持	
never 类型（never）	不支持	
symbol 类型（symbol）	不支持	
映射类型（mapped）	不支持	
交叉类型（Intersection）	不支持	

2.3　变量

2.3.1　声明

类型（类、接口、枚举）、命名空间的命名必须唯一，且与其他名称（例如变量名、函数名）不同。

```
// TypeScript
let a: string;
type a = number[] // 类型的别名与变量同名
// ArkTS
```

```
let a: string;
type A = number[];
```

2.3.1.1 变量声明

以关键字 let 开头的声明，可以重新赋值。ArkTS 不支持 var 声明变量。变量在声明时不支持使用 any 和 unknown 类型，需要显式指定具体类型。

```
// TypeScript
let text: any;
text = 'world';
text = true;
// ArkTS
let text: string = 'hello';
text = 'world';
```

2.3.1.2 常量声明

以关键字 const 开头的声明只能赋值一次，不能重新赋值。

```
const text: string = 'hello';
```

2.3.2 运算符

TypeScript 中的所有数字都是 number 类型的。ArkTS 中的一元运算符+、-和~仅适用于数值类型。ArkTS 不支持隐式地将字符串转换成数值，必须进行显式转换。

```
// TypeScript
let num1: string = '10';
console.log(12 + num1); // 输出: 1210
console.log(12 + +num1); // 输出: 22
// ArkTS
let num:number = 10;
console.log(12 + num1); // 输出: 10
```

2.3.3 null 与 undefined

null：一个不存在或者无效的 object 或者地址引用，空对象指针。当想要表示某个变量不包含任何值时，可以将其设置为 null。

undefined：一个声明未定义的变量的初始值，或没有实际参数的形式参数。

```
// TypeScript
let x; // 创建变量，但并未赋值
console.log(x); // 输出: undefined
// ArkTS
let x: string | undefined;
let y: number | null = null;
```

可以使用 typeof 来区分 null 与 undefined，注意 null 与 undefined 转换成 boolean 值均为 false。

```
let x: string | undefined;
```

```
console.log('typeof x ', typeof x); // 输出: typeof x undefined;
let y: number | null = null;
console.log('typeof y ', typeof y); // 输出: typeof y object
console.log('y ', y === null); // 输出: y true
```

2.4 接口

2.4.1 接口声明

接口的作用是为类型命名，为自己的代码或第三方代码定义契约。

接口通常包含属性和方法的声明，类型检查器不会检查属性的顺序，只要相应的属性存在且类型正确即可。

```
// 属性
interface Style {
  color: string;
}
// 方法
interface Area {
  calculateArea(): number;
  someMethod(): void;
}
```

ArkTS 不支持在接口中使用构造签名，改用函数或者方法替代。

```
// TypeScript
interface I {
  new (s: string): I
}
function fn(i: I) {
  return new i('hello')
}
// ArkTS
interface I {
  create(s: string): I
}
function fn(i: I) {
  return i.create('hello')
}
```

实现接口的类示例如下。

```
// 接口声明
interface Area {
  calculateArea(): number;
  someMethod(): void;
```

```
}
// 实现
class Rectangle implements Area {
  private width: number = 0;
  private height: number = 0;
  someMethod(): void {
    console.log('someMethod called');
  }
  calculateArea(): number {
    // 调用另一个方法并返回结果
    this.someMethod();
    return this.width * this.height;
  }
}
```

2.4.2　接口属性

接口属性可以是字段、getter、setter 或 getter 和 setter 组合的形式。属性字段只是 getter/setter 对的便捷写法，以下表达方式是等价的。

```
interface Style {
  color: string;
  backgroundColor?: string;
}
class StyledRectangle implements Style {
  color: string = '';
}
interface Style {
  get color(): string;
  set color(x: string);
}
// 实现 Style 接口的类
class StyledRectangle implements Style {
  private _color: string = '';
  get color(): string {
    return this._color;
  }
  set color(x: string) {
    this._color = x;
  }
}
```

ArkTS 不支持 index signature，改用数组。

```
// TypeScript
interface StringArray {
  [index: number]: string;
}
```

```
function geTypeScripttringArray(): StringArray {
  return ['a', 'b', 'c'];
}
const myArray: StringArray = geTypeScripttringArray();
const secondItem = myArray[1];
// ArkTS
const geTypeScripttringArray = (): string[] => {
    return ['a', 'b', 'c'];
};
const myArray: string[] = geTypeScripttringArray();
const secondItem = myArray[1];
```

2.4.3 接口继承

如下面的示例所示，ArkTS 不支持接口继承类，接口只能继承接口。

```
interface Style {
  color: string;
}
interface ExtendedStyle extends Style {
  width: number;
}
```

在 ArkTS 中，由于一个接口不能包含两个无法区分的方法（例如两个参数列表相同但返回类型不同的方法），因此接口不能继承具有相同方法的两个接口。

2.5 函数

2.5.1 函数声明

函数是 JavaScript 应用程序的基础，有助于实现抽象层、模拟类、信息隐藏和模块。函数包含名称、参数列表、返回类型和函数体。

为函数添加类型的方法如下。

```
// 有名函数
function add(x: number, y: number): number {
  return x + y;
}
// 匿名函数
let myAdd = function(x: number, y: number): number {
  return x + y;
};
```

在函数声明中，必须为每个参数都标记类型。如果参数为可选参数，则允许在调用函数时省略该参数。函数的最后一个参数可以是 rest 参数。

ArkTS 不支持函数表达式，使用箭头函数。

```
// TypeScript
let f = function (s: string) {
  console.log(s);
}
// ArkTS
let f = (s: string) => {
  console.log(s);
}
```

ArkTS 不支持泛型箭头函数。

```
// TypeScript
let generic_arrow_func = <T extends String> (x: T) => { return x }
generic_arrow_func('string');
// ArkTS
function generic_func<T extends String>(x: T): T {
  return x;
}
generic_func<String>('string');
```

2.5.2 可选参数

在 JavaScript 中，每个参数都可传可不传，如果不传则为 undefined；在 TypeScript 中可以用"?:"实现可选参数。

```
function hello(name ?: string): void {
   if (name == undefined) {
      console.log('Hello!');
   } else {
      console.log(`Hello, ${name}!`);
   }
}
```

还可为参数设置默认值。只有传入 undefined 或者不传这个参数，才使用默认值。如果传入 null，则不使用默认值。

```
function multiply(n: number, coeff: number = 2): number {
  return n * coeff;
}
multiply(2); // 返回 4
multiply(2, 3); // 返回 6
multiply(2, null); // 返回 0
```

2.5.3 剩余参数

在 JavaScript 中，可以使用 arguments 访问所有传入的参数。在 TypeScript 中，可以把所有参数都收集在一个变量里。

```
function sum(...numbers: number[]): number {
  let res = 0;
  for (let n of numbers) {
    res += n;
  }
  return res;
}
sum(); // 返回 0
sum(1, 2, 3); // 返回 6
```

2.5.4 函数类型

上节的 sum 函数使用函数类型的代码如下。

```
// 使用 type 关键字提取之后
type sumType = (...numbers: number[]) => number;
const sum: sumType = (...numbers) => {
  let res = 0;
  for (let n of numbers) {
    res += n;
  }
  return res;
};
sum();
sum(1,2, 3);
```

2.5.5 箭头函数

在其他语言中，如 Java，箭头函数也叫作 lambda 表达式。

在 JavaScript 中，this 的值在函数被调用的时候才会指定。这就要求你必须弄清楚函数调用的上下文是什么，特别是在返回一个函数或者将函数当作参数传递的时候。箭头函数可以保存函数创建时的 this 指向，而不是调用时的值。

```
let sum1 = (x: number, y: number) => { return x + y };
let sum2 = (x: number, y: number) => x + y;
```

2.5.6 闭包

函数通常在另一个函数中定义。作为内部函数，它可以访问外部函数中定义的所有变量和函数，如 class 中的方法。

为了捕获上下文，内部函数将其环境组合成闭包，以允许内部函数在自身环境之外的访问。

```
type FType = () => number;
function f(): FType {
  let count = 0;
```

```
    return (): number => {
      count++;
      return count;
    }
}
let z = f();
// 在 DevEco Studio 中执行 console.log，发现它定义的参数必须是 string
// static log(message: string, ...arguments: any[]): void;
console.log('string', z()); // 输出: string 1
console.log('string', z()); // 输出: string 2
```

2.6 类

传统的 JavaScript 程序使用函数和基于原型的继承来创建可重用的组件，ES6 中新增了 Class 实现类，类实际上是一个对象。

2.6.1 类声明

ArkTS 不支持在 constructor 中声明类字段，而是在 class 中声明这些字段。

ArkTS 不支持使用类表达式，必须显式声明一个类。

```
// TypeScript
class Greeter {
    constructor(public greeting: string) {
        this.greeting = greeting;
    }
    greet() {
        return "Hello, " + this.greeting;
    }
}
// ArkTS
class Greeter {
    greeting: string;
    constructor(message: string) {
        this.greeting = message;
    }
    greet() {
        return "Hello, " + this.greeting;
    }
}
// 使用 new 关键字来创建实例，并将其赋值给变量 greeter
let greeter = new Greeter("world");
```

```
// 也可以使用对象字面量来创建实例
class Point {
  x: number = 0;
  y: number = 0;
}
let p: Point = {x: 42, y: 42};
```

2.6.2 字段

实例属性：指仅当类被实例化的时候才会被初始化的属性。在访问时，需要使用类的实例；public、private 和 protected 都属于实例属性。

静态属性：存在于类本身，而不是类的实例上。在声明时，使用关键字 static；在访问时，需要使用类名。

ArkTS 不支持在函数和类的静态方法中使用 this，只能在类的实例方法中使用 this。

```
class Person {
    name: string; // 实例属性
    age: number;
    static grade: string = '初三'; // 静态属性
    constructor(name, age) {
        this.name = name;
        this.age = age;
    }
    GetName(): string {
        return `姓名:${this.name}, 年龄:${this.age}, 年级:${Person.grade}`;
    }
}
let p1 = new Person('Alice', 12);
console.log(p1.GetName()); // 输出为姓名:Alice,年龄:12,年级:初三
let p2 = new Person('Bob', 11);
console.log(p2.GetName()); // 输出为姓名:Bob,年龄:11,年级:初三
// 编译成 JavaScript 之后，可以看到 class 其实就是一个 function，也是一个对象
var Person = (function () {
  function Person(name, age) {
      this.name = name;
      this.age = age;
  }
  Person.prototype.GetName = function () {
      return "姓名:" + this.name + ",年龄:" + this.age + ",年级:" + Person.grade;
  };
   Person.grade = '初三'; // 静态属性
  return Person;
}());
```

由于 ArkTS 没有原型的概念，因此不支持在原型上赋值。此特性不符合静态类型的原则。

2.6.3 字段初始化

为了减少运行时的错误,并获得更好的执行性能,ArkTS 要求所有字段在声明时或者在构造函数中都显式初始化。

错误示范如下。

```
class Person {
    name: string; // undefined
    setName(n:string): void {
        this.name = n;
    }
    // 会编译错误,因为 name 可能是 undefined
    getName(): string {
        return this.name;
    }
};
let jack = new Person();
// 编译时错误:编译器认为下一行代码有可能访问 undefined 的属性,因此报错
console.log(jack.getName().length);  // 编译失败
```

正确示范如下。

```
class Person {
    name ?: string; // 可能为 `undefined`
    setName(n:string): void {
        this.name = n;
    }
    // 返回类型匹配 name 的类型
    getName(): string | undefined {
        return this.name;
    }
};
let jack = new Person();
console.log(jack.getName()?.length); // 输出:undefined
jack.setName('Jack');
console.log(jack.getName()?.length); // 输出:4
```

2.6.4 存取器

支持通过 getters/setters 来截取对对象成员的访问。它能有效地控制对对象成员的访问。

```
let passcode = "secret passcode";
class Employee {
    private _fullName: string = '';
    get fullName(): string {
```

```
    return this._fullName;
  }
  set fullName(newName: string) {
    if (passcode && passcode == "secret passcode") {
      this._fullName = newName;
    }
    else {
      console.log("Error: Unauthorized update of employee!");
    }
  }
}
let employee = new Employee();
employee.fullName = "Bob Smith";
if (employee.fullName) {
  console.log(employee.fullName);  // 输出：Bob Smith
}
```

2.6.5 继承

一个类可以继承另一个类，达到扩展现有类的目的。ArkTS 不允许类被 implements（实现），只有接口可以被 implements（实现）。

使用关键字 extends（继承），同时使用 override 重写父类中的方法，重写的方法必须具有与原始方法相同的参数类型和相同或派生的返回类型。但在现实中，当在 IDE4 中使用 override 重写方法时会报错。

```
// 基类或父类
class Animal {
  name: string;
  constructor(theName: string) {
    this.name = theName;
  }
  move(distanceInMeters: number = 0): void {
    console.log(`Animal moved ${distanceInMeters}m.`);
  }
}
// 派生类或超类
class Dog extends Animal {
  // 构造函数隐式调用父类构造函数
  move(distanceInMeters: number = 0): string {
    // super.move(distanceInMeters);
    return `Woof! Woof!, Animal moved ${distanceInMeters}m.`;
  }
}
const dog = new Dog('wangcai');
console.log(dog.move(10));  // 输出：Woof! Woof!, Animal moved 10m.
```

使用 implements 关键字实现接口的类，必须实现列出的接口中定义的所有方法，默认实现定义的方法除外。

```
interface DateInterface {
  now(): string;
}
class MyDate implements DateInterface {
  now(): string {
    // 在此实现
    return 'now is now';
  }
}
```

2.6.6 方法重载

通过重载签名，指定方法的不同调用。具体方法是为同一个方法写入多个同名但签名不同的方法头，方法实现紧随其后。这跟函数重载类似。

```
class C {
  foo(): void;              /* 第一个签名 */
  foo(x: string): void;     /* 第二个签名 */
  foo(x?: string): void { /* 实现签名 */
    console.log(x);
  }
}
let c:C = new C();
c.foo();       // 输出: undefined，使用第一个签名
c.foo('aa'); // 输出: aa，使用第二个签名
```

但是，如果两个重载签名的名称和参数列表均相同，则出现错误。

2.6.7 对象字面量

对象字面量是一个表达式，可用于创建类实例并提供一些初始值。它在某些情况下更方便，可以用来代替 new 表达式。

对象字面量的表示方式是封闭在花括号（{}）中的"属性名：值"的列表。

```
class C {
  n: number = 0;
  s: string = '';
}
// 变量
let c: C = {n: 42, s: 'foo'};
function foo(c: C) {};
// 参数
foo({n: 42, s: 'foo'});
// 返回值
```

```
function bar(): C {
  return {n: 42, s: 'foo'};
}
```

泛型 Record<K, V>用于将类型（键类型）的属性映射到另一个类型（值类型）。常用对象字面量来初始化该类型的值。

```
let map: Record<string, number> = {
  'John': 25,
  'Mary': 21
}
console.log(map['John']); // 输出：25
// K 可以是 string|number，而 V 可以是任何类型
interface PersonInfo {
  age: number;
  salary: number;
}
let map: Record<string, PersonInfo> = {
  'John': { age: 25, salary: 10},
  'Mary': { age: 21, salary: 20}
}
```

2.7　泛型类型

使用泛型函数可编写更通用的代码，比如返回数组最后一个元素的函数。

```
function last(x: number[]): number {
  return x[x.length - 1];
}
console.log(last([1, 2, 3])); // 输出：3
// 将上述方法定义成泛型
function last<T>(x: T[]): T {
  return x[x.length - 1];
}
// 显式设置的类型实参
console.log(last<string>(['aa', 'bb'])); // 输出：'bb'
console.log(last<number>([1, 2, 3])); // 输出：3
// 隐式设置的类型实参
// 编译器根据调用参数的类型来确定类型实参
console.log(last([1, 2, 3]));
```

2.8　空安全

在默认情况下，ArkTS 中的所有类型都是不可为空的，因此类型的值不能为空。这类似于

TypeScript 的严格空值检查模式（strictNullChecks），但规则更严格。

以下写法都会导致编译错误。

```
let x: number = null;
let y: string = null;
let z: number[] = null;
```

可以将空值的变量定义为联合类型 T|null;。

```
let x: number | null = null;
x = 1;    // ok
x = null; // ok
if (x != null) { /* do something */ }
```

2.8.1 非空断言运算符

后缀运算符! 可用于断言其操作数为非空。

在应用于空值时，运算符将抛出错误，否则，值的类型将从 T | null 更改为 T。

```
let x: number | null;
let y: number;
y = x + 1;   // 编译时错误：无法对可空值作加法
y = x! + 1;  // ok
```

2.8.2 空值合并运算符

空值合并运算符?? 用于检查左侧表达式的求值是否等于 null。如果是，则表达式的结果为右侧表达式；否则，结果为左侧表达式。换句话说，a ?? b 等价于三元运算符 a != null ? a : b。

在以下示例中，getNick()方法如果设置了昵称，则返回昵称；否则，返回空字符串。

```
class Person {
  // ...
  nick: string | null = null;
  getNick(): string {
    // 等价于this.nick != null ? this.nick : '';
    return this.nick ?? '';
  }
}
```

2.8.3 可选链

在访问对象属性时，如果该属性是 undefined 或者 null，则可选链运算符会返回 undefined。

```
class Person {
  name?: string; // 可能为`undefined`
  setName(n:string): void {
    this.name = n;
```

```
  // 返回类型匹配 name 的类型
  getName(): string | undefined {
    return this.name;
  }
};
let jack = new Person();
console.log(jack.getName()?.length); // 输出: undefined
jack.setName('Jack');
console.log(jack.getName()?.length); // 输出: 4
```
可选链可以任意长，也可以包含任意数量的?.运算符。

2.9 模块

程序可拆分为多组按需导入的编译单元或模块，每个模块都有自己的作用域，即在模块中创建的任何声明（变量、函数、类等）在该模块之外都不可见，除非它们被显式导出。

与此相对，从另一个模块导出的变量、函数、类、接口等必须首先导入模块中。

2.9.1 导出

在创建 JavaScript 模块时，export 语句用于从模块中导出实时绑定的函数、对象或原始值，以便其他程序可以通过 import 语句使用它们。导出方式有两种：命名导出（每个模块都包含任意数量）和默认导出（每个模块都包含一个）。

```
export class Point {
  x: number = 0;
  y: number = 0;
  constructor(x: number, y: number) {
    this.x = x;
    this.y = y;
  }
}
export let Origin = new Point(0, 0);
/// 默认导出
export default function Distance(p1: Point, p2: Point): number {
  return Math.sqrt((p2.x - p1.x) * (p2.x - p1.x) + (p2.y - p1.y) * (p2.y - p1.y));
}
```

2.9.2 导入

导入声明用于导入从其他模块导出的实体，并在当前模块中实现绑定。
ArkTS 不支持 import default as … 语法，使用显式的 import … from … 语法。

ArkTS 不支持通过 require 导入，也不支持 import 赋值表达式，改用 import。

```
import * as Utils from './utils';
Utils.X // 表示来自 Utils 的 X
Utils.Y // 表示来自 Utils 的 Y
import { X as Z, Y } from './utils';
Z // 表示来自 Utils 的 X
Y // 表示来自 Utils 的 Y
X // 编译时错误：'X'不可见
```

ArkTS 不支持 export = ...语法，改用常规的 export 或 import。

由于在 ArkTS 中，导入是编译时而非运行时的行为，因此不支持在模块名中使用通配符。

在 ArkTS 中，除动态 import 语句外，所有 import 语句都需要放在所有其他语句之前。

2.10　JSON

JavaScript 对象表示法（JSON）用于将结构化数据表示为 JavaScript 对象的标准格式，其格式是一个字符串，非常类似于 JavaScript 对象字面量的格式，通常用于在网站上表示和传输数据（例如从服务器向客户端发送一些数据，因此可以将其显示在网页上）。

对象与字符串之间的转换方法如下。

- parse()：以文本字符串的形式接收 JSON 对象作为参数，并返回相应的对象。
- stringify()：接收一个对象作为参数，返回一个对应的 JSON 字符串。

```
// 对象转字符串
JavaScriptON.stringify({name: 'lisi'}); // '{"name":"lisi"}'
// JSON 字符串转对象
class Good {
  xx: string;
  yy: string;
  constructor(xx: string, yy: string) {
    this.xx = xx;
    this.yy = yy;
  }
};
type goodType = Good | undefined;
const doSomething = (): void => {
  const serverResponseJsonStr = '{"xx": "a"}';
  let serverResponseJson: goodType = undefined;
  try {
    // JSON 字符串转对象
    serverResponseJson = JSON.parse(serverResponseJsonStr);
    // 因为在 TypeScript 的 catch 语句中，只能标注 any 或 unknown 类型，而 ArkTS 不支持这些类型，所以省略类型标注
  } catch (e) {
```

```
        console.log('e', e);
    }
    let c = serverResponseJson instanceof Good;
    console.log('serverResponseJson instanceof Good', serverResponseJson?.xx);
}
doSomething();
```

2.11 其他问题

2.11.1 interface 与 class 的区别

- interface 只是"type"，编译时存在编译后会被清除的问题，相对于 class 的优势：interface 是纯"type"而没有"value"的属性。
- class 同时有"type"和"value"的性质，编译后也存在，所以运行时可以对 class 使用 instanceof，但是不能对 interface 使用 instanceof。同时，class 在本质上是一个 function，也是一个对象。

```
class A {};
console.log(typeof A); // 输出 function
```

所以，type、interface 能随意循环 import 且没有副作用。class 如果循环 import，在一些特殊情况下是会存在问题的。

在开发过程中，是选择 interface 还是选择 class？建议如果有方法存在，则优先选择 class；如果是纯数据对象，则优先选择 interface。

2.11.2 TypeScript 写单例

单例模式是 Java 中比较简单的设计模式，这种模式涉及一个单一的类，该类负责创建自己的对象，同时确保只有单个对象被创建。它提供了一种访问其唯一对象的方式，可以直接访问，不需要实例化该类的对象。以下是使用 TypeScript 来写单例的案例。

```
// 方法一
// 就跟传统的面向对象 singleton 模式的表达一样
class static member
export class MyClass {
  constrcutor() {}
  private static instance: MyClass;
  public static getSingleton() {
    if (!instance) {
      instance = new MyClass();
    }
```

```
        return instance;
    }
}
// 方法二
// 直接在文件（即模块）中静态声明
// file: provide_singleton.TypeScript
export const myInstance = {count: 5};
export const myInstance2 = new SomeClass();
// file: use_singleton_a.TypeScript
import {myInstance} from 'provide_singleton';
import {myInstance2} from 'provide_singleton';
myInstance.count = 100;
// file: use_singleton_b.TypeScript
import {myInstance} from 'provide_singleton';
import {myInstance2} from 'provide_singleton';
console.log(myInstance.count); // 100
// file: main.TypeScript
import from 'use_singleton_a';
import from 'use_singleton_b';
```

2.12　本章小结

本章首先通过一幅图来简单说明了 ArkTS 与 TypeScript 和 JavaScript 之间的关系，然后介绍了基本数据类型、变量声明、接口、函数、类、泛型类型、空安全、模块、JSON 等，其中着重介绍了 ArkTS 与 TypeScript 的不同，以及如何适配。

第 3 章 打造精美界面

3.1 ArkUI 简介

在软件开发过程中,界面设计和功能开发同样重要。精美的界面可以在第一时间吸引用户,为用户提供舒适的体验。

方舟开发框架(简称 ArkUI)为 HarmonyOS 应用的 UI 开发提供了完整的基础设施,包括简洁的 UI 语法、丰富的 UI 功能(组件、布局、动画及交互事件),以及实时界面预览工具等,并且支持开发者进行可视化界面开发。

ArkUI 是一种声明式开发框架。声明式编程区别于传统的命令式编程,更关注任务的描述,而非执行任务的细节。移动端开发领域常见的声明式开发框架如表 3-1 所示。

表 3-1 移动端开发领域常见的声明式开发框架

系 统	语 言	框 架	系 统	语 言	框 架
HarmonyOS	ArkTS	ArkUI	Android	Kotlin	JetPack Compose
iOS	Swift	SwiftUI	第三方	Dart	Flutter

3.2 ArkUI 基本语法

3.2.1 ArkUI 语法结构

对于第一次接触声明式开发框架的开发者来说,一开始可能会对它的语法结构感到有些不太适应。下面初步介绍 ArkUI 的语法结构，如图 3-1 所示。

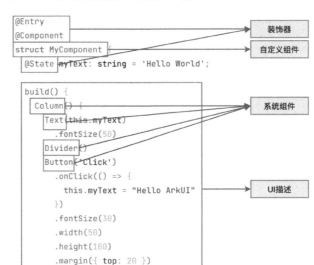

图 3-1　ArkUI 的语法结构

下面对图 3-1 中的各元素逐一进行介绍。
- struct：通过 struct + 进行自定义组件名 + {...}的组合构成自定义组件，自定义组件不能有继承关系。
- @Component：@Component 装饰器仅能装饰 struct 关键字声明的数据结构。struct 被 @Component 装饰后具备组件化的能力，需要实现 build()函数。
- @Entry：@Entry 装饰器装饰的自定义组件将作为 UI 页面的入口。
- @State：表示组件中的状态变量，状态变量变化会触发 UI 刷新，这是声明式开发框架的特点，后面会详细介绍。
- build()函数：build()函数用于定义自定义组件的声明式 UI 描述，自定义组件必须定义 build()函数。

自定义组件和页面的区别如下。
- 自定义组件：被@Component 装饰的 struct 结构，可以在 build()函数中组合多个系统组件或其他自定义组件来实现 UI 的复用。
- 页面：被@Entry 和@Component 同时装饰的 struct 结构，一个页面有且仅能有一个@Entry。只有被@Entry 装饰的组件才可以调用页面的生命周期。页面是一种特殊的自定义组件。

在下面的代码示例中，页面 ParentComponent 中调用了自定义组件 HelloComponent 及系统组件 Divider。可以看到，自定义组件 HelloComponent 中定义了一个状态变量 message，在调用自定义组件 HelloComponent 时，既可以使用 HelloComponent({message: 'Hello, HarmonyOS'})的方式，主动为 message 赋值'Hello, HarmonyOS'；也可以使用 HelloComponent()的方式，不主动为 message 赋值，而是使用 message 的默认值'Hello, World!'。

```
@Component
struct HelloComponent {
  @State message: string = 'Hello, World!'
  build() {
    Row() {
      Text(this.message)
        .fontSize(30)
        .onClick(() => {
          this.message = 'Hello, ArkUI!'
        })
    }
  }
}
@Entry
@Component
struct ParentComponent {
  build() {
    Column() {
      // 调用自定义组件 HelloComponent
      HelloComponent()
      Divider()
      // 调用自定义组件 HelloComponent
      HelloComponent({message: 'Hello, HarmonyOS'})
    }
  }
}
```

3.2.2 状态变量

通常，应用的界面不是一成不变的，而是根据用户的交互发生变化，这就需要引入"状态"的概念。在声明式开发框架中，开发者构建了一个 UI 模型，其中应用的运行时状态是参数，当参数发生改变时，UI 将进行对应的改变。这些运行时状态被称为状态变量，状态变量变化所带来的 UI 的重新渲染，被称为状态管理机制。

自定义组件拥有变量，变量必须被装饰器装饰才可以成为状态变量，最常用的状态变量装饰器就是@State，状态变量的改变会引起 UI 的重新渲染。如果不使用状态变量，则 UI 只能在初始化时被渲染，后续将不会再刷新。

在下面的代码示例中，count 是一个状态变量，Button 的显示内容引用了 count 值，且每次单击 Button 都会使 count 值加 1，所以 count 值的变化会引起 Button 的重新渲染，即每次单击 Button，Button 的显示内容都会自动更新。title 是一个常规变量，title 值的变化不会引起 Text 的重新渲染，Text 只会在初始化渲染时将 title 值作为显示内容显示在界面上。

```
@Entry
@Component
struct StateComponent {
  @State count: number = 0
  private title: string = 'Hello, World!'
  build() {
    Column() {
      Text(this.title)
        .fontSize(30)
      Button(`click times: ${this.count}`)
        .fontSize(30)
        .onClick(() => {
          this.count += 1;
        })
    }
    .width('100%')
  }
}
```

3.2.3 自定义构建函数

前面提到，自定义组件及页面的 UI 需要在 build()函数中进行描述，对于复杂的页面，build()函数的内容会非常多。ArkUI 提供了一种更轻量的 UI 元素复用机制——自定义构建函数。自定义构建函数是@Builder 装饰器所装饰的函数，遵循 build()函数语法规则，开发者可以将重复使用的 UI 元素抽象成一个自定义构建函数，并在 build()函数里调用。

- 允许在自定义组件内定义一个或多个自定义构建函数，该函数被认为是该组件的私有、特殊类型的成员函数。
- 自定义构建函数可以在所属组件的 build()方法和其他自定义构建函数中调用，但不允许在组件外调用。
- 在自定义构建函数中，this 指代当前所属组件，组件的状态变量可以在自定义构建函数内访问。建议通过 this 访问自定义组件的状态变量，而不是通过参数传递。

在下面代码示例的页面 BuildComponent 中，首先定义了一个自定义构建函数 ComponentBuilder，该自定义构建函数有一个参数 param；然后在 build()函数中调用了自定义构建函数 ComponentBuilder，并将 this.label 传递给参数 param。

```
@Entry
@Component
```

```
struct BuildComponent {
  @State label: string = 'Hello'
  @Builder ComponentBuilder(param: string) {
    Column() {
      Text(`UseStateVarByValue: ${param} `)
        .padding(20)
        .fontSize(20)
      Text(`UseStateVarByReference: ${this.label} `)
        .padding(20)
        .fontSize(20)
    }
  }
  build() {
    Column() {
      this.ComponentBuilder(this.label)
      Button('Click me')
        .fontSize(20)
        .onClick(() => {
          this.label = 'ArkUI';
        })
    }
    .width('100%')
  }
}
```

3.2.4 渲染控制

ArkUI 在 build()函数和@Builder 装饰器装饰的自定义构建函数中，通过声明式 UI 描述语句构建相应的 UI。在声明式 UI 描述语句中，除了使用系统组件和自定义组件，还可以使用渲染控制语句来辅助 UI 的构建，这些渲染控制语句包括控制组件是否显示的条件渲染语句，以及基于数组数据快速生成组件的循环渲染语句。

条件渲染语句可以根据应用的不同状态，使用 if、else 和 else if 渲染对应状态下的 UI 内容。if、else if 后跟随的条件语句通常包含状态变量，当状态变量值变化时，条件渲染语句会进行更新：如果分支没有变化，则无须更新 UI；如果分支发生变化，则先删除此前构建的所有子组件，再执行新分支的构造函数，将获取的组件添加到父容器中。如果缺少适用的分支，则不构建任何内容。

在下面的代码示例中，父组件 ConditionComponent 根据状态变量 toggle 的值来条件渲染子组件 CounterComponent。子组件 CounterComponent（label 为 'CounterView #positive'）在初次渲染时创建。此子组件携带了名为 counter 的状态变量。当修改状态变量 counter 的值时，子组件 CounterComponent（label 为 'CounterView #positive'）会重新渲染并保留状态变量的值。当状态变量 ConditionComponent.toggle 的值更改为 false 时，父组件 ConditionComponent 内的 if 语句会

被更新，随后会删除子组件 CounterComponent（label 为 'CounterView #positive'），并创建新的子组件 CounterComponent（label 为 'CounterView #negative'），此时状态变量 counter 被设置为初始值 0。

```
@Component
struct CounterComponent {
  @State counter: number = 0
  label: string = 'unknown'
  build() {
    Column() {
      Text(`${this.label}`)
        .fontSize(20)
      Button(`counter ${this.counter}`)
        .fontSize(20)
        .onClick(() => {
          this.counter += 1;
        })
    }
    .width('100%')
  }
}
@Entry
@Component
struct ConditionComponent {
  @State toggle: boolean = true
  build() {
    Column() {
      if (this.toggle) {
        CounterComponent({ label: 'CounterView #positive' })
      } else {
        CounterComponent({ label: 'CounterView #negative' })
      }
      Button(`toggle ${this.toggle}`)
        .margin({top: 30})
        .fontSize(20)
        .onClick(() => {
          this.toggle = !this.toggle;
        })
    }
    .width('100%')
  }
}
```

ForEach 接口基于数组类型数据来进行循环渲染，接口描述如下。

```
ForEach(
  arr: Array,
```

```
itemGenerator: (item: any, index?: number) => void,
keyGenerator?: (item: any, index?: number) => string
)
```

- arr：数据源，为 Array 类型的数组。可以设置为空数组，此时不会创建子组件。
- itemGenerator：组件生成函数，为数组中的每个元素都创建对应的组件。item 参数表示 arr 数组中的数据项。index 参数（可选）表示 arr 数组中的数据项索引。
- keyGenerator：键值生成函数，为数据源 arr 的每个数组项都生成唯一且持久的键值。函数返回值为开发者自定义的键值生成函数。item 参数表示 arr 数组中的数据项。index 参数（可选）表示 arr 数组中的数据项索引。如果函数为默认，则框架默认的键值生成函数为(item: T, index: number) => { return index + '__' + JSON.stringify(item); }

在下述代码示例的父组件 CycleComponent 中，通过 ForEach 循环渲染语句，生成了 3 个子组件 ChildItem，内容依次为"one""two""three"。

```
@Component
struct ChildItem {
  item: string = ''
  build() {
    Text(this.item)
      .fontSize(30)
  }
}
@Entry
@Component
struct CycleComponent {
  @State simpleList: Array<string> = ['one', 'two', 'three']
  build() {
    Column() {
      ForEach(this.simpleList, (item: string) => {
        ChildItem({ item: item })
      }, (item: string) => item)
    }
    .width('100%')
  }
}
```

3.3 自定义组件及页面生命周期

自定义组件的生命周期，提供以下生命周期相关方法。

- aboutToAppear：自定义组件即将出现时触发，具体时机为创建自定义组件的新实例之后、执行 build()函数之前。
- aboutToDisappear：自定义组件即将销毁时触发。

在自定义组件的生命周期回调基础上，页面生命周期额外提供以下生命周期回调。
- onPageShow：页面每次显示时触发。
- onPageHide：页面每次隐藏时触发。
- onBackPress：用户单击"返回"按钮时触发。

页面的全部生命周期回调如图 3-2 所示。

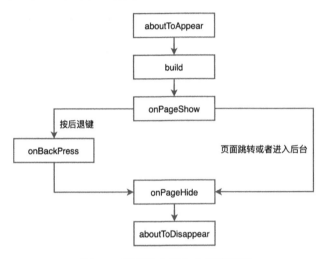

图 3-2 页面的全部生命周期回调

下面的代码示例展示了生命周期的调用时机。在页面 LifeCycleComponent 中，初始时，状态变量 showChild 为 true。然后创建子组件 Child，并执行子组件 Child 的 aboutToAppear() 生命周期回调。当用户单击 Button 后，状态变量 showChild 变为 false，然后删除子组件 Child，并执行子组件 Child 的 aboutToDisappear() 生命周期回调。

```
@Entry
@Component
struct LifeCycleComponent {
  @State showChild: boolean = true
  // 页面生命周期
  onPageShow() {
    console.info('LifeCycleComponent onPageShow');
  }
  // 页面生命周期
  onPageHide() {
    console.info('LifeCycleComponent onPageHide');
  }
  // 页面生命周期
  onBackPress() {
    console.info('LifeCycleComponent onBackPress');
```

```
    // 返回 true 表示页面自己处理返回逻辑, 不进行页面路由
    // 返回 false 表示使用默认的路由返回逻辑, 不设置返回值, 按照 false 处理
    return true
  }
  // 组件生命周期
  aboutToAppear() {
    console.info('LifeCycleComponent aboutToAppear');
  }
  // 组件生命周期
  aboutToDisappear() {
    console.info('LifeCycleComponent aboutToDisappear');
  }
  build() {
    Column() {
      if (this.showChild) {
        Child()
      }
      Button('delete Child')
        .fontSize(20)
        .margin(20)
        .onClick(() => {
          this.showChild = false
        })
    }
    .width('100%')
  }
}
@Component
struct Child {
  @State title: string = 'Hello World'
  // 组件生命周期
  aboutToAppear() {
    console.info('Child aboutToAppear')
  }
  // 组件生命周期
  aboutToDisappear() {
    console.info('Child aboutToDisappear')
  }
  build() {
    Text(this.title)
      .fontSize(20)
      .onClick(() => {
        this.title = 'Hello ArkUI'
      })
  }
}
```

3.4 布局

组件按照布局的要求依次排列，构成应用的页面。布局指用特定的组件或者属性来管理页面中所放置组件的大小和位置。

3.4.1 布局概述

布局组件是可以对子组件实现特定布局效果的容器组件。针对不同的页面结构，ArkUI 提供了不同的布局组件来帮助开发者实现相应的布局效果，例如 Row 和 Column 用于实现线性布局。ArkUI 页面布局通常采用分层结构，常见的页面结构如图 3-3 所示。

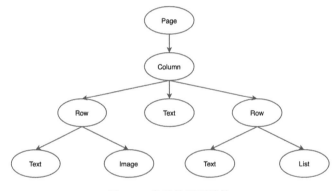

图 3-3　常见的页面结构

组件的布局元素组成如图 3-4 所示。

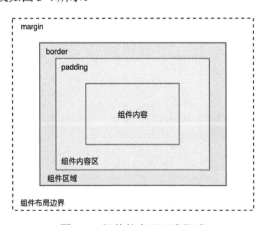

图 3-4　组件的布局元素组成

- 组件区域：组件区域表示组件的大小，width、height 属性用于设置组件区域的大小。
- 组件内容区：组件内容区大小为组件区域大小减去组件的 padding 值，组件内容区大小会作为组件内容（或者子组件）进行大小测算时的布局限制。
- 组件内容：组件内容本身占用的大小，比如文本内容占用的大小。组件内容和组件内容区不一定匹配，比如设置了固定的 width 和 height，此时组件内容区大小就是设置的 width 和 height 减去 padding 值，但文本内容则是通过文本布局引擎测算后得到的大小，可能出现文本真实大小小于设置的组件内容区大小的情况。当组件内容和组件内容区大小不一致时，align 属性生效，定义组件内容在组件内容区的对齐方式，如居中对齐。
- 组件布局边界：当组件通过 margin 属性设置外边距时，组件布局边界就是组件区域加上 margin 的大小。

3.4.2 线性布局

线性布局（Row 和 Column）是开发中最常用的布局，通过线性容器组件 Row 和 Column 构建。线性布局的子组件在线性方向（水平方向或垂直方向）上依次排列。Row 容器内子组件按照水平方向排列，Column 容器内子组件按照垂直方向排列。Row 和 Column 容器内子组件排列方式如图 3-5 和图 3-6 所示。

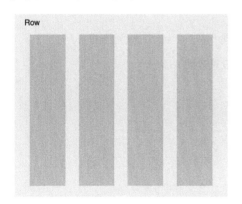

图 3-5　Row 容器内子组件排列方式

图 3-6　Column 容器内子组件排列方式

线性布局中有以下两个重要的概念。
- 主轴：线性容器组件在布局方向上的轴线，子组件默认沿主轴排列。Row 容器主轴为横向，Column 容器主轴为纵向。
- 交叉轴：垂直于主轴方向的轴线。Row 容器交叉轴为纵向，Column 容器交叉轴为横向。

Row 和 Column 容器可以通过 space 属性设置排列方向上子组件的间距，使各子组件在排列方向上有等间距的效果。

下面的代码示例展示了 Row 和 Column 容器的使用方式。

```
Column() {
  Row().width('80%').height(50).backgroundColor(0xF5DEB3)
  Row().width('80%').height(50).backgroundColor(0xD2B48C)
  Row().width('80%').height(50).backgroundColor(0xF5DEB3)
}
Row({ space: 30 }) {
  Row().width('10%').height(300).backgroundColor(0xF5DEB3)
  Row().width('10%').height(300).backgroundColor(0xD2B48C)
  Row().width('10%').height(300).backgroundColor(0xF5DEB3)
}
```

Row 和 Column 容器可以通过 alignItems 属性设置子组件在交叉轴上的对齐方式。其中，交叉轴为垂直方向时，取值为 VerticalAlign 类型；交叉轴为水平方向时，取值为 HorizontalAlign 类型。alignItems 属性设置效果如图 3-7 和图 3-8 所示。

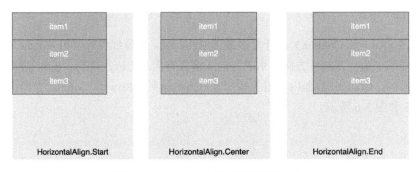

图 3-7　alignItems 属性设置效果（1）

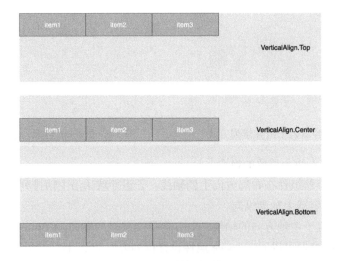

图 3-8　alignItems 属性设置效果（2）

Row 和 Column 容器可以通过 justifyContent 属性设置子组件在主轴上的排列方式。可以从主轴起始位置开始排布，也可以从主轴结束位置开始排布，或者均匀分割主轴的空间。justifyContent 属性设置效果如图 3-9 和图 3-10 所示。

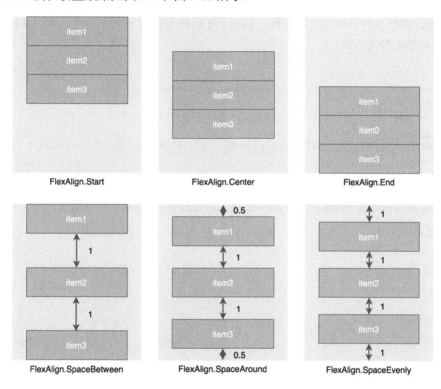

图 3-9　justifyContent 属性设置效果（1）

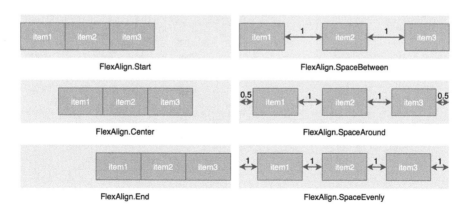

图 3-10　justifyContent 属性设置效果（2）

3.4.3 层叠布局

层叠布局（Stack）用于在一块区域层叠显示子组件。层叠布局通过 Stack 容器实现位置的定位与层叠，容器中的子组件依次入栈，后一个子组件覆盖前一个子组件。下面的代码示例展示了 Stack 容器的使用方式。

```
Stack() {
  Column()
    .width('90%').height('100%').backgroundColor('#ff58b87c')
  Text('text')
    .width('60%').height('60%').backgroundColor('#ffc3f6aa')
  Button('button')
    .width('30%').height('30%').backgroundColor('#ff8ff3eb').fontColor('#000')
}
.width('100%')
.height(150)
```

Stack 容器可以通过 alignContent 属性设置子组件在容器中的位置。alignContent 属性设置效果如图 3-11 所示。

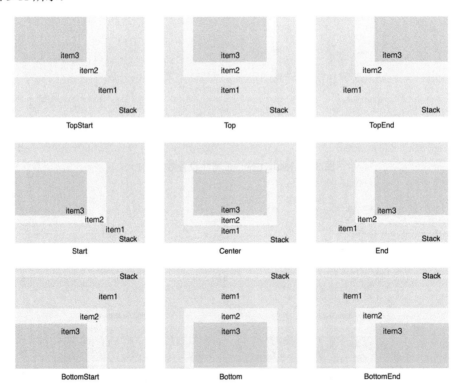

图 3-11　alignContent 属性设置效果

3.4.4 相对布局

相对布局（RelativeContainer）支持为容器内的子组件设置相对位置关系，通过 RelativeContainer 容器构建。子组件支持指定兄弟组件作为锚点，也支持指定父容器作为锚点，基于锚点进行相对位置布局。图 3-12 所示为 RelativeContainer 容器的概念图，图中的虚线表示位置的依赖关系。

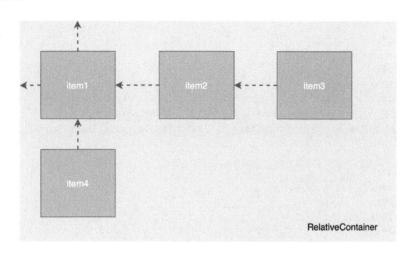

图 3-12　RelativeContainer 容器的概念图

相对布局中有两个重要的概念。
- 锚点：通过锚点，设置当前组件基于哪个组件确定位置，锚点可以是父容器或者兄弟组件。为了明确定义锚点，必须为 RelativeContainer 容器及其子组件设置 ID，RelativeContainer 容器 ID 默认为 "__container__"，子组件的 ID 需要通过 id 属性设置。未设置 ID 的子组件在 RelativeContainer 容器中不会显示。在水平方向上，可以设置当前组件的锚点为 left、middle、right。在垂直方向上，可以设置当前组件的锚点为 top、center、bottom。
- 对齐方式：通过对齐方式，设置当前组件是基于锚点的上、中、下对齐，还是基于锚点的左、中、右对齐。在水平方向上，对齐位置可以设置为 HorizontalAlign.Start、HorizontalAlign.Center、HorizontalAlign.End。在垂直方向上，对齐位置可以设置为 VerticalAlign.Top、VerticalAlign.Center、VerticalAlign.Bottom。

下面的代码示例展示了 RelativeContainer 容器的使用方式。id 为 row1 的子组件顶部与父容器顶部对齐，左侧与父容器左侧对齐。id 为 row2 的子组件顶部与父容器顶部对齐，右侧与父容器右侧对齐。id 为 row3 的子组件顶部与 id 为 row1 的子组件底部对齐，左侧与 id 为 row1 的子组件左侧对齐。

```
RelativeContainer() {
  Row()
    .id("row1")
    .backgroundColor(Color.Blue)
    .width(100)
    .height(100)
    .alignRules({
      'top': { 'anchor': '__container__', 'align': VerticalAlign.Top },
      'left': { 'anchor': '__container__', 'align': HorizontalAlign.Start }
    })
  Row()
    .id("row2")
    .backgroundColor(Color.Red)
    .width(100)
    .height(100)
    .alignRules({
      'top': { 'anchor': '__container__', 'align': VerticalAlign.Top },
      'right': { 'anchor': '__container__', 'align': HorizontalAlign.End }
    })
  Row()
    .id("row3")
    .backgroundColor(Color.Yellow)
    .width(100)
    .height(100)
    .alignRules({
      'top': { 'anchor': 'row1', 'align': VerticalAlign.Bottom },
      'left': { 'anchor': 'row1', 'align': HorizontalAlign.Start }
    })
}
```

3.4.5 列表

使用列表（List）可以轻松高效地显示结构化、可滚动的信息。列表作为一种容器，会自动按其滚动方向排列子组件，向列表中添加组件或从列表中移除组件都会重新排列子组件。

如图 3-13 所示，在垂直列表中，List 按垂直方向自动排列 ListItemGroup 或 ListItem。ListItemGroup 用于列表数据的分组展示，其子组件也是 ListItem。ListItem 表示单个列表项，可以包含单个子组件。

List 组件的尺寸由如下规则确定。

- 如果 List 组件的主轴或交叉轴方向设置了尺寸，则其对应方向上的尺寸为设置值。
- 如果 List 组件的主轴方向没有设置尺寸，则当子组件的主轴方向总尺寸小于 List 组件的父组件尺寸时，List 组件的主轴方向尺寸会自动适应子组件的总尺寸。如图 3-14 所示，一个垂直列表 B 没有设置高度，其父组件 A 的高度为 200vp，若其所有子组件 C 的高度总和为 150vp，则此时列表 B 的高度为 150vp。

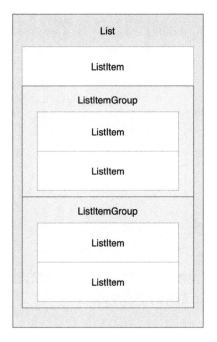

图 3-13　垂直列表

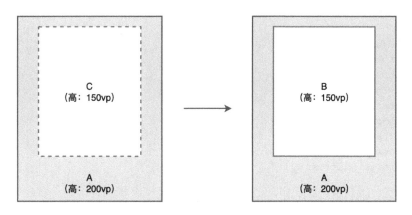

图 3-14　List 组件的尺寸（1）

- 如果 List 组件的主轴方向没有设置尺寸，则当子组件的主轴方向总尺寸超过 List 组件的父组件尺寸时，List 组件的主轴方向尺寸会自动适应 List 组件的父组件尺寸。如图 3-15 所示，同样是没有设置高度的垂直列表 B，其父组件 A 的高度为 200vp，若其所有子组件 C 的高度总和为 300vp，则此时列表 B 的高度为 200vp。

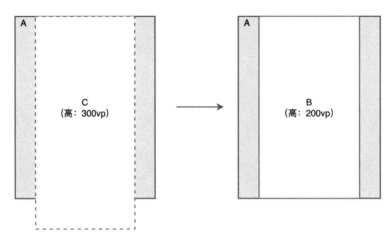

图 3-15 List 组件的尺寸（2）

- 当 List 组件的交叉轴方向没有设置尺寸时，其尺寸默认自适应父组件尺寸。

下面的代码示例展示了 List 组件的使用方式。

```
@Entry
@Component
struct ListLayout {
  numbers: Number[] = [1, 2, 3, 4, 5, 6, 7, 8, 9, 10]
  build() {
    List() {
      ForEach(this.numbers, (item: Number) => {
        ListItem() {
          Text(item.toString())
            .width('80%')
            .height(80)
            .backgroundColor(Color.Green)
            .fontSize(30)
            .textAlign(TextAlign.Center)
            .margin({bottom: 10})
        }
      }, (item: Number) => item.toString())
    }
    .width('100%')
    .height('100%')
    .alignListItem(ListItemAlign.Center)
  }
}
```

- List 组件的主轴方向默认是垂直方向，即默认构建的是一个垂直滚动列表。若需要构建水平滚动列表，则将 List 组件的 listDirection 属性设置为 Axis.Horizontal 即可。

- alignListItem 属性用于设置子组件在交叉轴方向的对齐方式。以垂直列表为例，alignListItem 属性设置为 ListItemAlign.Center，表示列表项在水平方向上居中对齐。alignListItem 属性的默认值是 ListItemAlign.Start，即列表项在列表交叉轴方向上默认按首部对齐。

3.5 页面路由

页面路由指在应用中实现不同页面之间的跳转和数据传递。HarmonyOS 提供了 Router 模块，通过不同的 URL 地址，可以方便地实现页面路由。

3.5.1 页面跳转

Router 模块提供了两种跳转模式，分别是 router.pushUrl() 和 router.replaceUrl()。这两种跳转模式的区别是目标页面是否会替换当前页面。

- router.pushUrl()：目标页面不会替换当前页面，而是压入页面栈。这样可以保留当前页面的状态，并且可以通过返回键或者调用 router.back() 方法返回当前页面。
- router.replaceUrl()：目标页面会替换当前页面，并销毁当前页面。这样可以释放当前页面的资源，并且无法返回当前页面。

同时，Router 模块提供了两种实例模式，分别是 Standard 和 Single。两者的区别是目标 URL 是否会对应多个实例。

- Standard：多实例模式，也是默认的实例模式。目标页面会被添加到页面栈顶，无论栈中是否存在相同 URL 的页面。
- Single：单实例模式。如果目标页面的 URL 已经存在于页面栈中，则将离栈顶最近的相同 URL 页面移动到栈顶。如果目标页面的 URL 在页面栈中不存在，则按照默认的多实例模式进行跳转。

下面的代码示例展示了 Router 模块的使用方式。

```
import { router } from '@kit.ArkUI'
@Entry
@Component
struct HomePage {
  build() {
    Column() {
      Button("Home Page")
        .fontSize(30)
        .padding(20)
        .onClick(() => {
          this.invokeDetailPage()
        })
```

```
  }
  .width('100%')
  .height('100%')
  .backgroundColor(Color.Yellow)
  .justifyContent(FlexAlign.Center)
}
private invokeDetailPage(): void {
  router.pushUrl({
    url: 'pages/DetailPage'
  }, router.RouterMode.Standard, (err) => {
    if (err) {
      console.error(`Invoke replaceUrl failed, code is ${err.code}, message is ${err.message}`);
      return;
    }
    console.info('Invoke replaceUrl succeeded.');
  })
}
```

如果需要在页面跳转时传递一些数据给目标页面，则可以在调用 Router 模块的方法时，添加一个 params 属性，并指定一个对象作为参数。

```
private invokeDetailPageWithParams(): void {
  router.pushUrl({
    url: 'pages/DetailPage',
    params: { content: 'content from HomePage' }
  }, router.RouterMode.Standard, (err) => {
    if (err) {
      console.error(`Invoke replaceUrl failed, code is ${err.code}, message is ${err.message}`);
      return;
    }
    console.info('Invoke replaceUrl succeeded.');
  })
}
```

在目标页面中，可以通过调用 Router 模块的 getParams() 方法来获取传递过来的参数。

```
import { router } from '@kit.ArkUI'
@Entry
@Component
struct DetailPage {
  @State content: string = ''
  onPageShow() {
    const params = router.getParams() as Record<string, string>
    this.content = params['content']
  }
  build() {
    Column() {
      Text("Detail Page")
        .fontSize(30)
```

```
    Text(this.content)
      .fontSize(30)
  }
  .width('100%')
  .height('100%')
  .backgroundColor(Color.Green)
  .justifyContent(FlexAlign.Center)
  }
}
```

3.5.2 页面返回

当用户在一个页面完成操作后，通常需要返回上一个页面或者指定页面，这就需要用到页面返回功能。在返回的过程中，可能需要将数据传递给目标页面，这就需要用到数据传递功能。

- 方式一：返回上一个页面。

```
router.back()
```

这种方式会返回上一个页面。上一个页面必须存在于页面栈中才能够返回，否则该方法将无效。

- 方式二：返回指定页面。

```
router.back({
  url: 'pages/Home'
})
```

这种方式可以返回指定页面，需要指定目标页面的路径。目标页面必须存在于页面栈中才能够返回。

- 方式三：返回指定页面，并传递自定义参数信息。

```
router.back({
  url: 'pages/Home',
  params: {
    info: '来自Home页'
  }
})
```

这种方式只需要在目标页面中需要获取参数的位置调用 router.getParams()方法即可。

3.6 本章小结

本章介绍了 ArkUI 的相关知识。首先展示了 ArkUI 作为一种声明式开发框架的语法结构，并介绍了状态变量、自定义构建函数和渲染控制等概念。其次描述了自定义组件和页面生命周期。然后重点介绍了布局的相关知识，包括常用的线性布局、层叠布局、相对布局和列表等知识。最后讲解了页面路由的概念，以及页面跳转和页面返回的实现方式。

第 4 章
深入探究 UIAbility

4.1 UIAbility 概述

UIAbility 是一种包含 UI 的应用组件，用于为应用提供绘制界面的窗口。

一个应用可以包含一个或多个 UIAbility。每个 UIAbility 实例都会在最近的任务列表中显示一个对应的任务。对于开发者而言，可以根据具体场景选择创建单个还是多个 UIAbility：如果开发者希望在任务视图中看到一个任务，则建议使用单个 UIAbility，采用多个页面的方式；如果开发者希望在任务视图中看到多个任务，或者需要同时开启多个窗口，则建议使用多个 UIAbility 来开发不同的模块功能。

4.1.1 Stage 模型概述

UIAbility 是 Stage 模型的重要组成部分，Stage 模型的基本概念如图 4-1 所示。

- Stage 模型提供了两种类型的应用组件：UIAbility 和 ExtensionAbility。这两种应用组件都由具体的类承载，支持面向对象的开发方式。ExtensionAbility 组件是一种面向特定场景的应用组件。开发者不直接从 ExtensionAbility 派生，而是需要使用 ExtensionAbility 的派生类。目前有多种派生类，包括用于卡片场景的 FormExtensionAbility，用于输入法场景的 InputMethodExtensionAbility，以及用于闲时任务场景的 WorkSchedulerExtensionAbility 等。
- WindowStage：每个 UIAbility 实例都与一个 WindowStage 实例绑定。WindowStage 提供了应用进程内窗口管理的功能，并包含一个主窗口。换句话说，UIAbility 通过 WindowStage 拥有了一个主窗口，该主窗口为 ArkUI 提供了绘制区域。
- Context：在 Stage 模型上，Context 及其派生类为开发者提供了在运行时调用的各种资源和能力。UIAbility 应用组件和各种 ExtensionAbility 派生类都有不同的 Context 类，它们都继承自基类 Context，但根据所属组件提供不同的能力。
- AbilityStage：每个 Entry 类型或者 Feature 类型的 HAP 在运行时都有一个 AbilityStage 实例。当 HAP 中的代码首次被加载到进程中时，系统会先创建 AbilityStage 实例。该 HAP 中的 UIAbility 实例都会与该 AbilityStage 实例相关联。开发者可以使用 AbilityStage 获取该 HAP 中 UIAbility 实例的运行时信息。

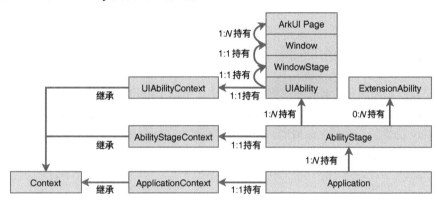

图 4-1　Stage 模型的基本概念

4.1.2　UIAbility 声明配置

为了使应用能够正常使用 UIAbility，需要在 module.json5 配置文件的 abilities 标签中声明 UIAbility 的名称、入口、标签等相关信息。

```
{
  "module": {
    ...
    "abilities": [
      {
        // UIAbility 的名称
        "name": "EntryAbility",
        // UIAbility 的代码路径
        "srcEntry": "./ets/entryability/EntryAbility.ets",
        // UIAbility 的描述信息
        "description": "$string:EntryAbility_desc",
        // UIAbility 的图标
        "icon": "$media:icon",
        // UIAbility 的标签
        "label": "$string:EntryAbility_label",
        // UIAbility 启动页面图标
```

```
        "startWindowIcon": "$media:icon",
        // UIAbility 启动页面背景颜色
        "startWindowBackground": "$color:start_window_background",
        ...
      }
    ]
  }
}
```

4.2 UIAbility 生命周期

当用户打开、切换和返回对应的应用时，应用中的 UIAbility 实例会在其生命周期的不同状态之间转换。UIAbility 的生命周期包括 Create、Foreground、Background、Destroy 四个状态。

UIAbility 提供了一系列生命周期回调函数，通过这些回调函数可以了解当前 UIAbility 实例的状态是否发生改变。UIAbility 的生命周期回调如图 4-2 所示。

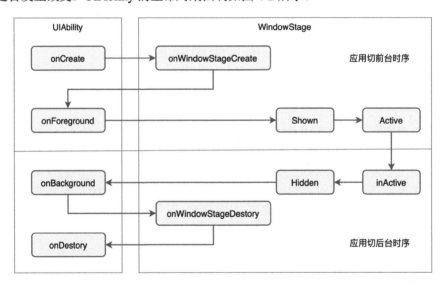

图 4-2 UIAbility 的生命周期回调

4.2.1 Create 状态

在应用加载过程中，当 UIAbility 实例创建完成时触发 Create 状态，系统会调用 onCreate() 回调。可以在该回调中进行应用初始化操作，例如变量定义、资源加载等，用于后续的 UI 展示。下面的代码示例展示了 onCreate() 生命周期回调。

```
export default class EntryAbility extends UIAbility {
  onCreate(want: Want, launchParam: AbilityConstant.LaunchParam) {
    // 应用初始化
  }
  // ...
}
```

4.2.2 WindowStageCreate 和 WindowStageDestroy 状态

UIAbility 实例创建完成之后，在进入 Foreground 之前，系统会创建一个 WindowStage 实例。WindowStage 实例创建完成后，会进入 onWindowStageCreate()回调，在该回调中可以设置 UI 加载，设置 WindowStage 的事件订阅。

在 onWindowStageCreate()回调中，通过 loadContent()方法设置应用要加载的页面，并根据需要调用 on('windowStageEvent')方法订阅 WindowStage 的事件（获焦/失焦、可见/不可见）。下面的代码示例展示了 onWindowStageCreate()回调。

```
export default class EntryAbility extends UIAbility {
  onWindowStageCreate(windowStage: window.WindowStage) {
    // 设置 WindowStage 的事件订阅（获焦/失焦、可见/不可见）
    try {
      windowStage.on('windowStageEvent', (data) => {
        let stageEventType: window.WindowStageEventType = data;
        switch (stageEventType) {
          case window.WindowStageEventType.SHOWN:
            // 切到前台
            console.info('windowStage foreground.');
            break;
          case window.WindowStageEventType.ACTIVE:
            // 获焦状态
            console.info('windowStage active.');
            break;
          case window.WindowStageEventType.INACTIVE:
            // 失焦状态
            console.info('windowStage inactive.');
            break;
          case window.WindowStageEventType.HIDDEN:
            // 切到后台
            console.info('windowStage background.');
            break;
          default:
            break;
        }
      }
```

```
    });
  } catch (exception) {
    console.error('Failed to enable the listener for window stage event changes. Cause:' +
    JSON.stringify(exception));
  }
  // 设置UI加载
  windowStage.loadContent('pages/Index', (err, data) => {
    // ...
  });
}
// ...
}
```

在 UIAbility 实例销毁之前，会先进入 onWindowStageDestroy()回调，可以在该回调中释放 UI 资源。例如，在 onWindowStageDestroy()中注销获焦/失焦等 WindowStage 事件。下面的代码示例展示了 onWindowStageDestroy()回调。

```
export default class EntryAbility extends UIAbility {
  windowStage: window.WindowStage | undefined = undefined;

  onWindowStageCreate(windowStage: window.WindowStage) {
    this.windowStage = windowStage;
    // ...
  }
  onWindowStageDestroy() {
    // 注销获焦/失焦等 WindowStage 事件
    try {
      if (this.windowStage) {
        this.windowStage.off('windowStageEvent');
      }
    } catch (err) {
      let code = (err as BusinessError).code;
      let message = (err as BusinessError).message;
      console.error(`Failed to disable the listener for windowStageEvent. Code is ${code}, message is ${message}`);
    };
  }
  // ...
}
```

4.2.3 Foreground 和 Background 状态

Foreground 和 Background 状态分别在 UIAbility 实例切换至前台和切换至后台时触发，分别对应 onForeground()回调和 onBackground()回调。

onForeground()回调在 UIAbility 的 UI 可见之前，如 UIAbility 实例切换至前台时触发。可以在 onForeground()回调中申请系统需要的资源，或者重新申请在 onBackground()回调中释放的资源。

onBackground()回调在 UIAbility 的 UI 不可见之后，如 UIAbility 实例切换至后台时触发。可以在 onBackground()回调中释放 UI 不可见时无用的资源，或者在此回调中执行较为耗时的操作，例如状态保存等。

下面的代码示例展示了 onForeground()和 onBackground()生命周期回调。

```
export default class EntryAbility extends UIAbility {
  onForeground() {
    // 申请系统需要的资源，或者重新申请在 onBackground()回调中释放的资源
  }
  onBackground() {
    // 释放 UI 不可见时无用的资源，或者在此回调中执行较为耗时的操作
    // 例如状态保存等
  }
  // ...
}
```

4.2.4　Destroy 状态

Destroy 状态在 UIAbility 实例销毁时触发。可以在 onDestroy()回调中进行系统资源的释放、数据的保存等操作。下面的代码示例展示了 onDestroy()生命周期回调。

```
export default class EntryAbility extends UIAbility {
  onDestroy() {
    // 系统资源的释放、数据的保存等
  }
  // ...
}
```

4.3　UIAbility 间交互

UIAbility 是系统调度的最小单元。在设备内的功能模块之间跳转时，会涉及启动特定的 UIAbility，该 UIAbility 可以是应用内的其他 UIAbility，也可以是其他应用的 UIAbility（例如启动第三方支付 UIAbility）。

4.3.1　启动应用内的 UIAbility

假设应用中有两个 UIAbility——EntryAbility 和 FuncAbility（可以在应用的一个 Module 中，

也可以在不同的 Module 中），需要从 EntryAbility 的页面中启动 FuncAbility。

在下面的代码示例中，通过调用 startAbility()方法启动 FuncAbility，want 为 UIAbility 实例启动的参数，其中 bundleName 为待启动应用的 Bundle 名称，moduleName 为待启动的 UIAbility 所属的 Module 名称，abilityName 为待启动的 UIAbility 名称，parameters 为自定义信息。

```
// context 为调用方 UIAbility 的 UIAbilityContext
let context = getContext(this) as common.UIAbilityContext
let want: Want = {
  // deviceId 为空，表示本设备
  deviceId: '',
  // bundleName 必填
  bundleName: 'com.example.chapter4',
  // moduleName 为空，表示本模块
  moduleName: '',
  // abilityName 必填
  abilityName: 'FuncAbility',
  // 自定义信息
  parameters: {
    info: '来自 EntryAbility StartUIAbilityPage 页面',
  },
}
context.startAbility(want).then(() => {
  console.info('Succeeded in starting ability.');
}).catch((err: BusinessError) => {
  console.error(`Failed to start ability. Code is ${err.code}, message is ${err.message}`);
})
```

在下面的代码示例中，在 FuncAbility 的 onCreate()生命周期回调中接收并解析 EntryAbility 传递过来的参数。

```
export default class FuncAbility extends UIAbility {
  onCreate(want: Want, launchParam: AbilityConstant.LaunchParam) {
    // 接收调用方 EntryAbility 传递过来的参数
    let info = want?.parameters?.info;
    hilog.info(0x0000, 'testTag', 'FuncAbility onCreate. Parameters info: %{public}s',
JSON.stringify(info) ?? '');
    // ...
  }
}
```

在启动 FuncAbility 后，最近任务列表如图 4-3 所示。可以看到，最近任务列表显示了两个任务，分别对应 EntryAbility 和 FuncAbility。

第 4 章 深入探究 UIAbility

图 4-3 最近任务列表

打印结果如图 4-4 所示。

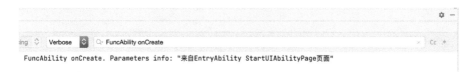

图 4-4 打印结果

在完成 FuncAbility 业务之后，如果需要停止当前的 UIAbility 实例，则可以通过在 FuncAbility 中调用 terminateSelf() 方法实现。

在调用 terminateSelf() 方法停止当前 UIAbility 实例时，默认会保留该实例的快照，即在最近任务列表中仍然可以查看到该实例对应的任务。如果不需要保留该实例的快照，则可以在对应 UIAbility 的 module.json5 配置文件中，将 abilities 标签的 removeMissionAfterTerminate 字段配置为 true。下面的代码示例展示了 terminateSelf() 方法的使用方式。

```
// context 为需要停止的 UIAbility 实例的 AbilityContext
let context = getContext(this) as common.UIAbilityContext
context.terminateSelf((err) => {
  if (err.code) {
```

```
    console.error(`Failed to terminate Self. Code is ${err.code}, message is ${err.message}`);
    return;
  }
});
```

4.3.2 启动应用内的 UIAbility 并获取返回结果

在 EntryAbility 启动 FuncAbility 时，有时希望在被启动的 FuncAbility 业务完成之后，能将结果返回 EntryAbility。

在下面的代码示例中，在 EntryAbility 中调用 startAbilityForResult()方法启动 FuncAbility，异步回调中的 data 用于接收 FuncAbility 停止自身后返回给 EntryAbility 的信息。

```
// context 为调用方 UIAbility 的 UIAbilityContext
let context = getContext(this) as common.UIAbilityContext
let want: Want = {
  // deviceId 为空，表示本设备
  deviceId: '',
  // bundleName 必填
  bundleName: 'com.example.chapter4',
  // moduleName 为空，表示本模块
  moduleName: '',
  // abilityName 必填
  abilityName: 'FuncAbility',
  // 自定义信息
  parameters: {
    info: '来自 EntryAbility StartUIAbilityPage 页面',
  },
}
context.startAbilityForResult(want).then((data) => {
  if (data?.resultCode === 1001) {
    // 解析被调用方 UIAbility 返回的信息
    let info = data.want?.parameters?.info
    console.info(`StartAbilityForResult. Return info: ${JSON.stringify(info) ?? ''}`)
  }
}).catch((err: BusinessError) => {
  console.error(`Failed to start ability for result. Code is ${err.code}, message is ${err.message}`)
})
```

在 FuncAbility 停止自身时，需要调用 terminateSelfWithResult()方法，入参 abilityResult 为 FuncAbility 需要返回给 EntryAbility 的信息。resultCode 需要保持一致。下面的代码示例展示了 terminateSelfWithResult()方法的使用方式。

```
// context 为需要停止的 UIAbility 实例的 AbilityContext
let context = getContext(this) as common.UIAbilityContext
```

```
  let abilityResult: common.AbilityResult = {
    resultCode: 1001,
    want: {
      bundleName: 'com.example.chapter4',
      // moduleName 为空，表示本模块
      moduleName: '',
      abilityName: 'FuncAbility',
      parameters: {
        info: '来自 FuncAbility FuncPage 页面',
      },
    },
  }
  context.terminateSelfWithResult(abilityResult, (err) => {
    if (err.code) {
      console.error(`Failed to terminate self with result. Code is ${err.code}, message is ${err.message}`);
      return;
    }
  });
```

打印结果如图 4-5 所示。

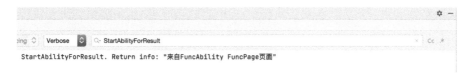

图 4-5　打印结果

4.3.3　启动其他应用的 UIAbility

启动 UIAbility 有显式 Want 启动和隐式 Want 启动两种方式。
- 显式 Want 启动：启动一个确定的 UIAbility，在 want 参数中需要设置目标 UIAbility 所属应用的 bundleName 和目标 UIAbility 的 abilityName，当需要启动某个明确的 UIAbility 时，通常使用显式 Want 启动方式。
- 隐式 Want 启动：根据匹配条件决定启动哪一个 UIAbility，即不明确指出要启动哪一个 UIAbility（目标 UIAbility 的 abilityName 未设置）。在 want 参数中，首先需要设置一系列 entities 字段（表示目标 UIAbility 的类别信息，如浏览器、视频播放器等）和 actions 字段（表示要执行的操作，如查看、分享、应用详情等）等信息，然后由系统去分析 want 参数，并帮助找到匹配的 UIAbility 来启动，如果有多个匹配的 UIAbility，则弹出选择框展示匹配到的 UIAbility 列表，由用户选择启动哪个 UIAbility。

当需要启动其他应用的 UIAbility 时，开发者通常不知道用户设备中应用的安装情况，也无

法确定目标 UIAbility 所属应用的 bundleName 和目标 UIAbility 的 abilityName，所以通常使用隐式 Want 启动方式。

要使用隐式 Want 启动方式，需要在目标 UIAbility 的 module.json5 配置文件中配置 skills 标签的 entities 字段和 actions 字段。

```
{
  "module": {
    "abilities": [
      {
        ...
        "skills": [
          {
            "entities": [
              ...
              "entity.system.default"
            ],
            "actions": [
              ...
              "ohos.want.action.viewData"
            ]
          }
        ]
      }
    ]
  }
}
```

在下面的代码示例中，在启动 UIAbility 的 want 参数中，entities 字段和 actions 字段需要被包含在待匹配 UIAbility 的 skills 配置的 entities 字段和 actions 字段中。

```
// context 为调用方 UIAbility 的 UIAbilityContext
let context = getContext(this) as common.UIAbilityContext
let want: Want = {
  // deviceId 为空，表示本设备
  deviceId: '',
  action: 'ohos.want.action.viewData',
  entities: ['entity.system.default'],
}
context.startAbility(want).then(() => {
  console.info('Succeeded in starting ability.');
}).catch((err: BusinessError) => {
  console.error(`Failed to start ability. Code is ${err.code}, message is ${err.message}`);
})
```

4.4 UIAbility 启动模式

UIAbility 的启动模式是指 UIAbility 实例启动时的不同呈现状态。针对不同的业务场景，系统提供了三种启动模式：singleton（单实例模式）、multiton（多实例模式）和 specified（指定实例模式）。

4.4.1 singleton 启动模式

singleton 启动模式为单实例模式，也是默认的启动模式。

每次调用 startAbility()方法时，如果应用进程中已经存在该类型的 UIAbility 实例，则复用已经存在的 UIAbility 实例。系统中只存在唯一一个该类型的 UIAbility 实例，即在最近任务列表中只存在一个该类型的 UIAbility 实例。如果应用进程中不存在该类型的 UIAbility 实例，则创建新的 UIAbility 实例。

如果 UIAbility 实例已经存在，并且该 UIAbility 配置为单实例模式，再次调用 startAbility() 方法启动该 UIAbility 实例，则由于启动的是原来的 UIAbility 实例，并未重新创建一个新的 UIAbility 实例，此时只会进入该 UIAbility 的 onNewWant()回调，不会进入其 onCreate()和 onWindowStageCreate()生命周期回调。

如果需要使用 singleton 启动模式，则在 module.json5 配置文件中将 launchType 字段配置为 singleton 即可。

```
{
  "module": {
    ...
    "abilities": [
      {
        "launchType": "singleton",
        ...
      }
    ]
  }
}
```

4.4.2 multiton 启动模式

multiton 启动模式为多实例模式。每次调用 startAbility()方法时，在应用进程中都会创建一个新的该类型的 UIAbility 实例，即在最近任务列表中可以看到有多个该类型的 UIAbility 实例。

如果需要使用 multiton 启动模式，则在 module.json5 配置文件中将 launchType 字段配置为 multiton 即可。

```
{
  "module": {
    ...
    "abilities": [
      {
        "launchType": "multiton",
        ...
      }
    ]
  }
}
```

4.4.3 specified 启动模式

specified 启动模式为指定实例模式,针对一些特殊场景使用(例如文档应用中每次新建文档,希望都能新建一个文档实例;重复打开一个已保存的文档,希望打开的都是同一个文档实例)。

例如有两个 UIAbility——EntryAbility 和 FuncAbility,将 FuncAbility 配置为指定实例模式,需要从 EntryAbility 的页面中启动 FuncAbility。

首先,在 FuncAbility 中,将 module.json5 配置文件中的 launchType 字段配置为 specified。

```
{
  "module": {
    ...
    "abilities": [
      {
        "launchType": "specified",
        ...
      }
    ]
  }
}
```

在创建 UIAbility 实例之前,开发者可以为该实例指定一个唯一的字符串 Key,这样在调用 startAbility() 方法时,应用就可以根据指定的 Key 来识别请求的 UIAbility 实例。

在下面的代码示例中,在 EntryAbility 中调用 startAbility() 方法时,want 参数中增加了一个自定义参数 instanceKey,以此来区分不同的 UIAbility 实例。

```
// 全局变量
let instanceKey: number = 1
// 在启动指定实例模式的UIAbility时,给每一个UIAbility实例都配置一个独立的Key标
// 识,例如在文档使用场景中,可以用文档路径作为Key标识
private getInstanceKey() {
  instanceKey += 1
  return `${instanceKey}`
}
```

```
private startAbility() {
  // context 为调用方 UIAbility 的 UIAbilityContext
  let context = getContext(this) as common.UIAbilityContext;
  let want: Want = {
    // deviceId 为空，表示本设备
    deviceId: '',
    // bundleName 必填
    bundleName: 'com.example.chapter4',
    // moduleName 为空，表示本模块
    moduleName: '',
    // abilityName 必填
    abilityName: 'FuncAbility',
    // 自定义信息
    parameters: {
      instanceKey: this.getInstanceKey(),
    },
  }

  context.startAbility(want).then(() => {
    console.info('Succeeded in starting ability.');
  }).catch((err: BusinessError) => {
    console.error(`Failed to start ability. Code is ${err.code}, message is ${err.message}`);
  })
}
```

由于 FuncAbility 的启动模式被配置为指定实例模式，因此在 FuncAbility 启动之前，会先进入对应的 AbilityStage 的 onAcceptWant()生命周期回调，以获取该 UIAbility 实例的 Key 值。然后系统会自动匹配：如果存在与该 UIAbility 实例匹配的 Key，则启动与之绑定的 UIAbility 实例，并进入该 UIAbility 实例的 onNewWant()回调函数；否则创建一个新的 UIAbility 实例，并进入该 UIAbility 实例的 onCreate()回调函数和 onWindowStageCreate()回调函数。

在下面的代码示例中，通过实现 onAcceptWant()生命周期回调，解析传入的 want 参数，获取自定义参数 instanceKey。业务逻辑会根据这个参数返回一个字符串 Key，用于标识当前的 UIAbility 实例。如果返回的 Key 已经对应一个已启动的 UIAbility 实例，则系统会将该 UIAbility 实例拉回前台并获焦，而不会创建新的实例。如果返回的 Key 没有对应的已启动的 UIAbility 实例，则系统会创建新的 UIAbility 实例并启动。

```
export default class MyAbilityStage extends AbilityStage {
  onAcceptWant(want: Want) {
    // 在被调用方的 AbilityStage 中，针对启动模式为 specified 的 UIAbility 返回一个 UIAbility 实例对应的 Key 值
    if (want.abilityName === 'FuncAbility') {
      if (want.parameters) {
```

```
      return `SpecifiedAbilityInstance_${want.parameters.instanceKey}`;
    }
   }
  }
}
```

4.5 使用 EventHub 进行数据通信

EventHub 为 UIAbility 提供了事件机制,包括订阅、取消订阅和触发事件等数据通信功能。在基类 Context 中,提供了 EventHub 对象,可用于在 UIAbility 实例内进行通信。

在下面的代码示例中,调用 eventHub.on()方法注册一个自定义事件"event1"。在自定义事件"event1"使用完成后,可以根据需要调用 eventHub.off()方法取消对该事件的订阅。

```
@Entry
@Component
struct EventRecPage {
  aboutToAppear() {
    let context = getContext(this) as common.UIAbilityContext
    context.eventHub.on('event1', (data: string) => {
      // 触发事件,完成相应的业务操作
      console.info('receive event data:' + JSON.stringify(data));
    })
  }
  aboutToDisappear() {
    let context = getContext(this) as common.UIAbilityContext
    context.eventHub.off('event1');
  }
  // ...
}
```

在下面的代码示例中,调用 eventHub.emit()方法触发该事件,在触发事件的同时,根据需要传入参数信息。

```
private sendEvent() {
  let context = getContext(this) as common.UIAbilityContext
  context.eventHub.emit('event1', 'test');
}
```

打印结果如图 4-6 所示。

图 4-6 打印结果

4.6 本章小结

本章对 UIAbility 的相关知识进行了介绍。首先展示了 Stage 模型、UIAbility 在 Stage 模型中的位置及 UIAbility 的声明配置等内容。其次讲解了 UIAbility 的生命周期及生命周期回调，包括 Create、Foreground、Background、Destroy 四个状态。然后对启动 UIAblity 的方式进行了讲解，包括显式 Want 启动和隐式 Want 启动两种方式。之后描述了 UIAbility 的三种启动模式 singleton、multiton、specified。最后讲解了如何使用 EventHub 进行数据通信。

第 5 章 网络技术应用

5.1 Web 组件的用法

在 App 开发过程中，有时需要在 App 内打开 H5 页面，加载和显示网页的过程通常都是浏览器的任务。

ArkUI 提供了 Web 组件来加载网页，借助它就相当于在自己的应用程序中嵌入了一个浏览器，从而非常轻松地展示各种各样的网页。下面介绍 Web 组件的一些常用 API 的使用方法。

5.1.1 加载网络 HTML 链接

在 ArkTS 文件中创建一个 Web 组件，只需传入两个参数。其中，src 指定引用的网页路径；controller 为组件的控制器，通过 controller 绑定 Web 组件，用于实现对 Web 组件的控制。

```
import webView from '@ohos.web.webview'
@Entry
@Component
struct Index {
  controller: webView.WebviewController = new webView.WebviewController();
  build() {
    Column() {
      Web({ src: `https://m.***.com`, controller: this.controller })
    }
    .width('100%')
  }
  .backgroundColor(0xF1F3F5)
  .height('100%')
}
```

访问互联网信息需要先申请权限。HarmonyOS 提供了一种访问控制机制，即应用权限，用来保证这些数据或功能不会被不当或恶意使用。因此，在使用网络前，需要先申请 ohos.permission.INTERNET 权限，在 module.json5 文件中编写以下配置。

```
{
    "module" : {
        "requestPermissions":[
            {
                "name": "ohos.permission.INTERNET"
            }
        ]
    }
}
```

展示效果如图 5-1 所示。

图 5-1　展示效果

有时候在真机上测试，会出现代码没有问题但远程网页无法加载的情况，这时可以检查网络连接，或者尝试重启手机。

5.1.2　加载本地网页

前面实现了 Web 组件加载在线网页，Web 组件同样也可以加载本地网页。首先在

main/resources/rawfile 目录下创建一个 HTML 文件（local.html），如图 5-2 所示。

图 5-2　目录示例

然后在 ArkTS 中通过 $rawfile 引用本地网页文件资源，示例代码如下。

```
Web({ src: $rawfile('local.html'), controller: this.controller })
```

运行结果如图 5-3 所示。

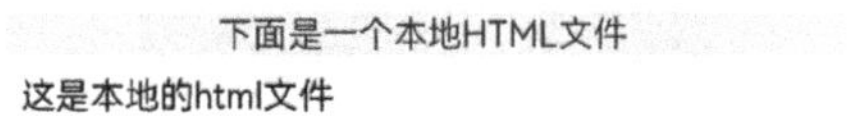

下面是一个本地HTML文件
这是本地的html文件

图 5-3　引用本地网页文件资源的运行结果

5.1.3　Web 和 JavaScript 交互

对于 Hybrid 混合开发，需要实现 H5 网页和端的通信，HarmonyOS 提供了这个功能。在开发专为适配 Web 组件的网页时，可以使用 runJavaScript、registerJavaScriptProxy 实现 Web 组件和 JavaScript 代码之间的交互。Web 组件可以调用 JavaScript 方法，JavaScript 也可以调用 Web 组件里的方法。

首先，需启用 Web 组件的 JavaScript 功能，默认情况下允许 JavaScript 执行。

```
Web({ src: 'https://m.***.com', controller: this.controller })
    .javaScriptAccess(true)
```

1. Web 组件调用 JavaScript 方法

可以在 Web 组件的 onPageEnd 事件中添加 runJavaScript()方法。该事件是在网页加载完成时的回调，runJavaScript 方法可以执行 HTML 中的 JavaScript 脚本。

在 HTML 文件中定义一个 JavaScript 方法。

```
<script>
    function jsFunc() {
        return 'js function';
```

```
    }
</script>
```

在 HarmonyOS 中使用 runJavaScript 调用。

```
Web({ src: $rawfile('xx.html'), controller: this.controller })
  .onPageEnd(e => {
    this.controller.runJavaScript('jsFunc()').then(res =>          console.log(res))
  })
```

可以在 Log 控制台中看到执行结果，如图 5-4 所示。

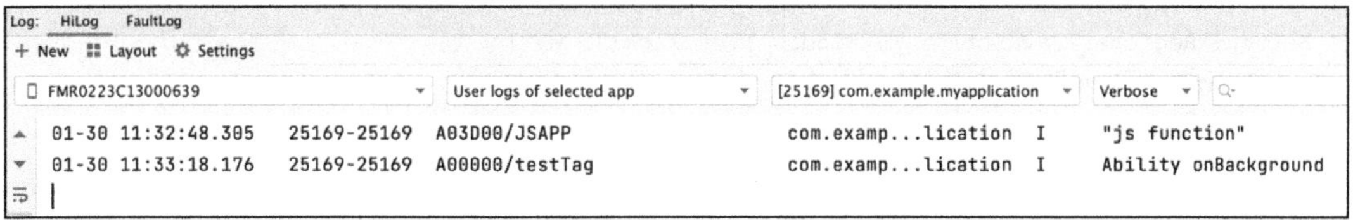

图 5-4　JavaScript 方法调用的执行结果

如果不确定 API 应该如何使用，可以右击关键字，在弹出的菜单中选择"Show in API Reference"查看官方文档。查看入口如图 5-5 所示。

图 5-5　官方文档的查看入口

2. JavaScript 调用 Web 组件方法

可以使用 registerJavaScriptProxy 将 Web 组件中的 JavaScript 对象注入 window 对象中，这样网页中的 JavaScript 就可以直接调用该对象了。下面的示例将 ets 文件中的对象 testObj 注入了 window 对象中。

```
boxObj: BoxObj = {
   setText: (data) => {
     this.message = data;
   },
   getText: () => {
     return this.message;
   }
}
...
Button('Register JavaScript To Window').onClick(() => {
  // JavaScript 调用 Web 组件方法
  this.controller.registerJavaScriptProxy(this.boxObj, 'boxObjName', ['getText', 'setText']);
  this.controller.refresh();
})
```

其中，this.boxObj 表示参与注册的对象，boxObjName 表示注册对象的名称，与 window 中调用的对象名一致；['getText','setText'] 表示参与注册的应用侧 JavaScript 对象的方法，包含 getText、setText 两个方法。在 HTML 中使用的时候，直接使用 boxObjName 调用 methodList 中对应的方法即可。

Object 只能声明方法，不能声明属性。其中方法的参数和返回类型只能为 string、number 和 boolean 三种。

```
<body>
    这是本地 HTML 文件：xx.html
    <p id="box-data"></p>
    <script>
        function jsFunc() {
            return 'js function';
        }
        function setText () {
            boxObjName.setText('js set xxxx')
        }
        function getText () {
            document.getElementById('box-data').innerText = boxObjName.getText()
            console.log(boxObjName.getText())
        }
        getText();
        setText();
    </script>
</body>
```

JavaScript 调用 Web 组件方法的执行效果如图 5-6 所示。

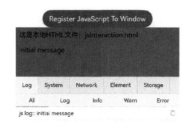

图 5-6 JavaScript 调用 Web 组件方法的执行效果

5.1.4 处理页面导航

当使用浏览器浏览网页时,可以执行返回、前进、刷新等操作。同样地,Web 组件也支持这些操作。可以使用 backward() 函数返回上一个页面,使用 forward() 函数前进到下一个页面,使用 refresh() 函数刷新当前页面,使用 clearHistory() 函数清除历史记录。下面通过一个简单的"浏览器"示例来展示这些功能。

```
Row() {
  Button("前进").onClick(() => {
    this.controller.forward();
  })
  Button("后退").onClick(() => {
    this.controller.backward();
  })
  Button("刷新").onClick(() => {
    this.controller.refresh();
  })
  Button("停止").onClick(() => {
    this.controller.stop();
```

```
    })
    Button("清除历史").onClick(() => {
      this.controller.clearHistory();
    })
  }
  .padding(12)
  .backgroundColor(Color.Gray)
  .width('100%')
  Web({ src:'https://m.***.com', controller: this.controller })
    .onPageEnd(e => {
      // Web 组件调用 JavaScript 方法
      this.controller.runJavaScript('jsFunc()').then(res => console.log(res))
    })
    .onConsole((event) => {
      console.log('getMessage:' + event.message.getMessage());
      console.log('getMessageLevel:' + event.message.getMessageLevel());
      return false;
    })
```

单击文章链接跳转到文章详情并返回，可以检验"前进"和"后退"按钮的效果。导航的前进效果如图 5-7 所示。导航的后退效果如图 5-8 所示。

图 5-7　导航的前进效果　　　　图 5-8　导航的后退效果

5.1.5 拦截页面内请求

Web 组件提供了 onInterceptRequest()方法，用于拦截 URL 并返回响应数据。

```
import web_webview from '@ohos.web.webview'
@Entry
@Component
struct WebComponent {
  controller: web_webview.WebviewController = new web_webview.WebviewController()
  responseweb: WebResourceResponse = new WebResourceResponse()
  heads:Header[] = new Array()
  @State webdata: string = `
    <!DOCTYPE html>
    <html>
      <head>
        <title>intercept test</title>
      </head>
      <body>
        <h1>intercept test</h1>
      </body>
    </html>
  `
  build() {
    Column() {
      Web({ src: $rawfile('intercept.html'), controller: this.controller })
        .onInterceptRequest((event) => {
          if (event) {
            const url = event.request.getRequestUrl();
            console.log('=====url:' + url)
            const regTest = new RegExp('panming');
            if (!regTest.test(url)) {
              return null;
            }
          }
          this.responseweb.setResponseData(this.webdata)
          this.responseweb.setResponseEncoding('utf-8')
          this.responseweb.setResponseMimeType('text/html')
          this.responseweb.setResponseCode(200)
          this.responseweb.setReasonMessage('OK')
          return this.responseweb
        })
    }
  }
}
```

HTML 代码如下所示。

```html
<!doctype html>
<html lang="en">
<head>
    <meta charset="UTF-8">
    <meta name="viewport"
          content="width=device-width, user-scalable=no, initial-scale=1.0, maximum-scale=1.0, minimum-scale=1.0">
    <meta http-equiv="X-UA-Compatible" content="ie=edge">
    <title>Document</title>
</head>
<body>
    这是一个页面,加载一个 iframe
    <iframe src="https://www.***.com"></iframe>
</body>
</html>
```

请求的拦截效果如图 5-9 所示。

图 5-9 请求的拦截效果

5.1.6 设置和获取 cookie

在日常操作中,经常需要对 cookie 进行操作。Web 组件提供了 WebCookieManager 对象实例,用于控制 Web 组件中 cookie 的各种行为。每个应用程序中的所有 Web 组件都共享一个 WebCookieManager 实例。目前,在调用 WebCookieManager 对象的方法之前,需要先加载 Web 组件。要设置 cookie,可以使用 configCookieSync()方法。

```
webView.WebCookieManager.configCookieSync('https://m.***.com', 'testCookie=abc');
```

要获取 cookie,可以使用 fetchCookieSync()方法,代码如下。

```
const pageCookie = webView.WebCookieManager.fetchCookieSync('https://m.***.com');
```

运行后,先执行 set cookie,再执行 get cookie,如图 5-10 所示。

第 5 章　网络技术应用

图 5-10　设置和获取 cookie 的效果

在设置和获取 cookie 时，除了 fetchCookieSync 和 configCookieSync 这对同步的 API，还有一对异步的 API——fetchCookie 和 configCookie，支持 callback 和 promise 两种方式来异步管理 cookie。

除了设置和获取 cookie，常用的 cookie 操作 HarmonyOS 都支持，例如判断 cookie 是否存在、删除 cookie、发送和接收第三方 cookie、保存 cookie 到磁盘等，详细信息可以查阅官方文档。

5.2　使用 HTTP 访问网络

日常开发中经常需要从服务器获取数据，这种场景就依赖于 HTTP 数据请求。

超文本传输协议（Hyper Text Transfer Protocol，HTTP）是一种简单的请求–响应协议，它指定了客户端可能发送给服务器什么样的消息及得到什么样的响应。其工作原理可用图 5-11 表示。

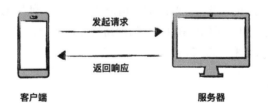

图 5-11　HTTP 的工作原理

由图 5-11 可知，客户端向服务器发送一条 HTTP 数据请求，服务器接收请求后向客户端返回一些数据，然后客户端再对这些数据进行解析和处理。

5.2.1　使用 http 模块

HTTP 数据请求功能主要由 http 模块提供，包括发起请求、中断请求、订阅/取消订阅 HTTP Response Header 事件等。

网络请求也使用了网络功能，同样要先申请 ohos.permission.INTERNET 权限，在 module.json5 文件中设置以下配置。

```
{
  "module" : {
    "requestPermissions":[
      {
        "name": "ohos.permission.INTERNET"
      }
    ]
  }
}
```

导入 http 模块，代码如下。

```
import http from '@ohos.net.http';
```

创建 httpRequest 对象。使用 createHttp() 创建一个 httpRequest 对象，里面包括常用的一些网络请求方法，如 request、destroy、on('headerReceive')等。需要注意的是，每一个 httpRequest 对象都对应一个 http 请求任务，不可复用。

```
let httpReq = http.createHttp();
```

订阅请求头（可选）。用于订阅 HTTP 响应头，此接口会比 request 请求先返回，可以根据业务需要订阅此消息。

```
httpReq.on('headersReceive', (header) => {console.info('header: ' + JSON.stringify(header));});
```

发起 HTTP 请求。http 模块支持常用的 POST 和 GET 等方法，在 RequestMethod 的值中可以看到都支持哪些方法。调用 request() 方法发起网络请求，需要传入两个参数。第一个参数是请求的 URL 地址，第二个参数是可选参数，类型为 HttpRequestOptions，用于定义可选参数的类型和取值范围，包含请求方式、连接超时时间、请求头字段等。使用 GET 请求，参数内容需要拼接到 URL 中进行发送，如下示例中在 URL 后面拼接了两个自定义参数，分别命名为 param1 和 param2，值分别为 value1 和 value2。

```
const url= "https://m.***.com?param1=value1&param2=value2";
const req = httpReq.request(
  // 填写 HTTP 请求的 URL 地址，可以带参数，也可以不带参数。URL 地址需要开发者自定义；请求的参数可以在 extraData 中指定
  url,
  {
    method: http.RequestMethod.GET,   // 可选，默认为 http.RequestMethod.GET
    // 开发者根据自身业务需要添加 header 字段
    header: ['Content-Type', 'application/json'],
    // 当使用 POST 请求时，此字段用于传递内容
    expectDataType:   http.HttpDataType.STRING,// 可选，指定返回数据的类型
    usingCache: true,   // 可选，默认为 true
    priority: 1,   // 可选，默认为 1
    connectTimeout: 60000,   // 可选，默认为 60000ms
    readTimeout: 60000,   // 可选，默认为 60000ms。若传输的数据较大，则需要较长的时间，建议增大该参数以
```

保证数据传输正常终止
```
    usingProtocol: http.HttpProtocol.HTTP1_1 // 可选，协议类型默认值由系统自动指定
  });
  req.then((data: http.HttpResponse) => {
    console.log('res' + data.result);
    this.message = JSON.stringify(data.result);
  })
```

HTTP 请求结果如图 5-12 所示。

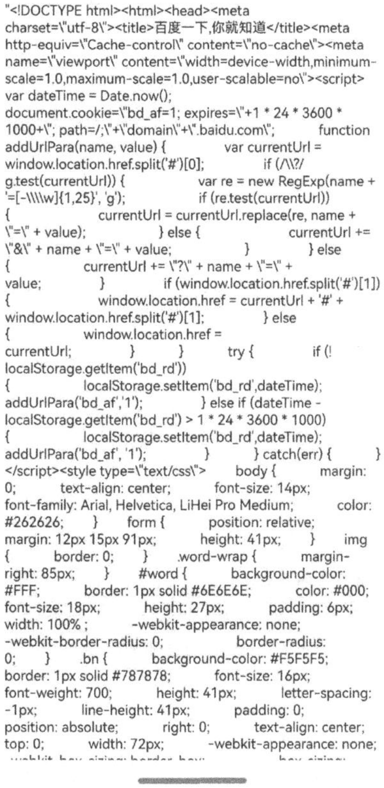

图 5-12 HTTP 请求结果

@ohos.net.http 支持配置 header、代理、CA 证书等多种配置，对于请求结果也支持通过 callback 和 promise 两种方式获取。在这里，仅使用了 promise 一种方式来作为跑通网络请求功能的示例。

HTTP 并不是只有 GET 和 POST 两种类型，比较常用的还有 PUT、PATCH、DELETE 这几种，都封装在 RequestMethod 中。通常认为 GET 请求用于从服务器获取数据，POST 请求用于向服务器提交数据，PUT 和 PATCH 请求用于修改服务器的数据。DELETE 请求用于删除服务器

的数据。当然，这种用法规则并不是唯一的，有时也可以用 GET 请求来修改或删除数据，只是名义上听起来不太符合规范罢了。

5.2.2 简单热榜示例

下面通过一个简单的示例来演示网络请求。为了方便学习，先搭建一个简单的 mock 服务，以返回模拟的热榜数据。

这里采用 Node.js+Express 框架来搭建后端服务，Express 是一个高效的轻量级 Node.js 服务器框架，可以快速构建简单的服务器应用。

在 HarmonyOS 的工程外创建一个文件夹 mockServer，用于放置 Node.js 服务器的代码，这个名字可以自定义。在控制台进入 mockServer 文件夹，并执行命令 npm init。

```
npm init
```

根据控制台的提示输入每项内容，完成初始化，如图 5-13 所示。

```
→ mockServer npm init
This utility will walk you through creating a package.json file.
It only covers the most common items, and tries to guess sensible defaults.

See `npm help json` for definitive documentation on these fields
and exactly what they do.

Use `npm install <pkg> --save` afterwards to install a package and
save it as a dependency in the package.json file.

Press ^C at any time to quit.
name: (mockServer) mock-server
version: (1.0.0)
description: 一个简单的mock Server
entry point: (index.js)
```

图 5-13　npm init 的执行结果

完成初始化后，文件目录中多了一个 package.json 文件。这时，执行命令安装 Express 模块。

```
npm install express
```

执行完成后，Express 就已经安装完毕。接下来在目录中创建文件 index.js，编写 mockServer 的代码。

```
const express = require('express')
const app = express()
const port = 3000

app.get('/', (req, res) => {
    res.send('Hello World!')
})
// 添加路由
app.get('/newsList', (req, res) => {
```

```
    res.json({
        "errno": 0,
        "data": [
            {
                "title": "15年来最高级别冰冻预警",
                "index": 1
            },
            {
                "title": "北方和南方小年差一天",
                "index": 2
            },
            {
                "title": "线下热热闹闹 线上年味浓浓",
                "index": 3
            },
            {
                "title": "两广地区家里水帘洞户外南天门",
                "index": 4
            },
            {
                "title": "云南一村突发刑案致6死 嫌犯已落网",
                "index": 5
            }
        ]
    })
})
app.listen(port, () => {
    console.log(`Example app listening on port ${port}`)
})
```

编写完成，在控制台中执行命令启动服务。

```
node index.js
```

运行代码，当控制台中出现如图 5-14 所示的结果时，表示运行成功。

```
→  mockServer node index.js
Example app listening on port 3000
```

图 5-14 启动命令的运行结果

在浏览器中访问请求刚刚执行 mock 服务的热榜接口：http://127.0.0.1:3000/newsList，数据请求结果如图 5-15 所示。

假设当前运行上述服务的电脑 IP 地址是 192.168.1.2，那么在浏览器中访问 http://192.168.1.2:3000/newsList 也可以得到图 5-15 的数据。

```
{"errno":0,"data":[{"title":"15年来最高级别冰冻预警","index":1},{"title":"北方和南方小年差一
天","index":2},{"title":"线下热热闹闹 线上年味浓浓","index":3},{"title":"两广地区家里水帘洞户外南天
门","index":4},{"title":"云南一村突发刑案致6死 嫌犯已落网","index":5}]}
```

图 5-15　数据请求结果

至此，mock 服务就构造完成了，接下来通过这个接口数据来更新默认的热榜列表数据。

首先来写列表模块。在文件中定义两个 interface，来描述 mock 服务返回内容和热榜列表的数据结构。

```
interface NewsItem {
  tplID:string
  title: string;
}

interface HTTPRes {
  errno: string;
  data: Array<NewsItem>
}
创建一个@state 修饰的成员变量 newsList，并赋默认值
@State newsList: NewsItem[] = [
    {
      title: "默认数据一",
      index: 1
    },
    {
      title: "默认数据二",
      index: 2
    },
    {
      title: "默认数据三",
      index: 3
    },
    {
      title: "默认数据四",
      index: 4
    },
    {
      title: "默认数据五",
      index: 5
    }
];
```

使用 ForEach 循环渲染列表。

```
build() {
    Row() {
```

```
    Column() {
      List() {
        ForEach(this.newsList, (item: NewsItem) => {
          ListItem() {
            Row() {
              Text(item.index + ' ')  // 热榜排名
              Text(item.title)  // 热榜内容
            }
          }
        })
      }
      .padding(30)
    }
    .width('100%')
  }
  .backgroundColor(0xF1F3F5)
  .height('100%')
}
```

准备完成后，开始封装一个请求数据的方法，使用上面提到的@ohos.net.http。

```
import http from '@ohos.net.http';
...
requestData() {
    let httpRequest = http.createHttp();
    httpRequest.on('headersReceive', (header) => {
      console.info('header: ' + JSON.stringify(header));
    });
    let url= "http://192.168.1.2:3000/newsList";
    let promise = httpRequest.request(
      // 请求URL地址
      url,
      {
        // 请求方式
        method: http.RequestMethod.GET,
        // 可选，默认为60s
        connectTimeout: 60000,
        // 可选，默认为60s
        readTimeout: 60000,
        // 开发者根据自身业务需要添加header字段
        header: {
          'Content-Type': 'application/json'
        }
      });

    promise.then((data) => {
```

```
      if (data.responseCode === http.ResponseCode.OK) {
        try {
            let res: HTTPRes;
              res = JSON.parse(data.result as string);
              this.newsList = res.data;
        } catch (e) {}
      }
    })
}
```

在合适的时机，调用 requestData()方法发起网络请求。

```
Column() {
  Button('获取最新热榜数据')
    .onClick(e => {
      this.requestData();
    })
}
```

在单击"获取最新热榜数据"按钮触发网络请求后，列表区的内容换成了由接口返回的数据。网络请求前展示默认数据如图 5-16 所示。网络请求后展示新数据如图 5-17 所示。

图 5-16　网络请求前展示默认数据　　图 5-17　网络请求后展示新数据

除了 GET 请求，常用的请求还有可以携带请求体数据的 POST 请求。POST 请求参数需要添加到 extraData 中。如下示例中，在 extraData 中定义了两个自定义参数 param1 和 param2，值分别为 value1 和 value2。

```
const promise = httpRequest.request(
  // 请求 URL 地址
  url,
  {
    // 请求方式
    method: http.RequestMethod.POST,
    // 请求的额外数据
    extraData: {
      "param1": "value1",
      "param2": "value2",
    },
    // 可选，默认为 60s
    connectTimeout: 60000,
    // 可选，默认为 60s
    readTimeout: 60000,
    // 开发者根据自身业务需要添加 header 字段
    header: {
      'Content-Type': 'application/json'
    }
  });
```

request 有多种写法，上面演示的是以 promise 的形式处理的返回结果，还可以以 callback 的形式处理。

5.2.3 使用 WebSocket

不同于无状态的 HTTP 请求，WebSocket 是一种有状态的协议，可以在单个 TCP 连接上进行全双工通信，实现即时通信。

要使用 WebSocket 建立服务器与客户端的双向连接，首先需要通过 createWebSocket() 方法创建 WebSocket 对象，然后通过 connect() 方法连接到服务器。

连接成功后，客户端将收到 open 事件的回调，此后客户端就可以使用 send() 方法与服务器进行通信。当服务器向客户端发送信息时，客户端将收到 message 事件的回调。

当客户端不再需要此连接时，可以通过调用 close() 方法主动断开连接，随后客户端将收到 close 事件的回调。若在上述任一过程中发生错误，则客户端将收到 error 事件的回调。

在 HarmonyOS 上实现一个简单的 WebSocket 客户端的代码如下所示（假如存在 WebSocket 服务 ws://192.168.1.2:3000）。

```
let defaultIpAddress = "ws://192.168.1.2:3000";
```

```
let ws = webSocket.createWebSocket();
ws.on('open', (err:BusinessError, value:Object) => {
  if (err != undefined) {
    console.log(JSON.stringify(err))
    return
  }
  console.log("on open, status:" + JSON.stringify(value));
  // 当收到on('open')事件时，可以通过send()方法与服务器进行通信
  ws.send("Hello, server!", (err:BusinessError, value:boolean) => {
    if (!err) {
      console.log("send success");
    } else {
      console.log("send fail, err:" + JSON.stringify(err));
    }
  });
});
ws.on('message', (err:BusinessError, value: string | ArrayBuffer) => {
  console.log("on message, message:" + value);
  this.message = '' + value;

  // 当收到服务器的`bye`消息时(此消息字段仅为示意，具体字段需要与服务器协商)，主动断开连接
  if (value === 'bye') {
    ws.close((err: BusinessError, value: boolean) => {
      if (!err) {
        console.log("close success");
      } else {
        console.log("close fail, err is " + JSON.stringify(err));
      }
    });
  }
});
ws.on('close', (err:BusinessError, value: webSocket.CloseResult) => {
  console.log("on close, code is " + value);
});
ws.on('error', (err:BusinessError) => {
  console.log("on error, error:" + JSON.stringify(err));
});
ws.connect(defaultIpAddress, (err:BusinessError, value:boolean) => {
  if (!err) {
    console.log("connect success");
  } else {
    console.log("connect fail, err:" + JSON.stringify(err));
  }
});
```

应用启动后，服务器打印日志，如图 5-18 所示。

```
::ffff:172.24.110.19656910 is connected
received: Hello, server! from ::ffff:172.24.110.19656910
```

图 5-18　服务器打印日志

表明连接已建立，服务器收到了来自客户端的“Hello, server!”消息。客户端也收到了服务器的推送消息，日志如图 5-19 所示。

```
User logs of selected app    [43915] com.example.myapplication    Debug
02-04 11:25:43.555   43915-43915  A03D00/JSAPP   com.examp...lication  I   connect success
02-04 11:25:43.591   43915-43915  A03D00/JSAPP   com.examp...lication  I   on open, status:{"status":101,"message":"Switching Protocols"}
02-04 11:25:43.591   43915-43915  A03D00/JSAPP   com.examp...lication  I   on message, message:Welcome ::ffff:172.24.110.19656910
02-04 11:25:43.592   43915-43915  A03D00/JSAPP   com.examp...lication  I   send success
02-04 11:25:43.614   43915-43915  A03D00/JSAPP   com.examp...lication  I   on message, message:::ffff:172.24.110.19656910 -> Hello, server!
02-04 11:25:44.616   43915-43915  A03D00/JSAPP   com.examp...lication  I   on message, message:bye
02-04 11:25:44.620   43915-43915  A03D00/JSAPP   com.examp...lication  I   close success
02-04 11:25:44.627   43915-43915  A03D00/JSAPP   com.examp...lication  I   on close, code is [object Object]
```

图 5-19　客户端收到服务器的推送消息的日志

5.3　可用的网络库：axios

axios 原本是一个可用于 Node.js 和浏览器环境的网络请求工具。HarmonyOS 团队对 axios 进行了适配，使得它可以在 HarmonyOS 设备上使用，从而让网络请求变得非常方便。

适配后的 axios 底层也使用了@ohos.net.http。

5.3.1　axios 的基本用法

导入 axios 模块@ohos/axios。

```
import  axios from '@ohos/axios';
```

使用 @ohos/axios 传递相关配置来创建并发送请求。

```
const url= "https://m.***.com";
// 获取远端数据
axios.get(url).then((res: AxiosResponse) => {
  console.log('res', JSON.stringify(res))
})
// 添加请求拦截器
axios.interceptors.request.use((config: any) => {
  // 在发送请求之前做些什么
  return config;
}, (error: AxiosError) => {
```

```
    // 对请求错误做些什么
    return Promise.reject(error);
});
// 添加响应拦截器
axios.interceptors.response.use((response: AxiosResponse) => {
    // 2xx 范围内的状态码都会触发该函数
    // 对响应数据做点什么
    // return response
    let res: HTTPRes = null;
    try {
        res = JSON.parse(response.data as string);
    } catch (e) {
    }
    return res.data
}, (error: AxiosError) => {
    // 超出 2xx 范围的状态码都会触发该函数
    // 对响应错误做点什么
    return Promise.reject(error);
});
```

5.3.2 实战：使用 axios 重构简单热榜列表

至此，已经介绍了如何使用 axios 发送请求。可以看出，axios 使用起来要比 @ohos.net.http 简单方便一些。接下来就用 axios 重构上面的简单热榜示例。

仅需修改封装的网络请求部分，其余部分不需要改动，代码如下所示。

```
requestData() {
    // 获取远端数据
    const url= "http://192.168.1.2:3000/newsList";
    axios.get(url).then((res: AxiosResponse) => {
        console.log('res', JSON.stringify(res))
        let resp: HTTPRes = res.data;
        this.newsList = res.data.data;
    });
}
```

请求前，热榜展示默认数据，如图 5-20 所示。

请求后，热榜列表数据更新，如图 5-21 所示。

图 5-20　请求前热榜展示默认数据

图 5-21　请求后热榜列表数据更新

5.4　本章小结

本章介绍了 Web 组件的用法、HarmonyOS 的@ohos.net.http 模块和@ohos.net.webSocket，以及 HarmonyOS 团队改造的第三方网络库@ohos/axios。相关技术可以用于构建混合应用、加载第三方网页、获取远程服务器数据及使用 WebSocket 进行全双工通信等。大部分功能完整的 App 都离不开网络请求，网络是应用开发的基础之一。Web 组件和@ohos.net 模块还支持很多功能，本书只介绍了一些常用功能，更多详细内容可见 HarmonyOS 官方文档。

@ohos/axios 是由 HarmonyOS 团队改造维护的第三方网络库，@ohos/axios 的更新频率不一定会和社区维护的 axios 同步。因此，关于是否应该在应用中使用@ohos/axios 来替代@ohos.net.http 进行网络请求，存在两种不同的观点，需要根据 App 的场景自行选择。

第6章
数据持久化技术详解

6.1 应用沙箱

应用沙箱为每个应用程序都提供了独立的存储空间和运行环境,为应用程序的数据缓存提供了隔离机制,严格控制了执行的程序所能够访问的资源,以确保应用程序的数据安全。每个应用程序都有自己的应用沙箱,HarmonyOS 系统会为每个应用程序都提供一个专属的文件系统目录,即"应用沙箱目录",应用沙箱目录由应用程序目录和少量系统文件所在目录的集合两部分组成。

由于 HarmonyOS 应用沙箱限制了应用程序可见数据的最小范围,即应用只能访问应用自身的文件目录及少量的系统文件,而不能直接访问其他应用的文件,从而保护了应用文件的安全。如果应用需要访问其他用户文件,比如相册,则需要通过特定 API 经过用户授权之后才能访问。对于少量的系统文件及其目录,应用程序只能读取,而不能修改。

应用程序访问的文件可见范围与关系如图 6-1 所示。

6.1.1 应用文件目录

应用文件目录用于存储应用程序运行期间产生的需要持久化的数据。应用文件目录会在应用卸载时被系统删除。HarmonyOS 系统将应用文件目录主要分为 5 个级别。应用文件目录的结构如图 6-2 所示。

第 6 章 数据持久化技术详解

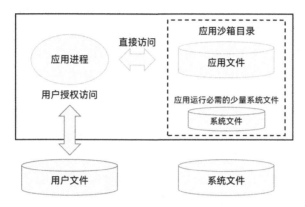

图 6-1 应用程序访问的文件可见范围与关系

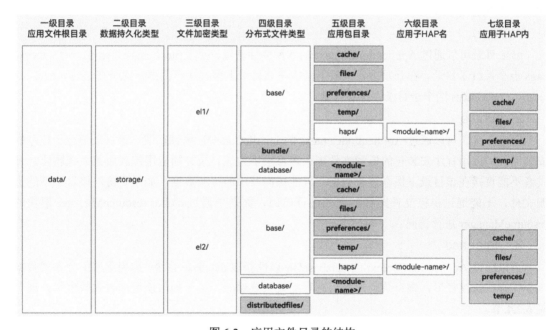

图 6-2 应用文件目录的结构

前 5 个级别目录路径是固定的，各级目录所代表的含义如下。

- 一级目录为 data，表示应用文件所在的根目录。
- 二级目录为 storage，表示应用持久化文件所在目录。
- 三级目录为 el1 和 el2，表示不同的存储分区，存储在 el1 和 el2 下的文件的加密类型不同。el1 目录使用设备级的加密，当设备开机后即可访问该目录下的数据。el2 目录使用用户级加密，当设备开机后，还需要用户解锁设置后（例如通过密码、指纹、人脸等方式解锁设备），才能够访问该目录下的数据。如果应用程序对应用数据没有特殊的访问需要，则应该将应用缓存数据存储在 el2 目录下，以最大程度地保证应用数据的安全。对于一些特殊场景，例如壁纸应用、闹钟应用，需要在设备解锁之前就访问应用的缓存数据，可以将解锁前访问的这部分数据存储在 el1 目录下，而将解锁后访问的数据存储在 el2 目录下。
- 四级目录和五级目录：通过 ApplicationContext 可以获取 base 下的 files、cache、preferences、temp、distributedfiles 等目录的应用文件路径，应用全局信息可以存放在这些目录下。通过 UIAbilityContext、AbilityStageContext、ExtensionContext 可以获取 HAP 级别应用文件路径。HAP 信息可以存放在这些目录下，存放在此目录下的文件会跟随 HAP 的卸载而被删除，不会影响 App 级别目录下的文件。

在平时的开发中，存储的数据都在四级和五级目录下。下面对四级和五级目录的获取方式和目录特点进行介绍。

1. base

base 目录可以通过 ApplicationContext 的 NA 属性获取，包含 files、cache、temp、preferences、haps 五个系统子目录。在开发中，一般不直接在该目录下保存缓存数据，而是在 files、cache、temp、preferences 四个子目录中保存数据。

2. bundle

bundle 目录可以通过 ApplicationContext 的 bundleCodeDir 属性获取。该目录是应用程序的安装路径，应用程序安装包的资源文件都在该目录下。该目录会随应用卸载而被系统删除。开发者不能直接在该目录下保存缓存数据，只能访问其中的资源数据。如果要访问该目录下的资源文件，不能通过拼接文件路径的方式进行访问，而需要通过 @ohos.resourceManager 模块的 resourceManager 进行访问。

3. database

可以通过 ApplicationContext 的 databaseDir 属性获取 database 目录。应用程序的分布式数据库会保存在该路径下，该目录会随应用卸载而被系统删除。关于如何使用分布式数据库，请参见 6.2.4 节。

4. distributedfiles

distributedfiles 目录可以通过 ApplicationContext 的 distributedFilesDir 属性获取。该目录存储分布式文件，可以跨设备直接访问，多用于多设备协同场景，例如多设备间共享文件、多设备间备份文件、多设备间群组协同文件等。该目录会随应用卸载而被系统删除。

5. files

files 目录可以通过 ApplicationContext 的 filesDir 属性获取。该目录用于保存需要长期缓存的应用数据，系统不会清理该目录下的文件，只有在应用卸载时才会被清理。

6. cache

cache 目录可以通过 ApplicationContext 的 cacheDir 属性获取。该目录通常用于缓存可以重复生成或者下载的文件。当缓存大小超过系统分配的配额，或者系统存储空间达到一定条件时，系统会自动清理该目录下的文件。用户通过系统的磁盘管理应用清理缓存，也可能会触发该目录的清理。因此，应用程序在使用该目录下的文件时需要判断文件是否存在。如果文件不存在，应该重新缓存该文件。由于该目录的文件可能被系统清理，因此不能存储重要的数据。

7. preferences

preferences 目录可以通过 ApplicationContext 的 preferencesDir 属性获取，表示应用程序通过用户首选项保存数据的存储路径。

8. temp

temp 目录可以通过 ApplicationContext 的 tempDir 属性获取。该目录用于保存应用程序运行期间需要临时缓存的数据，如临时日志、临时安装包等。在应用程序退出后，该目录会被清理。

9. haps

haps 目录用于缓存 HAP 模块的数据，每一个 HAP 下又有 files、cache、temp、preferences 四个子目录，可以通过 UIAbilityContext、AbilityStageContext、ExtensionContext 获取 HAP 下的相关文件路径。HAP 独有的缓存信息可以放在该目录下，会随着 HAP 的卸载而被删除。如果缓存的信息不希望随 HAP 的卸载被删除，则可以考虑存放在全局的缓存目录中。

6.1.2 获取应用文件目录

获取应用文件目录是后面学习数据存储的基础，本节我们通过实际例子来讲解如何获取应用文件目录、影响文件目录路径的因素，以及在获取文件目录时有哪些注意事项。

1. Context 对应用文件目录的影响

由 6.1.1 节可知，可以通过 Context 的相关属性来获取应用程序文件对应的文件目录。由于 HarmonyOS 应用程序可以包含多个 HAP，每个 HAP 的 Context 都不同，应用程序还有一个全局的 ApplicationContext，通过不同的 Context 获取的应用文件目录也不同。下面通过示例来说明。

图 6-3 是通过 ApplicationContext 获取的 files、cache、temp、preferences、database、distributedfiles、bundle 路径。ApplicationContext 可以通过 Context 的 getApplicationContext() 函数获取。获取不同目录的属性可以参考 6.1.1 节。

以获取 files 目录为例，核心代码如下。

```
const context = getContext(this).getApplicationContext()
const filesDir = context.filesDir
```

为了说明不同 Context 对获取应用文件目录的影响，下面通过 HAP 的 Context 来获取文件目录。创建工程会默认生成一个 entry 的 HAP，是应用程序的入口文件。在测试代码中，将 HAP 切换为 entry HAP 的 Context 来获取文件目录，结果如图 6-4 所示。entry HAP 的 Context 可以通过 EntryAbility 的 context 属性获取。

通过对比图 6-3 和图 6-4 可知：

- 不同的 Context 获取的 files、cache、temp、preferences 路径不同，结合 6.1.1 节的图 6-2 可知，每个 HAP 都有自己的 haps 目录，而 haps 目录下又包括 files、cache、temp、preferences 四个路径。
- 不同的 Context 获取的 database、distributedfiles、bundle 路径是相同的，因为这些路径是应用程序共享的，不属于任何一个特定的 HAP。

```
切换Context          当前为Application            切换Context          当前为entry HAP
                     Context                                          Context

切换存储分区         当前分区为EL2                切换存储分区         当前分区为EL2

files路径为:                                      files路径为:
/data/storage/el2/base/files                      /data/storage/el2/base/haps/entry/files
cache路径为:                                      cache路径为:
/data/storage/el2/base/cache                      /data/storage/el2/base/haps/entry/cache
temp路径为:                                       temp路径为:
/data/storage/el2/base/temp                       /data/storage/el2/base/haps/entry/temp
preferences路径为:                                preferences路径为:
/data/storage/el2/base/preferences                /data/storage/el2/base/haps/entry/preferences
database路径为:                                   database路径为:
/data/storage/el2/database                        /data/storage/el2/database/entry
distributedfiles路径为:                           distributedfiles路径为:
/data/storage/el2/distributedfiles                /data/storage/el2/distributedfiles
bundle路径为:                                     bundle路径为:
/data/storage/el1/bundle                          /data/storage/el1/bundle
```

图 6-3　通过 ApplicationContext 获取的路径 　　　　图 6-4　不同的 Context 获取的路径

2. EL1 和 EL2 存储分区对应用文件目录的影响

细心的读者可能会注意到，图 6-3 和图 6-4 都是在 EL2 分区下获取的文件路径。Context 有一个 area 属性，可以设置用于获取文件目录的存储分区。可以通过给 area 属性设置 contextConstant. AreaMode.EL1 或 contextConstant.AreaMode.EL2 来切换存储分区，从而获取不同存储分区的文件路径。

下面通过示例说明 Context 的 area 属性对获取文件目录的影响。以获取 files 目录为例，核心代码如下，在获取 files 路径之前，需要将分区切换为 EL1。

```
const context = getContext(this).getApplicationContext()
// 切换存储分区为 EL1
context.area = contextConstant.AreaMode.EL1
const filesDir = context.filesDir
```

第 6 章 数据持久化技术详解

```
切换Context        当前为Application              切换Context        当前为entry HAP
                   Context                                           Context

切换存储分区       当前分区为EL1                切换存储分区       当前分区为EL1

files路径为：                                    files路径为：
/data/storage/el1/base/files                     /data/storage/el1/base/haps/entry/files
cache路径为：                                    cache路径为：
/data/storage/el1/base/cache                     /data/storage/el1/base/haps/entry/cache
temp路径为：                                     temp路径为：
/data/storage/el1/base/temp                      /data/storage/el1/base/haps/entry/temp
preferences路径为：                              preferences路径为：
/data/storage/el1/base/preferences               /data/storage/el1/base/haps/entry/preferences
database路径为：                                 database路径为：
/data/storage/el1/database                       /data/storage/el1/database/entry
distributedfiles路径为：                         distributedfiles路径为：
/data/storage/el1/distributedfiles               /data/storage/el1/distributedfiles
bundle路径为：                                   bundle路径为：
/data/storage/el1/bundle                         /data/storage/el1/bundle
```

图 6-5　Context 的 area 属性对获取文件目录的影响（1） 　　图 6-6　Context 的 area 属性对获取文件目录的影响（2）

这里需要注意，在获取路径前先设置 context.area 目录分区为 EL1 或者 EL2，避免其他位置的代码修改了 context.area，导致获取的分区路径和预期不符。

6.2　数据持久化

应用数据持久化是指应用将内存中的数据通过文件或数据库的形式保存到设备上。内存中的数据形态通常是任意的数据结构或数据对象，存储介质上的数据形态可能是文本、数据库、二进制文件等。

HarmonyOS 系统的数据存储方式主要包括普通文件存储、用户首选项（Preferences）、键值数据库（KV-Store）和关系数据库几种方式，分别有着独特的设计和安全保障。

HarmonyOS 系统通过区分数据的安全等级，将数据存储在具有不同安全防护能力的分区，对数据进行安全保护。这种设计可以提供密钥全生命周期的跨设备无缝流动和跨设备密钥访问控制能力，从而支撑分布式身份认证协同、分布式数据共享等业务。

6.2.1　普通文件存储

HarmonyOS 系统提供了对应用文件的查看、创建、读写、删除、移动、复制、获取属性等基础操作。开发者可以通过文件操作接口（ohos.file.fs）来实现对应用文件的访问。本节重点介绍如何通过 ohos.file.fs 实现数据的持久化。

ohos.file.fs 提供了 openSync 函数，可用于打开文件。该函数接收两个参数，第一个是文件路径，第二个是文件操作模式。HarmonyOS 系统的文件操作模式见表 6-1。

表 6-1　HarmonyOS 系统的文件操作模式

操作模式	功能说明
READ_ONLY	以只读模式打开文件，进行写操作会失败
WRITE_ONLY	以只写模式打开文件，进行读操作会失败
READ_WRITE	以读写模式打开文件，既可以读，也可以写
CREATE	文件不存在，创建文件
APPEND	在文件末尾追加写入
TRUNC	以覆盖方式写入

写入文件可以通过 writeFile 函数完成，该函数支持三个参数：第一个参数是通过 openSync 函数返回的文件描述符；第二个参数是需要写入的内容；第三个参数是可选参数，可以指定写入文件的长度、偏移位置和编码模式等信息。读取文件可以通过 readSync 函数完成，该函数支持三个参数：第一个参数是通过 openSync 函数返回的文件描述符；第二个参数是传入一个 **ArrayBuffer** 对象，用来保存读取的内容；第三个参数是可选参数，可以指定读取文件的长度、偏移位置等信息。文件读写完成后，要使用 closeSync 函数关闭打开的文件，以避免资源泄露。文件读写可以参考如下代码。

```
import fs from '@ohos.file.fs'
import buffer from '@ohos.buffer'

function filePath(): string {
    // 获取应用文件路径
    let context = getContext().getApplicationContext()
    let filesDir = context.filesDir
    return filesDir + '/test.txt'
}

function writeFile(content: string) {
    try {
        let file = fs.openSync(filePath(), fs.OpenMode.READ_WRITE    | fs.OpenMode.CREATE
| fs.OpenMode.TRUNC)
        fs.writeSync(file.fd, content, {encoding: 'utf8'})
        fs.closeSync(file)
    } catch (e) {
        console.log(`Write file failed. Erro code:${e.code}, Error message:${e.message}`)
    }
}

function readFile(): string | null {
    try {
        let file = fs.openSync(filePath(), fs.OpenMode.READ_WRITE | fs.OpenMode.CREATE)
```

```
    let buf = new ArrayBuffer(1024)
      fs.readSync(file.fd, buf, { offset: 0 })
    const contentString: string = buffer.from(buf).toString('utf8');
      fs.closeSync(file)
    return contentString
  } catch (e) {
      console.log(`Read file failed. Erro code:${e.code}, Error message:${e.message}`)
      return null
  }
}
```

下面通过示例来说明普通文件的数据持久化，编写一个页面，可以将用户输入的数据保存到磁盘上，也可以对保存的数据进行展示。在"保存输入的数据"按钮单击事件中，调用 writeFile 函数，将用户输入的数据保存。在"读取保存的数据"按钮单击事件中，调用 readFile 函数，将读取的数据展示出来。

首先，在输入框中输入"hello，harmonyOS NEXT!"，然后单击"保存输入的数据"按钮，将数据保存到 test 文件中，如图 6-7 所示。

为了证明数据已经保存，冷启动应用程序，单击"读取保存的数据"按钮，可以发现，之前保存的数据展示在了页面上，如图 6-8 所示。

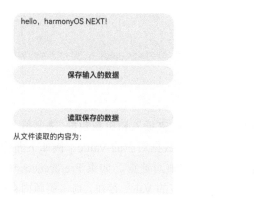

图 6-7 保存输入的数据

图 6-8 读取保存的数据

6.2.2 用户首选项

在开发中，经常会以键值（Key-Value）方式存储数据，HarmonyOS 系统为用户提供了两种键值的数据存储方式，一种是用户首选项（Preferences），另一种是键值数据库（KV-Store）。本节将介绍 Preferences，KV-Store 将在下一节介绍。

Preferences 支持轻量级的数据存储、更新、查询、删除功能，存储的数据默认只会保存在内存中，因此通过 Key 访问数据时，可以从内存中快速地返回对应的 Value 数据。如果要将保存在内存中的数据持久化到磁盘中，则需要调用 Preferences 的 flush 函数。由于 Preferences 会随着存储的数据变多而占用更多内存，因此 Preferences 不能存放太多的数据。在实际开发中，比较适合存储一些轻量级的数据，例如状态值、标记位等。

Preferences 的 Key 只支持 string 类型，Key 的长度不能超过 80 字节。Value 支持 number、string、boolean、Array<number>、Array<string>、Array<boolean>等多种类型，Value 的长度不能超过 8KB。下面对 Preferences 的常用操作进行介绍。

1. 获取 Preferences 对象

要想使用 Preferences，必须先获取 Preferences 对象实例，应用程序可以存在多个 Preferences 对象实例，每一个实例对应一个存储文件。开发者可以通过同步方法 getPreferences 或者异步方法 getPreferencesSync 获取 Preferences 对象实例。

通过同步方法获取 Preferences 对象实例的参考代码如下，需要传入两个参数，第一个参数是 Context，不同的 Context 获取的对象实例不同。第二个参数为名称，即开发者给 Preferences 指定的名称。Context 和名称唯一确定一个 Preferences 对象实例。

```
import dataPreferences from '@ohos.data.preferences';
try {
    const preferences = dataPreferences.getPreferencesSync(getContext(this),         {name: 'preferencesName'})
} catch (err) {
    console.error(`Get preferences failed. Error code:${err.code}, error message:${err.message}`)
}
```

2. 数据的插入和更新

Preferences 提供了同步函数 putSync 和异步函数 put 来插入和更新数据。需要传入两个参数，第一个参数是保存数据对应的 Key，第二个参数是保存数据对应的 Value。例如下面的代码，插入了一个 Key 为 "name"、Value 为 "xiaoming" 的键值对数据。如果 Preferences 中 Key 对应的 Value 不存在，则将保存数据到内存中；如果 Key 对应的 Value 存在，则将更新内存中的 Value 信息。

```
try {
    preferences.putSync('name', 'xiaoming')
} catch (err) {
    console.log(`Put data failed. Error code: ${err.code}, error message:${err.message}`)
}
```

3. 判断 Key 对应的数据是否存在

如果要判断 Key 对应的数据是否存在，可以通过同步函数 hasSync 或者异步函数 has 来判断。该函数接收一个参数，即要传入的 Key，并返回一个布尔值，表示 Preferences 中 Key 对应的 Value 是否存在。参考代码如下。

```
try {
    const isNameExist = preferences.hasSync('name')
} catch (err) {
    console.log(`HasSync failed. Error code: ${err.code}, error message:${err.message}`)
}
```

4. 读取数据

可以通过同步函数 getSync 或者异步函数 get 来读取 Preferences 中的数据。该函数支持两个参数，第一个参数为要读取数据对应的 Key，第二个参数为 Key 对应的 Value 不存在时返回的默认值。例如下面的代码，从 Preferences 中读取"name"对应的数据。如果 Preferences 中已经存储了 Key 为"name"的数据，则返回对应的数据；如果不存在，则返回默认值空字符串。

```
try {
    const name = preferences.getSync('name', '');
} catch (err) {
    console.log(`Get data failed. Error code: ${err.code}, error message:${err.message}`);
}
```

5. 删除数据

删除数据可以通过同步函数 deleteSync 或者异步函数 delete 来完成，该函数支持一个参数，即要删除数据对应的 Key，参考代码如下。

```
try {
    preferences.deleteSync('name')
} catch (err) {
    console.log(`Delete data failed. Error code: ${err.code}, error message:${err.message}`)
}
```

6. 数据插入、读取、删除实践

至此，已经介绍了 Preferences 数据的插入和更新、读取、删除等基本操作。下面通过实际示例进一步进行说明。编写以下页面，支持通过 Preferences 来保存数据、读取数据、删除数据。

首先测试数据的存储和读取。如图 6-9 所示，在"保存数据的 Key"和"保存数据的 Value"输入框中，分别输入 Key 为"name"、Value 为"xiaoming"的键值对数据，通过单击 putSync 按钮将数据保存在 Preferences 中。然后在"读取数据的 Key"输入框中输入"name"，通过单击 getSync 按钮查询数据，可以看到在"Key 对应的数据为"文本框中输出了刚才保存的"xiaoming"数据。

其次测试删除逻辑。如图 6-10 所示，在"删除数据的 Key"中输入"name"，单击 deleteSync 按钮删除数据。再单击 getSync 按钮查询数据。可以发现，查询到数据为空，说明数据已经删除成功。

再次进行图 6-9 的操作，重新保存 Key 为"name"、Value 为"xiaoming"的数据。再冷启

动应用程序，重新读取 Key 为"name"的数据，发现读取的数据为空，如图 6-11 所示。这是为什么呢？在 6.2.2 节介绍 Preferences 时提到过，Preferences 存储的数据默认只会保存在内存中，并不会持久化存储到本地磁盘中，因此冷启动应用程序后无法读取数据。后面章节将介绍如何将数据持久化存储到本地磁盘上。

图 6-9　保存数据　　　　　　　　图 6-10　删除数据

图 6-11　读取的数据为空

7. 数据从内存持久化到磁盘

数据默认只会保存在内存中，同样地，数据默认也只会从内存中删除。如果想将数据持久化到磁盘并从磁盘中删除数据，可以通过调用 flush 函数来完成。flush 是异步函数，由于文件的读写是耗时操作，因此 flush 没有对应的同步函数。示例代码如下。

```
try {
  preferences.flush((err) => {
    if (err) {
      console.error(`Flush failed. Error code:${err.code}, eror message:${err.message}`);
      return;
    }
  })
} catch (err) {
  console.error(`Flush failed. Error code:${err.code}, eror message:${err.message}`);
}
```

下面继续测试。在页面中增加调用 flush 逻辑的按钮，如图 6-12 所示，单击 putSync 按钮，将数据保存到内存后，再单击 flush 按钮，将数据持久化到磁盘上。

冷启动应用程序，重新读取 Key 为 "name" 的数据，发现可以读取到之前保存的数据了，如图 6-13 所示。

图 6-12　增加调用 flush 逻辑的按钮　　图 6-13　重新读取 Key 为 "name" 的数据

8. 订阅数据变更

有时候需要监听数据的变化，可以通过 on 函数注册监听 Preferences 数据的存储、更新和删除操作。on 函数支持两个参数，第一个参数必须为 "change" 或 "multiProcessChange"，"change" 参数只能收到当前进程数据的变更，"multiProcessChange" 可以收到其他进程的数据变更。第二个参数为一个 callback 回调，即 Preferences 中数据发生变化后，会调用该 callback。on 函数可以同时注册多个 callback，不会互相覆盖，即注册的多个 callback 在 Preferences 数据发生变化时都会收到回调。这里需要注意，必须调用 flush 函数后，即数据持久化到磁盘后，on 函数注册的 callback 才能收到回调。参考代码如下，注册了 observer1 和 observer2 两个 callback，在调用 putSync 函数后，observer1 和 observer2 两个 callback 不会收到回调；当调用 flush 函数后，observer1 和 observer2 才能收到 Preferences 数据变化的回调。

```
let observer1 = (key: string) => {
    console.info('Observer1:' + key + ' changed.');
}
preferences.on("change", observer1)

let observer2 = (key: string) => {
    console.info('Observer2' + key + ' changed.');
}
preferences.on('change', observer2)

preferences.putSync('name', 'xiaoming')
preferences.flush()
```

在通过 on 函数注册监听 Preferences 数据变更回调后，可以通过 off 函数取消监听。off 函数接收两个参数，第一个参数为 "change" 或者 "multiProcessChange"，第二个参数为 on 函数注册的 callback，第二个参数可以省略，如果省略，则将取消 on 函数注册的所有 callback。在实际开发中，不建议省略第二个参数，以避免取消非自己模块注册的 callback，影响其他业务逻辑。使用 off 函数的参考代码如下。

```
// 只取消 observer1 回调
preferences.off("change", observer1)
// 会取消 observer1 和 observer2 两个回调，以及注册的其他回调
preferences.off("change")
```

6.2.3 键值数据库

键值数据库（KV-Store）是 HarmonyOS 系统中另一种以键值方式存储数据的技术，KV-Store 的 Key 只支持 string 类型，Key 的长度不能超过 896 字节；Value 支持多种类型，包括 number、string、boolean、Array<number>、Array<string>、Array<boolean>，Value 的长度不能超过 4MB。与 Preferences 类似，KV-Store 也支持数据的存储、更新、查询、删除操作。与 Preferences 不同

的是，KV-Store 对数据的存储、更新、查询、删除操作会直接存储到磁盘上，而不是先存储到内存，再通过 flush 函数保存到磁盘。下面对 KV-Store 的常见操作进行介绍。

1. 创建数据库

要想通过 KV-Store 存储数据，需要先创建一个 KV-Store 的数据库对象。KV-Store 数据库对象是通过 KVManager 进行管理的，在获取 KV-Store 数据库对象之前，需要先获取 KVManager 对象。

可以通过@ohos.data.distributedKVStore 包中的 createKVManager 函数来获取 KVManager 对象。createKVManager 需要传入一个 KVManagerConfig 的参数，KVManagerConfig 对象需要设置 Context 和应用程序的 bundleName，bundleName 可以通过 context.applicationInfo.name 来获取。Context 和 bundleName 唯一确定一个 KVManager 实例对象，不同的 Context 或 bundleName 会获取不同的 KVManager 实例对象。参考代码如下。

```
import distributedKVStore from '@ohos.data.distributedKVStore'

const context = getContext(this).getApplicationContext()
const bundleName = context.applicationInfo.name;
const kvManagerConfig: distributedKVStore.KVManagerConfig = {
    context: context,
    bundleName: bundleName
};
try {
    // 创建 KVManager 实例
    let kvManager = distributedKVStore.createKVManager(kvManagerConfig);    } catch (err) {
    console.log(`Create KVManager failed. Error code:${err.code},error message:${err.message}`);
}
```

在获取 KVManager 实例对象后，可以通过其 getKVStore 函数来创建和获取 KV-Store 对象。getKVStore 函数需要传入两个参数：第一个参数为 storeId，是 KV-Store 的唯一标识，需要在应用程序内全局唯一；第二个参数为 options，options 是一个 KVManagerConfig 类型的对象，包含 5 个属性。

- createIfMissing：当数据库文件不存在时是否创建数据库，默认为 true，即不存在则创建。
- encrypt：设置数据库文件是否加密，默认为 false，即不加密。
- backup：设置数据库文件是否备份，默认为 true，即开启备份。
- kvStoreType：设置要创建数据库的类型，默认为 DEVICE_COLLABORATION，表示多设备协同数据库。还支持 SINGLE_VERSION，表示单版本数据库类型。
- securityLevel：设置数据库的安全级别，支持 S1 到 S4 四个级别，S4 级别最高。应用程序可以根据数据重要性设置数据安全级别。

在创建 options 参数时需要注意，如果修改了 options 参数属性的值，则将导致之前创建的数据库无法打开或者数据无法读取。通过 getKVStore 函数创建 KV-Store 对象的参考代码如下。

```
try {
    const options: distributedKVStore.Options = {
        createIfMissing: true,
        encrypt: false,
        backup: false,
        kvStoreType: distributedKVStore.KVStoreType.SINGLE_VERSION,
        securityLevel: distributedKVStore.SecurityLevel.S2
    };
    // storeId 为数据库的唯一标识符
    kvManager.getKVStore('storeId', options, (err, kvStore: distributedKVStore.SingleKVStore) => {
        if (err) {
            console.log(`Get KVStore failed. Error code:${err.code}, error message:${err.message}`);
            return;
        }
    });
} catch (e) {
    console.log(`Get KVStore failed. Error code:${err.code}, error message:${err.message}`);
}
```

2. 数据的插入和更新

KV-Store 提供了 put 函数来插入和更新数据。当 Key 存在时，put()方法会更新其值；如果不存在，则插入一条新的数据。put 函数需要传入三个参数：第一个参数为 Key，第二个参数为 Value，第三个参数为插入结果的 callback 回调函数。以下是参考代码，插入了一个 Key 为 "name"、Value 为 "xiaoming" 的键值对数据。

```
try {
    kvStore.put("name", "xiaoming", (err) => {
        if (err !== undefined) {
            console.error(`Failed to put data. Code:${err.code},message:${err.message}`);
            return;
        }
    });
} catch (e) {
    console.error(`An unexpected error occurred. Code:${e.code},message:${e.message}`);
}
```

3. 读取数据

可以通过 get()方法获取指定 Key 对应的 Value 数据。get()方法需要传入两个参数，第一个参数为要读取数据对应的 Key，第二个参数为一个 callback，读取的数据会通过该 callback 返回。callback 有两个参数，第一个参数表示是否读取发生错误，第二个参数为读取的数据。

参考代码如下，如果 "name" 对应的数据存在，则 err 等于 undefined, value 为读取的数据。如果 "name" 对应的数据不存在，则 err 不等于 undefined，表示错误原因，value 等于

undefined。

```
try {
  kvStore.get('name',(err, value) => {
    if (err !== undefined) {
      console.log(`Get data failed. Error code:${err.code}, errormessage:${err.message}`);
      return;
    }
  });
} catch (err) {
  console.log(`Get data failed. Error code:${err.code}, errormessage:${err.message}`);
}
```

4. 删除数据

可以通过 delete 函数删除指定 Key 对应的数据。delete 函数需要传入两个参数，第一个参数为要删除数据对应的 Key，第二个参数为一个 callback，删除结果会通过该 callback 返回。删除数据的参考代码如下。

```
try {
  kvStore.delete("name", (err) => {
    if (err !== undefined) {
      console.log(`Delete data failed. Error code:${err.code}, errormessage:${err.message}`);
      return;
    }
    console.info('Succeeded in deleting data.');
  });
} catch (e) {
  console.log(`Delete data failed. Error code:${err.code}, errormessage:${err.message}`);
}
```

5. 数据插入、读取、删除实践

上面已经完成 KV-Store 对数据插入和更新、读取、删除的基本操作，和 Preferences 小节类似，编写如下页面，支持通过 KV-Store 来保存、读取和删除数据。

首先测试数据的保存和读取操作。如图 6-14 所示，在"保存数据的 Key"和"保存数据的 Value"输入框中分别输入 Key 为"name"、Value 为"xiaoming"的键值对数据，单击"保存数据"按钮，将数据保存在 KV-Store 中。然后在"读取数据的 Key"输入框中输入"name"，通过单击"读取数据"按钮查询数据，可以看到在"Key 对应的数据为"文本框中输出了刚才保存的"xiaoming"数据。

其次冷启动应用程序，重新读取 Key 为"name"的数据。如图 6-15 所示，发现可以正常读取之前存储的数据，说明数据已经持久化到了磁盘上。

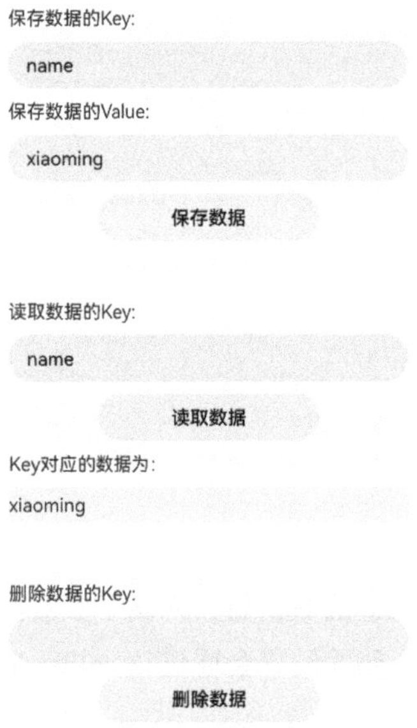

图 6-14　数据的保存和读取 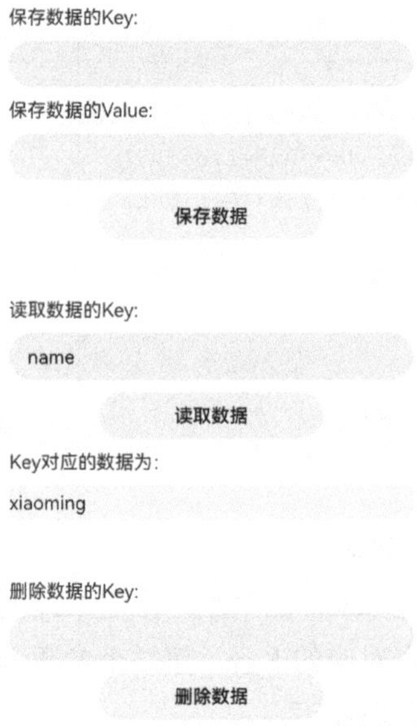　　图 6-15　冷启动应用程序

接下来测试删除逻辑。如图 6-16 所示，在"删除数据的 Key"中输入"name"，单击"删除数据"按钮，将数据删除。然后通过单击"读取数据"按钮查询数据，可以发现，查询到数据为空，说明数据已经成功删除。

图 6-16　测试删除逻辑

6.2.4 关系数据库

HarmonyOS 系统的关系数据库（Relational Store）是基于 SQLite 数据库的封装，底层通过 SQLite 进行数据的持久化，支持 SQLite 数据库的所有特性，比较适合存储关系复杂的数据场景，例如需要存储学生信息，每一个学生都包括学号、姓名、性别、年龄、年级等信息，这些数据之间有着较强的对应关系，管理所有的学生信息使用普通文件存储和 KV 存储就会比较麻烦。HarmonyOS 系统的关系数据库对应用程序提供了增、删、改、查的通用操作接口。下面将对常用操作进行详细介绍。

1. 创建关系数据库

关系数据库通过 RdbStore 对象表示。开发者可以通过配置 RdbStore 参数来执行关系数据库的增、删、改、查等操作。可以通过 @ohos.data.relationalStore 包中的 getRdbStore 函数获取 RdbStore 对象。该函数需要传入三个参数。

- 第一个参数是 Context 对象。
- 第二个参数是 StoreConfig 类型的 config 参数，有两个必传参数，一个是关系数据库的名称，另一个是加密级别。
- 第三个参数是返回 RdbStore 对象的 callback 回调函数。

下面创建一个名称为 student 的关系数据库，用于存储学生信息，参考代码如下。

```
import relationalStore from '@ohos.data.relationalStore';

const storeConfig: relationalStore.StoreConfig = {
    name: 'employee.db',
    securityLevel: relationalStore.SecurityLevel.S1};
relationalStore.getRdbStore(getContext(this), storeConfig, (err, store) => { // store 即用
来操作数据库的 RdbStore 对象
    if (err) {
        console.log(`Get RdbStore failed. Error code:${err.code}, error message:${err.message}`);
        return;
    }
});
```

2. 创建表

在创建完数据库后，还需要创建一个表，并指定存储数据的表结构。可以使用 CREATE TABLE 语句来创建表及指明表结构。下面的代码创建了一个名称为 STUDENT 的表结构，包含学号（ID）、姓名（NAME）、性别（SEX）、年龄（AGE）、年级（GRADE）五列数据。首先声明创建表结构的 SQL 语句，然后通过 RdbStore 对象的 executeSql 函数来执行 SQL 语句，完成 STUDENT 表的创建。

```
try {
    const create_table_sql = 'CREATE TABLE IF NOT EXISTS STUDENT (ID TEXT NOT NULL PRIMARY KEY, NAME TEXT NOT NULL, SEX TEXT NOT NULL, AGE INTEGER, GRADE INTEGER)'; // 建表 SQL 语句
    rdbStore.executeSql(create_table_sql);
```

```
    } catch (err) {
        console.log(`Create table failed. Error code:${err.code}, error message:${err.message}`);
    }
```

3. 插入数据

在创建完数据库后，就可以对数据库进行增、删、改、查等基础操作了。数据的插入可以通过 RdbStore 对象的 insert 函数完成，insert 包含三个参数。

- 第一个参数为表名，即创建表结构时使用的表名。
- 第二个参数为 ValuesBucket 对象，ValuesBucket 可以用来表示要插入的数据信息。
- 第三个参数为一个返回插入结果的回调函数，回调函数包含两个参数：第一个参数为错误信息，如果插入数据发生了错误，则将通过该参数返回开发者。第二个参数为数据库中的行号，即插入了第几行。

在下面的代码中，首先将需要插入的学号、姓名、性别、年龄、年级信息封装成一个 ValuesBucket 对象，用来表示要插入的数据。然后通过 insert 函数完成数据的插入。

```
function insertRow(ID: string, name: string, sex: string, age: number, grade: number) {
    try {
        const valueBucket: relationalStore.ValuesBucket = {
            'ID': ID,
            'NAME': name,
            'SEX': sex,
            'AGE': age,
            'GRADE': grade
        };
        rdbStore.insert('STUDENT', valueBucket, (err, rowId) => {
            if (err) {
                console.log(`Insert data failed. Error code:${err.code}, error message:${err.message}`);
                return;
            }
        })
    } catch (err) {
        console.log(`Insert data failed. Error code:${err.code}, error message:${err.message}`);
    }
}
```

4. 删除数据

从数据库中删除数据可以通过 RdbStore 对象的 delete 函数完成，delete 函数支持两个参数。

- 第一个参数为谓词，即 RdbPredicates 对象。RdbPredicates 可以用来约束要操作数据库中数据之间的关系，类似 SQL 语句中的 where 条件。
- 第二个参数为一个返回删除结果的 callback，callback 包含两个参数：第一个参数为错误信息，如果删除数据发生错误，将通过该参数返回开发者；第二个参数为删除了多少行

第 6 章 数据持久化技术详解

数据。

在下面的代码中,可以删除指定学号的一行学生信息,首先创建一个 RdbPredicates 对象,创建 RdbPredicates 对象需要传入要操作数据库表的表名,这里是 STUDENT。由于要删除指定学号的学生信息,因此可以通过 RdbPredicates 对象的 equalTo 函数来进行约束,最后执行 delete 即可。

```
function deleteRow(ID: string) {
   try {
      let predicates = new relationalStore.RdbPredicates('STUDENT');
       predicates.equalTo('ID', ID);
       rdbStore.delete(predicates, (err, rows) => {
         if (err) {
              console.log(`Failed to delete data. Code:${err.code}, message:${err.message}`);
            return;
         }
      })
   } catch (err) {
      console.log(`Failed to delete data. Code:${err.code}, message:${err.message}`);
   }
}
```

5. 更新数据

更新数据库中的数据可以通过 RdbStore 对象的 update 函数完成,delete 函数支持三个参数。
- 第一个参数为 ValuesBucket 对象,用来表示要更新数据的信息。
- 第二个参数为 RdbPredicates 对象,用来约束要操作数据库中数据之间的关系。
- 第三个参数为一个返回更新数据结果的回调函数,回调函数包含两个参数:第一个参数为错误信息,如果更新数据发生错误,则将通过该参数返回开发者;第二个参数表示更新了多少行数据。

以下代码可用于更新指定学号的一行学生信息:首先将要更新的学生信息封装成一个 ValuesBucket 对象,然后创建 RdbPredicates 对象用来约束要更新的数据之间的关系,这里更新指定学号的学生信息。最后执行 update 即可。

```
function updateRow(ID: string, name: string, sex: string, age: number, grade: number) {
   try {
      // 待修改数据
      const valueBucket: relationalStore.ValuesBucket = {
         'ID': ID,
         'NAME': name,
         'SEX': sex,
         'AGE': age,
         'GRADE': grade
      };
      let predicates = new relationalStore.RdbPredicates('STUDENT');
       predicates.equalTo('ID', ID);
```

121

```
            this.rdbStore.update(valueBucket, predicates, (err, rows) => {
                if (err) {
                    console.log(`Update data Failed. Error code:${err.code}, error message:
${err.message}`);
                    return;
                }
            })
        } catch (err) {
console.log(`Update data Failed. Error code:${err.code}, error message:${err.message}`);
        }
    }
```

6. 查询数据

查询数据库中的数据可以通过 RdbStore 对象的 query 函数完成，query 函数支持三个参数。

- 第一个参数为 RdbPredicates 对象，与前面删除和更新数据的使用方式一样。
- 第二个参数为要查询哪些列数据的数组对象，数组元素是表中的列名。
- 第三个参数为一个返回查询结果的回调函数，回调函数包含两个参数：第一个参数为错误信息，如果查询数据发生错误，则将通过该参数返回开发者；第二个参数为 ResultSet 对象，即查询结果集合，可以通过 ResultSet 对象来读取查询的详细数据，使用完毕后需要调用 close 来释放 ResultSet 资源。

在下面的代码中，可以用来查询指定学号的一行学生信息。首先创建 RdbPredicates 对象来约束要查询数据之间的关系。然后创建 columns 数组，用于查询姓名、性别、年龄和年级信息。最后通过执行 query 函数完成查询。

在返回的查询结果中，可以通过 resultSet 来获取查询的详细信息。首先需要使用 ResultSet 对象的 rowCount 函数判断查询到的行数。如果查询到的行数为 0，则直接返回，以避免后续获取数据导致应用程序崩溃。如果查询到的行数大于 0，则可以通过 goToFirstRow 函数将要读取的数据定位到数据集的首行，从第一行开始读取。然后通过 while 循环读取数据。在完成一行数据的读取后，需要调用 goToNextRow 函数进行下一行的读取。可以通过 isEnded 函数判断是否已经读取完所有数据，如果 isEnded 返回 true，则表示已完成所有数据的读取，可以退出 while 循环。在完成数据读取后，需要调用 close 函数关闭 resultSet，释放资源。

```
function queryRow(ID: string) {
    try {
       let predicates = new relationalStore.RdbPredicates('STUDENT');
        predicates.equalTo('ID', ID);
       const columns = ['NAME', 'SEX', 'AGE', 'GRADE']

       rdbStore.query(predicates, columns, (err, resultSet) => {
         if (err) {
              console.log(`Query data failed. Code:${err.code}, message:${err.message}`);
           return;
         }
```

```
            if (resultSet.rowCount == 0) {
                return
            }
            resultSet.goToFirstRow()
            // 遍历读取查询到的数据
            const nameIndex = resultSet.getColumnIndex("NAME")
            const sexIndex = resultSet.getColumnIndex("SEX")
            const ageIndex = resultSet.getColumnIndex("AGE")
            const gradeIndex = resultSet.getColumnIndex("GRADE")
            while (!resultSet.isEnded) {
                let name = resultSet.getString(nameIndex)
                let sex = resultSet.getString(sexIndex)
                let age = resultSet.getLong(ageIndex)
                let grade = resultSet.getLong(gradeIndex)
                    resultSet.goToNextRow()
            }
            resultSet.close()
        })
    } catch (err) {
        console.log(`Query data failed. Code:${err.code}, message:${err.message}`);
    }
}
```

7. 数据库增、删、改、查实践

至此，已经说明了关系数据库对数据的增、删、改、查等基本操作。下面通过实际示例进一步进行说明。编写一个页面，支持对学生信息进行增、删、改、查操作。

如图 6-17 所示，首先插入三条学生信息。在"ID""NAME""SEX""AGE""GRADE"输入框中依次输入 [20240101, 小明, 男, 12, 6]、[20240102, 小红, 女, 11, 5]、[20240103, 小刚, 男, 10, 4] 这三组数据。然后单击"插入数据"按钮，完成数据的插入。

其次测试数据是否插入成功，通过"ID"来查询关联的"NAME""SEX""AGE""GRADE"四列数据，在"ID"输入框中输入"20240101"，单击"查询数据"按钮查询数据，可以查询到刚插入的[20240101, 小明, 男, 12, 6]这组数据。接下来测试数据是否持久化成功，冷启动应用程序，重复上述查询操作，同样可以得到图 6-18 所示的查询结果。

然后测试数据的删除。通过"ID"来删除关联的"ID""NAME""SEX""AGE""GRADE"五列数据。在"ID"输入框中输入"20240101"，单击"删除数据"按钮，然后单击"查询数据"按钮。可以看到无法查询到 ID=20240101 的数据，说明数据删除成功。接下来测试删除的数据是否持久化成功，冷启动应用程序，再次查询 ID=20240101 的数据，同样可以得到图 6-19 所示的查询结果，无法查询到数据，说明删除的数据已经成功持久化。

最后测试更新数据，将插入的数据[20240102, 小红, 女, 11, 5]的年龄从 11 更新为 12，单击"更新数据"按钮，然后通过 ID=20240102 查询数据，单击"查询数据"按钮，查询到的年龄已经是 12，说明数据已经更新成功。接下来测试更新的数据是否持久化成功，冷启动应用程序，再次查询 ID=20240102 的数据，同样可以得到图 6-20 所示的查询结果，不能查询到数据，说明更新的数据已经持久化成功。

图 6-17　插入数据　　　　　　图 6-18　查询结果

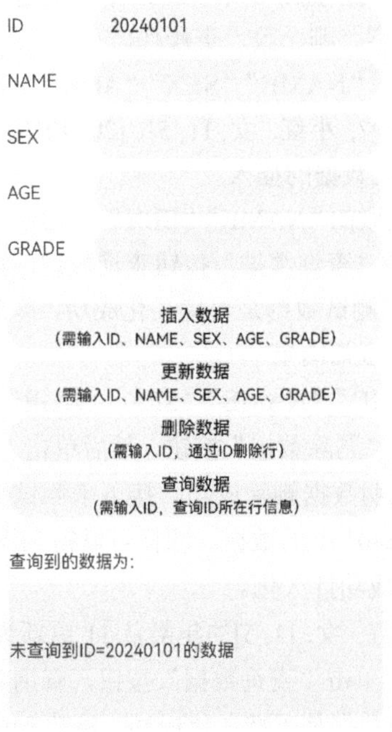

图 6-19　测试数据的删除 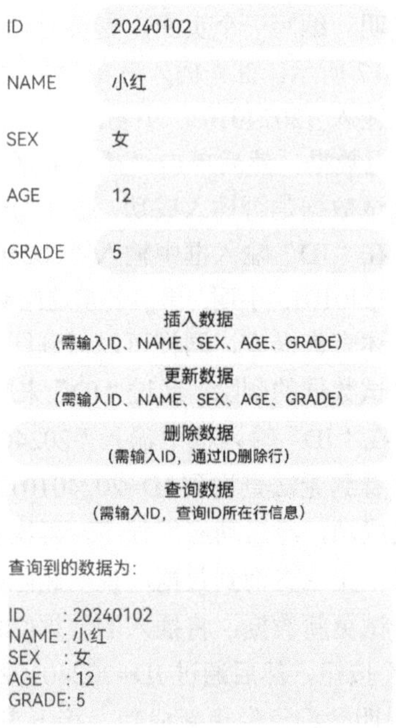　　　图 6-20　测试更新数据

8. 自定义 SQL 语句

前面介绍了如何通过 RdbStore 对象的 insert、delete、update、query 函数进行数据的增、删、改、查操作，但是对于一些复杂的场景，上述操作是不够的。RdbStore 对象支持开发者自定义 SQL 语句，来更灵活地支持对数据库的操作需求。开发者可以通过 executeSql 或者 querySql 函数执行自定义 SQL 语句，以完成更复杂的数据库操作。

在下面的代码中，自定义了一个 SQL 语句，用于插入或替换数据。如果数据库中不存在 ID=20240104 的数据，则插入[20240104, 小骊, 女, 10, 4]。如果数据库中存在 ID=20240104 的数据，则替换为[20240104, 小骊, 女, 10, 4]。

```
const sql =
'insert or replace into STUDENT (ID, NAME, SEX, AGE, GRADE) VALUES (?, ?, ?, ?, ?)'
    store.executeSql(sql, ['20240104', '小骊', 女, 10, 4], (err, data) => {
        if (err) {
            console.log(`Insert or replace data failed. Code:${err.code}, message:${err.message}`);
            return;
        }
    })
```

6.3 本章小结

本章主要讲解了应用沙箱和数据持久化两部分内容。应用沙箱下有不同的文件目录，在获取文件目录时，要注意 Context 和存储分区对获取文件路径的影响。首先要注意 Context 的正确性，然后将 Context 的存储分区切换为 EL1 或者 EL2，避免获取的存储分区不符合预期的情况。数据持久化部分介绍了普通文件存储、用户首选项、键值数据库、关系数据库四种存储方式。普通文件存储可以存储任何文本或者二进制流数据。用户首选项和键值数据库适合 Key-Value 方式存储。需要注意的是，用户首选项存储的数据都是存储在内存中，需要调用 flush 函数才会持久化到磁盘上。而键值数据库则直接持久化到磁盘上。关系数据库适合存储关系复杂的数据场景。除了基本的增、删、改、查，还可以通过自定义 SQL 语句的方式来完成更复杂的数据库操作。

第 7 章
熟练运用手机多媒体

7.1 多媒体系统架构

多媒体系统提供处理用户视觉和听觉信息的功能,包括音视频信息的采集、压缩存储、解压播放等。在操作系统的实现中,通常根据不同的媒体信息处理内容将媒体分为不同的模块,例如相机、视频(视频分为视频播放和视频录制两部分)、音频、图片等。

如图 7-1 所示,多媒体系统为应用程序开发提供了音视频应用、相机应用、图库应用的编程

图 7-1 多媒体系统整体框架

接口/框架；同时也为设备开发提供了与不同硬件适配和加速的接口；在接口/框架和硬件之间以服务的形式提供媒体的核心功能和管理机制。

- 相机（camera）：提供精确控制相机镜头、采集视觉信息的接口与服务。
- 视频（media）：提供音视频解压播放、压缩录制的接口与服务。
- 音频（audio）：提供音量管理、音频路由管理、混音管理的接口与服务。
- 图片（image）：提供图片编解码、图片处理的接口与服务。

7.2 音频

7.2.1 音频播放开发概述

系统中提供了多种 API 支持音频播放开发，不同的 API 适用于不同的音频数据格式、音频资料来源、音频使用场景，甚至不同的开发语言。因此，选择合适的音频播放 API 有助于降低开发工作量，实现更佳的音频播放效果。表 7-1 展示了音频播放 API 的使用场景。

表 7-1 音频播放 API 的使用场景

播放 API	API 类别	使 用 场 景
AVPlayer	ArkTS/JS API	功能较完善的音频、视频播放 ArkTS/JS API，集成了流媒体和本地资源解析、媒体资源解封装、音频解码和音频输出功能。可以用于直接播放 MP3、M4A、AAC、OGG、WAV 等格式的音频文件，不支持直接播放 PCM 格式文件
AudioRenderer	ArkTS/JS API	用于音频输出的 ArkTS/JS API，仅支持 PCM 格式，需要应用持续写入音频数据进行工作。应用可以在输入前添加数据预处理，如设定音频文件的采样率、位宽等，要求开发者具备音频处理的基础知识，适用于更专业、更多样化的媒体播放应用开发
SoundPool	低时延的短音播放 ArkTS/JS API	低时延的短音播放 ArkTS/JS API，适用于播放急促简短的音效，如相机快门音效、按键音效、游戏射击音效等
AudioHaptic	ArkTS/JS API	用于音振协同播放的 ArkTS/JS API，适用于需要在播放音频时同步发起振动的场景，如来电铃声随振、键盘按键反馈、消息通知反馈等
OpenSL ES	一套跨平台标准化的音频 Native API	一套跨平台标准化的音频 Native API，同样提供音频输出功能，仅支持 PCM 格式，适用于从其他嵌入式平台移植，或依赖在 Native 层实现音频输出功能的播放应用使用
OHAudio	用于音频输出的 Native API	用于音频输出的 Native API，此 API 在设计上实现归一，同时支持普通音频通路和低时延通路，适用于依赖 Native 层实现音频输出功能的场景

注：脉冲编码调制（Pulse Code Modulation，PCM）是数字通信的一种编码方式。其主要过程是将话音、图像等模拟信号每隔一定时间进行取样，使其离散化。同时，将抽样值按照分层单位进行四舍五入取整的量化，并使用一组二进制码来表示抽样脉冲的幅值。

7.2.2 使用 AVPlayer 播放音频

1. AVPlayer 简介

AVPlayer 的主要工作是将音频、视频媒体资源（如 MP4、MP3、MKV、MPEG-TS 等）转码为可供渲染的图像和可听见的音频模拟信号，并通过输出设备进行播放。

AVPlayer 提供了功能完善的一体化播放功能，应用程序只需提供流媒体来源，即可实现播放效果，无须负责数据解析和解码。支持的音频播放格式如表 7-2 所示。

表 7-2　AVPlayer 支持的音频播放格式

音频容器规格	规　格　描　述
m4a	音频格式：AAC
aac	音频格式：AAC
mp3	音频格式：MP3
ogg	音频格式：VORBIS
wav	音频格式：PCM

2. 音频播放交互

当使用 AVPlayer 开发音乐应用播放音频时，音频播放外部模块的交互关系如图 7-2 所示。

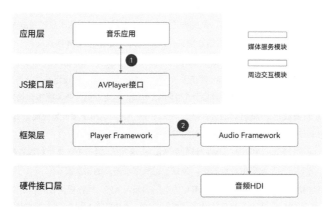

图 7-2　音频播放外部模块的交互关系

- 音乐应用将媒体资源传递给 AVPlayer 接口。
- Player Framework 将音频 PCM 数据流输出给 Audio Framework，再由 Audio Framework 输出给音频 HDI。

3. AVPlayer 状态

播放的全过程包括：创建 AVPlayer，设置播放资源，设置播放参数（音量、倍速、焦点模式),播放控制(播放、暂停、跳转、停止),重置,销毁资源。

在进行应用开发的过程中,开发者可以通过 AVPlayer 的 state 属性主动获取当前状态或使用 on('stateChange')方法监听状态变化,图 7-3 展示了不同播放状态的变化。如果应用在音频播放器处于错误状态时执行操作,则系统可能会抛出异常或产生其他未定义的行为。

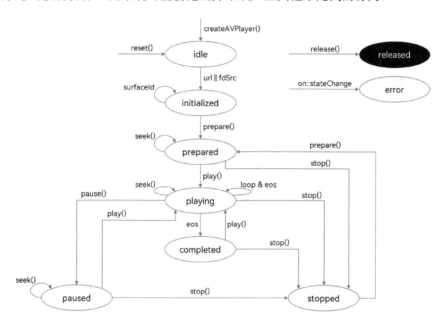

图 7-3 播放状态变化示意图

播放状态的详细说明请参考 AVPlayerState。当播放处于 prepared、playing、paused、completed 状态时,播放引擎处于工作状态,这需要占用系统较多的运行内存。当客户端暂时不使用播放器时,调用 reset 或 release 接口回收内存资源,做到资源的合理利用。

4. 使用方法

第一步,创建实例 createAVPlayer,AVPlayer 初始化 idle 状态。

```
// 以下 demo 为使用资源管理接口获取打包在 HAP 内的媒体资源文件并通过 fdSrc 属性进行播放的示例
async avPlayerFdSrcDemo() {
    // 创建 avPlayer 实例对象
    let avPlayer: media.AVPlayer = await media.createAVPlayer();
    // 创建状态机变化回调函数
    this.setAVPlayerCallback(avPlayer);
    // 通过 UIAbilityContext 的 resourceManager 成员的 getRawFd 接口获取媒体资源播放地址
    // 返回类型为{fd,offset,length},fd 为 HAP 包地址,offset 为媒体资源偏移量,length 为播放长度
    let context = getContext(this) as common.UIAbilityContext;
    let fileDescriptor = await context.resourceManager.getRawFd('01.mp3');
    let avFileDescriptor: media.AVFileDescriptor =
```

```
    { fd: fileDescriptor.fd, offset: fileDescriptor.offset, length: fileDescriptor.length };
  this.isSeek = true; // 支持 seek 操作
  // 为 fdSrc 赋值触发 initialized 状态机上报
  avPlayer.fdSrc = avFileDescriptor;
}
```

第二步，设置业务需要的监听事件，搭配全流程场景使用。支持的监听事件如表 7-3 所示。

表 7-3 支持的监听事件

事件类型	说 明
stateChange	必要事件，监听播放器的 state 属性改变
error	必要事件，监听播放器的错误信息
durationUpdate	用于进度条，监听进度条长度，刷新资源时长
timeUpdate	用于进度条，监听进度条当前位置，刷新当前时间
seekDone	响应 API 调用，监听 seek 请求完成情况 当使用 seek 跳转到指定播放位置后，如果 seek 操作成功，则将上报该事件
speedDone	响应 API 调用，监听 setSpeed() 请求完成情况 当使用 setSpeed 设置播放倍速后，如果 setSpeed 操作成功，则将上报该事件
volumeChange	响应 API 调用，监听 setVolume 请求完成情况 当使用 setVolume 调节播放音量后，如果 setVolume 操作成功，则将上报该事件
bufferingUpdate	用于网络播放，监听网络播放缓冲信息，用于上报缓冲百分比及缓存播放进度
audioInterrupt	监听音频焦点切换信息，搭配 audioInterruptMode 属性使用 如果当前设备存在多个音频正在播放，则音频焦点被切换（即播放其他媒体如通话等）时将上报该事件，应用可以及时处理

```
// 注册 avPlayer 回调函数
setAVPlayerCallback(avPlayer: media.AVPlayer) {
  // seek 操作结果回调函数
  avPlayer.on('seekDone', (seekDoneTime: number) => {
    console.info(`AVPlayer seek succeeded, seek time is ${seekDoneTime}`);
  })
  // error 回调监听函数,当 avPlayer 在操作过程中出现错误时，调用 reset 接口触发重置流程
  avPlayer.on('error', (err: BusinessError) => {
    console.error(`Invoke avPlayer failed, code is ${err.code}, message is ${err.message}`);
    avPlayer.reset(); // 调用 reset 接口重置资源，触发 idle 状态
  })
  // 状态机变化回调函数
  avPlayer.on('stateChange', async (state: string, reason: media.StateChangeReason) => {
    switch (state) {
      case 'idle': // 成功调用 reset 接口后触发该状态机上报
        console.info('AVPlayer state idle called.');
        avPlayer.release(); // 调用 release 接口销毁实例对象
```

```
        break;
    case 'initialized':  // avPlayer 设置播放源后触发该状态上报
        console.info('AVPlayer state initialized called.');
        avPlayer.prepare();
        break;
    case 'prepared':  // prepare 接口调用成功后上报该状态机
        console.info('AVPlayer state prepared called.');
        avPlayer.play();  // 调用播放接口开始播放
        break;
    case 'playing':  // play 接口成功调用后触发该状态机上报
        console.info('AVPlayer state playing called.');
        if (this.count !== 0) {
          if (this.isSeek) {
            console.info('AVPlayer start to seek.');
            avPlayer.seek(avPlayer.duration);  // seek 到音频末尾
          } else {
            // 当播放模式不支持 seek 操作时，继续播放到结尾
            console.info('AVPlayer wait to play end.');
          }
        } else {
            avPlayer.pause();  // 调用暂停接口暂停播放
        }
        this.count++;
        break;
    case 'paused':  // pause 接口成功调用后触发该状态机上报
        console.info('AVPlayer state paused called.');
        avPlayer.play();  // 再次播放接口开始播放
        break;
    case 'completed':  // 播放结束后触发该状态机上报
        console.info('AVPlayer state completed called.');
        avPlayer.stop();  //调用播放结束接口
        break;
    case 'stopped':  // stop 接口成功调用后触发该状态机上报
        console.info('AVPlayer state stopped called.');
        avPlayer.reset();  // 调用 reset 接口初始化 avPlayer 状态
        break;
    case 'released':
        console.info('AVPlayer state released called.');
        break;
    default:
        console.info('AVPlayer state unknown called.');
        break;
    }
  })
}
```

第三步，准备播放。调用 prepare 接口，AVPlayer 进入 prepared 状态，此时可以获取 duration，设置音量。

注：如果使用网络播放路径，则需申请相关权限：ohos.permission.INTERNET。

第四步，音频播控。执行播放 play、暂停 pause、跳转 seek、停止 stop 等操作。

第五步，（可选）更换资源。调用 reset 接口重置资源，AVPlayer 重新进入 idle 状态，允许更换资源 URL。

第六步，退出播放。调用 release 接口销毁实例对象，AVPlayer 进入 released 状态，退出播放。

7.2.3 使用 AudioRenderer 播放音频

1. AudioRenderer 简介

AudioRenderer 是音频渲染器，用于播放 PCM 音频数据。相比于 AVPlayer，它可以在输入前添加数据预处理，更适合那些有音频开发经验的开发者，以实现更灵活的播放功能。

2. AudioRenderer 状态变化示意

如图 7-4 所示，展示了 AudioRenderer 的状态变化。在创建实例后，调用对应的方法可以进入指定的状态，从而实现对应的行为。需要注意的是，在确定的状态下执行不合适的方法可能导致 AudioRenderer 发生错误。建议开发者在调用状态转换的方法之前进行状态检查，避免程序运行产生预期以外的结果。

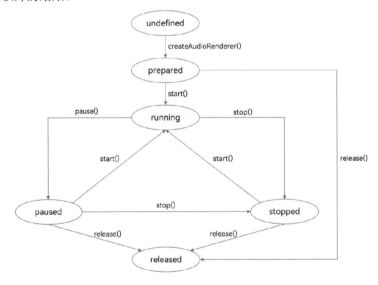

图 7-4　AudioRenderer 的状态变化示意图

为了保证 UI 线程不被阻塞，大部分 AudioRenderer 调用都是异步的。对于每个 API，都提供了 callback 函数和 Promise 函数。以下示例均采用 callback 函数。

在进行应用开发的过程中，建议开发者通过 on('stateChange')方法订阅 AudioRenderer 的状态变更。因为针对 AudioRenderer 的某些操作，仅在音频播放器处于固定状态时才能执行。如果应用在音频播放器处于错误状态时执行操作，则系统可能会抛出异常或生成其他未定义的行为。

3. 使用方法

第一步，prepared 状态。通过调用 createAudioRenderer()方法进入该状态。

```
import audio from '@ohos.multimedia.audio';
let audioStreamInfo: audio.AudioStreamInfo = {
  samplingRate: audio.AudioSamplingRate.SAMPLE_RATE_44100, // 采样率
  channels: audio.AudioChannel.CHANNEL_1, // 通道
  sampleFormat: audio.AudioSampleFormat.SAMPLE_FORMAT_S16LE, // 采样格式
  encodingType: audio.AudioEncodingType.ENCODING_TYPE_RAW
};
let audioRendererInfo: audio.AudioRendererInfo = {
  usage: audio.StreamUsage.STREAM_USAGE_MUSIC, // 音频流使用类型
  rendererFlags: 0 // 音频渲染器标志
};
let audioRendererOptions: audio.AudioRendererOptions = {
  streamInfo: audioStreamInfo,
  rendererInfo: audioRendererInfo
};
// 创建实例
audio.createAudioRenderer(audioRendererOptions, (err, data) => {
  if (err) {
    console.error(`Invoke createAudioRenderer failed, code is ${err.code}, message is ${err.message}`);
    return;
  } else {
    console.info('Invoke createAudioRenderer succeeded.');
    let audioRenderer = data;
  }
});
```

第二步，running 状态。正在进行音频数据播放，可以在 prepared 状态通过调用 start()方法进入此状态，也可以在 paused 状态和 stopped 状态通过调用 start()方法进入此状态。

```
audioRenderer.start((err: BusinessError) => {
  if (err) {
    console.error(`Renderer start failed, code is ${err.code}, message is ${err.message}`);
  } else {
    console.info('Renderer start success.');
  }
});
```

```
let context = getContext(this);
async function read() {
  const bufferSize: number = await audioRenderer.getBufferSize();
  let path = context.filesDir;
  const filePath = path + '/voice_call_data.wav';
  let file: fs.File = fs.openSync(filePath, fs.OpenMode.READ_ONLY);
  let buf = new ArrayBuffer(bufferSize);
  let readsize: number = await fs.read(file.fd, buf);
  let writeSize: number = await audioRenderer.write(buf);
}
```

注：如果需要对音频数据进行处理以实现个性化的播放，则在写入之前操作即可。

第三步，paused 状态。在 running 状态下，可以通过调用 pause()方法暂停音频数据的播放并进入 paused 状态，暂停播放之后可以通过调用 start()方法继续音频数据的播放。

第四步，stopped 状态。在 paused、running 状态下，可以通过调用 stop()方法停止音频数据的播放。

```
audioRenderer.stop((err: BusinessError) => {
  if (err) {
    console.error(`Renderer stop failed, code is ${err.code}, message is ${err.message}`);
  } else {
    console.info('Renderer stopped.');
  }
});
```

第五步，released 状态。在 prepared、paused、stopped 等状态下，用户均可通过 release()方法释放所有占用的硬件和软件资源，并且不会再进入其他任何一种状态。

```
audioRenderer.release((err: BusinessError) => {
  if (err) {
    console.error(`Renderer release failed, code is ${err.code}, message is ${err.message}`);
  } else {
    console.info('Renderer released.');
  }
});
```

7.2.4 使用 SoundPool 播放音频

1. SoundPool 简介

通过使用 SoundPool（音频池）提供的接口，可以实现短音频的播放。

在应用开发过程中，经常需要使用一些急促而简短的音效，例如相机的快门音效或系统通知音效。在这种情况下，建议使用 SoundPool 来实现音频的一次加载、多次低延迟播放。

注：SoundPool 当前支持播放 1MB 以下的音频资源，大小超过 1MB 的长音频将截取 1MB 大小数据进行播放。

在应用开发过程中,开发者应该通过监听方法检查当前播放状态,并按照一定顺序调用接口执行相应的操作。否则,系统可能会抛出异常或产生其他未定义的行为。

2. 使用方法

第一步,调用 createSoundPool()方法创建 SoundPool 实例。

```
let soundPool: media.SoundPool;
let audioRendererInfo: audio.AudioRendererInfo = {
    usage : audio.StreamUsage.STREAM_USAGE_MUSIC,
    rendererFlags : 1
}

media.createSoundPool(5, audioRendererInfo).then((soundpool_: media.SoundPool) => {
  if (soundpool_ != null) {
    soundPool = soundpool_;
    console.info('create SoundPool success');
  } else {
    console.error('create SoundPool fail');
  }
}).catch((error) => {
  console.error(`soundpool catchCallback, error message:${error.message}`);
});
```

第二步,调用 load()方法进行音频资源加载。可以通过传入 uri 或 fd 加载资源。此处以传入 uri 的方式为例。

```
let soundID: number;
await fs.open('/test_01.mp3', fs.OpenMode.READ_ONLY).then((file: fs.File) => {
  console.info("file fd: " + file.fd);
  uri = 'fd://' + (file.fd).toString()
}); // '/test_01.mp3' 作为样例,使用时需要传入文件的对应路径
soundPool.load(uri).then((soundId: number) => {
  console.info('soundPool load uri success');
  soundID = soundId;
}).catch((err) => {
  console.error('soundPool load failed and catch error is ' + err.message);
});
```

第三步,配置播放参数 PlayParameters,并调用 play()方法播放音频。

```
let soundID: number;
let streamID: number;
let playParameters: media.PlayParameters = {
    loop: 0, // 循环 0 次
    rate: 2, // 2 倍速
    leftVolume: 0.5, // range = 0.0-1.0
    rightVolume: 0.5, // range = 0.0-1.0
    priority: 0, // 最低优先级
```

```
    }
    soundPool.play(soundID, playParameters, (error, streamId: number) => {
      if (error) {
         console.info(`play sound Error: errCode is ${error.code}, errMessage is ${error.messa
ge}`)
      } else {
         streamID = streamId;
         console.info('play success soundid:' + streamId);
      }
   });
```

注：多次调用 play 播放同一个 soundID，只会播放一次。

7.2.5 音频录制概述

注：应用可以调用麦克风录制音频，但该行为属于隐私敏感行为。在调用麦克风前，需要先向用户申请 ohos.permission.MICROPHONE 权限。

在 HarmonyOS 系统中，多种 API 都提供了音频录制开发的支持。不同的 API 适用于不同的录音输出格式、音频使用场景或不同的开发语言。因此，选择合适的音频录制 API 有助于减少开发工作量，并实现更佳的音频录制效果。表 7-4 展示了不同音频录制 API 对应的使用场景。

表 7-4 不同音频录制 API 的使用场景

API	使用场景
AVRecorder	功能较完善的音频、视频录制 ArkTS/JS API，集成了音频输入录制、音频编码和媒体封装的功能。开发者可以直接调用设备硬件如麦克风录音，并生成 m4a 音频文件
AudioCapturer	用于音频输入的 ArkTS/JS API，仅支持 PCM 格式，需要应用持续读取音频数据进行工作。应用可以在音频输出后添加数据处理，要求开发者具备音频处理的基础知识，适用于更专业、更多样化的媒体录制应用开发
OpenSL ES	一套跨平台标准化的音频 Native API，提供了音频输入功能，仅支持 PCM 格式，适用于从其他嵌入式平台移植，或依赖在 Native 层实现音频输入功能的录音应用使用
OHAudio	用于音频输入的 Native API，此 API 在设计上实现归一，同时支持普通音频通路和低时延通路。适用于依赖 Native 层实现音频输入功能的场景

7.2.6 使用 AVRecorder 录制音频

1. AVRecorder 简介

在进行应用开发的过程中，可以通过 AVRecorder 的 state 属性，主动获取当前状态或使用 on('stateChange')方法监听状态的变化，如图 7-5 所示，展示了录制状态变化。在开发过程中，应该严格遵循状态机的要求，例如只能在 started 状态下调用 pause 接口，只能在 paused 状态下调用 resume 接口。

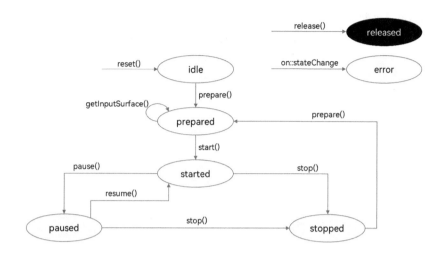

图 7-5　录制状态变化示意图

2. 使用方法

第一步，创建 AVRecorder 实例，实例创建完成，进入 idle 状态。

```
let avRecorder: media.AVRecorder;
media.createAVRecorder().then((recorder: media.AVRecorder) => {
  avRecorder = recorder;
}, (error: BusinessError) => {
  console.error(`createAVRecorder failed`);
})
```

第二步，配置音频录制参数，调用 prepare() 方法，此时进入 prepared 状态。

```
let avProfile: media.AVRecorderProfile = {
  audioBitrate: 100000, // 音频比特率
  audioChannels: 2, // 音频声道数
  audioCodec: media.CodecMimeType.AUDIO_AAC, // 音频编码格式，当前只支持 AAC
  audioSampleRate: 48000, // 音频采样率
  fileFormat: media.ContainerFormatType.CFT_MPEG_4A, // 封装格式，当前只支持 M4A
}
let avConfig: media.AVRecorderConfig = {
  audioSourceType: media.AudioSourceType.AUDIO_SOURCE_TYPE_MIC, // 音频输入源，这里设置为麦克风
  profile: avProfile,
  url: 'fd://35', // 音频存放地址
}
avRecorder.prepare(avConfig).then(() => {
  console.log('Invoke prepare succeeded.');
}, (err: BusinessError) => {
  console.error(`Invoke prepare failed, code is ${err.code}, message is ${err.message}`);
})
```

注：如果只需要录制音频，则 prepare() 方法的入参 avConfig 中仅设置与音频相关的配置参数即可。

第三步，开始录制，调用 start() 方法，此时进入 started 状态。

```
// 开始录制
avRecorder.start();
```

第四步，暂停录制，调用 pause() 方法，此时进入 paused 状态。

```
// 暂停录制
avRecorder.pause();
```

7.2.7 使用 AudioCapturer 录制音频

1. AudioCapturer 简介

使用 AudioCapturer 录制音频涉及 AudioCapturer 实例的创建、音频采集参数的配置、采集的开始与停止、资源的释放等。如图 7-6 所示，展示了 AudioCapturer 的状态变化。在创建实例后，调用对应的方法可以进入指定的状态以实现对应的行为。需要注意的是，在确定的状态下执行不合适的方法可能导致 AudioCapturer 发生错误。建议开发者在调用状态转换的方法之前进行状态检查，以避免程序运行时产生意外的结果。

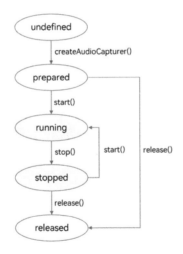

图 7-6　AudioCapturer 的状态变化示意图

2. 使用方法

第一步，配置音频采集参数并创建 AudioCapturer 实例，音频采集参数的详细信息可以查看 AudioCapturerOptions。

```
let audioStreamInfo: audio.AudioStreamInfo = {
  samplingRate: audio.AudioSamplingRate.SAMPLE_RATE_44100,
  channels: audio.AudioChannel.CHANNEL_2,
  sampleFormat: audio.AudioSampleFormat.SAMPLE_FORMAT_S16LE,
```

```
    encodingType: audio.AudioEncodingType.ENCODING_TYPE_RAW
  };

  let audioCapturerInfo: audio.AudioCapturerInfo = {
    source: audio.SourceType.SOURCE_TYPE_MIC,
    capturerFlags: 0
  };

  let audioCapturerOptions: audio.AudioCapturerOptions = {
    streamInfo: audioStreamInfo,
    capturerInfo: audioCapturerInfo
  };

  audio.createAudioCapturer(audioCapturerOptions, (err, data) => {
    if (err) {
      console.error(`Invoke createAudioCapturer failed, code is ${err.code}, message is ${err.message}`);
    } else {
      console.info('Invoke createAudioCapturer succeeded.');
      let audioCapturer = data;
    }
  });
```

第二步，调用 start()方法进入 running 状态，开始录制音频。

```
audioCapturer.start((err: BusinessError) => {
  if (err) {
    console.error(`Capturer start failed, code is ${err.code}, message is ${err.message}`);
  } else {
    console.info('Capturer start success.');
  }
});
```

第三步，指定录制文件地址。

```
let context = getContext(this);
async function read() {
  let path = context.filesDir;
  const filePath = path + '/voice_call_data.wav';
  let file: fs.File = fs.openSync(filePath, fs.OpenMode.READ_WRITE | fs.OpenMode.CREATE);
  let bufferSize: number = await audioCapturer.getBufferSize();
  let buffer: ArrayBuffer = await audioCapturer.read(bufferSize, true);
  fs.writeSync(file.fd, buffer);
}
```

第四步，调用 stop()方法停止录制。

```
audioCapturer.stop((err: BusinessError) => {
  if (err) {
    console.error(`Capturer stop failed, code is ${err.code}, message is ${err.message}`);
  } else {
    console.info('Capturer stopped.');
  }
});
```

7.3 视频

7.3.1 视频播放开发概述

在 HarmonyOS 系统中，提供了两种视频播放开发 API。如表 7-5 所示，展示了视频播放 API 的使用场景。

表 7-5 视频播放 API 的使用场景

API	使用场景
AVPlayer	功能较完善的音视频播放 ArkTS/JS API，集成了流媒体和本地资源解析、媒体资源解封装、视频解码和渲染功能，适用于对媒体资源进行端到端播放的场景，可直接播放 mp4、mkv 等格式的视频文件
Video 组件	Video 组件用于播放视频文件并控制其播放状态，常用于短视频和应用内部视频的列表页面。当视频完整出现时会自动播放，用户单击视频区域则暂停播放，同时显示播放进度条，通过拖动播放进度条可指定视频播放到具体位置

7.3.2 使用 AVPlayer 播放视频

在应用通过调用 JS 接口层提供的 AVPlayer 接口实现相应功能时，框架层会通过播放服务（Player Framework）解析成单独的音频数据流和视频数据流。音频数据流经过软件解码后输出至音频服务（Audio Framework），再至硬件接口层的音频 HDI，实现音频播放功能。视频数据流经过硬件（推荐）、软件解码后输出至图形渲染服务（Graphic Framework），再输出至硬件接口层的显示 HDI，完成图形渲染。如图 7-7 所示，展示了视频播放外部模块交互。

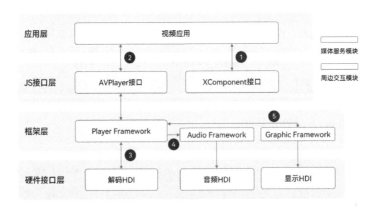

图 7-7 视频播放外部模块交互

AVPlayer 支持的视频播放格式和主流分辨率如表 7-6 所示。

表 7-6　AVPlayer 支持的视频播放格式和主流分辨率

视频容器规格	规格描述	分辨率
mp4	视频格式：H26510+、H264、MPEG2、MPEG4、H263 音频格式：AAC、MP3	主流分辨率，如 4K、1080P、720P、480P、270P
mkv	视频格式：H26510+、H264、MPEG2、MPEG4、H263 音频格式：AAC、MP3	主流分辨率，如 4K、1080P、720P、480P、270P
ts	视频格式：H26510+、H264、MPEG2、MPEG4 音频格式：AAC、MP3	主流分辨率，如 4K、1080P、720P、480P、270P
webm	视频格式：VP8 音频格式：VORBIS	主流分辨率，如 4K、1080P、720P、480P、270P

1. AVPlayer 状态

具体可参见 7.2.2 节使用 AVPlayer 播放音频。

2. 使用方法

第一步，创建实例 createAVPlayer，AVPlayer 初始化 idle 状态。

```
// 以下demo为使用资源管理接口获取打包在HAP内的媒体资源文件并通过fdSrc属性进行播放的示例
async avPlayerFdSrcDemo() {
  // 创建avPlayer实例对象
  let avPlayer: media.AVPlayer = await media.createAVPlayer();
  // 创建状态机变化回调函数
  this.setAVPlayerCallback(avPlayer);
  // 通过UIAbilityContext的resourceManager成员的getRawFd接口获取媒体资源播放地址
  // 返回类型为{fd,offset,length},fd为HAP包地址,offset为媒体资源偏移量,length为播放长度
  let context = getContext(this) as common.UIAbilityContext;
  let fileDescriptor = await context.resourceManager.getRawFd('H264_AAC.mp4');
  let avFileDescriptor: media.AVFileDescriptor =
    { fd: fileDescriptor.fd, offset: fileDescriptor.offset, length: fileDescriptor.length };
  this.isSeek = true; // 支持seek操作
  // 为fdSrc赋值触发initialized状态机上报
  avPlayer.fdSrc = avFileDescriptor;
}
```

第二步，设置业务需要的监听事件，搭配全流程场景使用。AVPlayer 支持的监听事件如表 7-7 所示。

表 7-7　AVPlayer 支持的监听事件

事件类型	说明
stateChange	必要事件，监听播放器的 state 属性改变
error	必要事件，监听播放器的错误信息

续表

事件类型	说明
durationUpdate	用于进度条，监听进度条长度，刷新资源时长
timeUpdate	用于进度条，监听进度条当前位置，刷新当前时间
seekDone	响应 API 调用，监听 seek() 请求完成情况 当使用 seek() 跳转到指定播放位置后，如果 seek 操作成功，则将上报该事件
speedDone	响应 API 调用，监听 setSpeed() 请求完成情况 当使用 setSpeed() 设置播放倍速后，如果 setSpeed 操作成功，则将上报该事件
volumeChange	响应 API 调用，监听 setVolume() 请求完成情况 当使用 setVolume() 调节播放音量后，如果 setVolume 操作成功，则将上报该事件
bitrateDone	响应 API 调用，用于 HLS 协议流，监听 setBitrate() 请求完成情况 当使用 setBitrate() 指定播放比特率后，如果 setBitrate 操作成功，则将上报该事件
availableBitrates	用于 HLS 协议流，监听 HLS 资源的可选 bitrates，用于 setBitrate()
bufferingUpdate	用于网络播放，监听网络播放缓冲信息
startRenderFrame	用于视频播放，监听视频播放首帧渲染时间
videoSizeChange	用于视频播放，监听视频播放的宽高信息，可用于调整窗口大小、比例
audioInterrupt	监听音频焦点切换信息，搭配属性 audioInterruptMode 使用 如果当前设备存在多个媒体正在播放，则音频焦点被切换（即播放其他媒体如通话等）时，将上报该事件，应用可以及时处理

```
// 状态机变化回调函数
  avPlayer.on('stateChange', async (state: string, reason: media.StateChangeReason) => {
   switch (state) {
    case 'idle': // 成功调用 reset 接口后触发该状态机上报
      console.info('AVPlayer state idle called.');
      avPlayer.release(); // 调用 release 接口销毁实例对象
     break;
    case 'initialized': // avPlayer 设置播放源后触发该状态上报
      console.info('AVPlayer state initialized called.');
      avPlayer.surfaceId = this.surfaceId; // 设置显示画面，当播放的资源为纯音频时，无须设置
      avPlayer.prepare();
     break;
    case 'prepared': // prepare 接口调用成功后上报该状态机
      console.info('AVPlayer state prepared called.');
      avPlayer.play(); // 调用播放接口开始播放
     break;
    case 'playing': // play 接口成功调用后触发该状态机上报
      console.info('AVPlayer state playing called.');
      if (this.count !== 0) {
       if (this.isSeek) {
         console.info('AVPlayer start to seek.');
```

```
              avPlayer.seek(avPlayer.duration); //seek 到视频末尾
        } else {
          // 当播放模式不支持 seek 操作时,继续播放到结尾
            console.info('AVPlayer wait to play end.');
        }
      } else {
          avPlayer.pause(); // 调用暂停接口暂停播放
      }
      this.count++;
      break;
    case 'paused': // pause 接口成功调用后触发该状态机上报
        console.info('AVPlayer state paused called.');
        avPlayer.play(); // 再次调用播放接口开始播放
      break;
    case 'completed': // 播放结束后触发该状态机上报
        console.info('AVPlayer state completed called.');
        avPlayer.stop(); //调用播放结束接口
      break;
    case 'stopped': // stop 接口成功调用后触发该状态机上报
        console.info('AVPlayer state stopped called.');
        avPlayer.reset(); // 调用 reset 接口初始化 avPlayer 状态
      break;
    case 'released':
        console.info('AVPlayer state released called.');
      break;
    default:
        console.info('AVPlayer state unknown called.');
      break;
  }
})
}
```

第三步,设置资源。设置资源地址,AVPlayer 进入 initialized 状态。

```
// 播放 hls 网络直播码流
avPlayer.url = 'http://xxx.xxx.xxx.xxx:xx/xx/index.m3u8';

// 通过 UIAbilityContext 获取沙箱地址 filesDir,以 Stage 模型为例
let pathDir = context.filesDir;
let path = pathDir + '/H264_AAC.mp4';
await fs.open(path).then((file: fs.File) => {
  this.fd = file.fd;
})
this.isSeek = false; // 不支持 seek 操作
 avPlayer.dataSrc = src;

// 通过 UIAbilityContext 的 resourceManager 成员的 getRawFd 接口获取媒体资源播放地址
```

```
    // 返回类型为{fd,offset,length}，fd为HAP包地址，offset为媒体资源偏移量，length为播放长度
    let context = getContext(this) as common.UIAbilityContext;
    let fileDescriptor = await context.resourceManager.getRawFd('H264_AAC.mp4');
    let avFileDescriptor: media.AVFileDescriptor =
      { fd: fileDescriptor.fd, offset: fileDescriptor.offset, length: fileDescriptor.
length };
    this.isSeek = true; // 支持seek操作
    // 为fdSrc赋值触发initialized状态机上报
    avPlayer.fdSrc = avFileDescriptor;
```

第四步，设置窗口。获取并设置属性 surfaceId，用于设置显示画面。应用需要从 XComponent 组件获取 surfaceId，获取方式参考 XComponent。

```
@Component
struct PreviewArea {
  private surfaceId : string =''
  xcomponentController: XComponentController = new XComponentController()
  build() {
    Row() {
      XComponent({
        id: 'xcomponent',
        type: 'surface',
        controller: this.xcomponentController
      })
        .onLoad(() => {
          this.xcomponentController.setXComponentSurfaceSize({surfaceWidth:1920,
surfaceHeight:1080});
          this.surfaceId = this.xcomponentController.getXComponentSurfaceId()
        })
        .width('640px')
        .height('480px')
    }
    .backgroundColor(Color.Black)
    .position({x: 0, y: 48})
  }
}

avPlayer.surfaceId = this.surfaceId; // 设置显示画面，当播放的资源为纯音频时，无须设置
```

注：XComponent 可用于 EGL、OpenGLES 和媒体数据写入，并显示在 XComponent 组件中。如表 7-8 所示，展示了 XComponent 类型及对应的描述。XComponent 类似于 iOS 的 CALayer 或者 Android 的 Surface 或者 TextureView。

表 7-8　XComponent 类型及对应的描述

XComponent 类型	描述
SURFACE	用于 EGL/OpenGLES 和媒体数据写入，开发者定制的绘制内容单独展示在屏幕上

续表

XComponent 类型	描述
COMPONENT	XComponent 将变成一个容器组件，并可在其中执行非 UI 逻辑以动态加载显示内容
TEXTURE	用于 EGL/OpenGLES 和媒体数据写入，开发者定制的绘制内容会和 XComponent 组件的内容合成后展示在屏幕上

第五步，准备播放。调用 prepare()方法，AVPlayer 进入 prepared 状态，此时可以获取 duration，设置缩放模式、音量等。

第六步，视频播控。执行播放 play()、暂停 pause()、跳转 seek()和停止 stop()等操作。

7.3.3 使用 Video 组件播放视频

1. Video 组件简介

Video 组件封装了视频播放的基础功能，只需要设置数据源及基础信息即可播放视频，但相对扩展功能较弱。Video 组件由 ArkUI 提供。

2. 使用方法

第一步，创建视频组件。

Video 组件通过调用接口来创建，接口调用形式为 Video(value: VideoOptions)，VideoOptions 参数如表 7-9 所示。

表 7-9　VideoOptions 参数

VideoOptions 参数	描述
src	指定视频播放源的路径，可以是本地资源、沙箱、网络
currentProgressRate	用于设置视频播放倍速
previewUri	指定视频未播放时的预览图片路径
controller	设置视频控制器，用于自定义控制视频

第二步，加载资源（以网络资源为例）。

注：在加载网络视频时，需要申请 ohos.permission.INTERNET 权限。此时，Video 组件的 src 属性为网络视频的链接。

```
@Component
export struct VideoPlayer{
  private controller:VideoController | undefined;
  private previewUris: Resource = $r ('app.media.preview');
  private videoSrc: string= 'https://www.example.com/example.mp4'  // 使用时请替换为实际视频加载网址
  build(){
    Column() {
      Video({
```

```
      src: this.videoSrc,
      previewUri: this.previewUris,
      controller: this.controller
    })
   }
  }
}
```

第三步，添加属性。

Video 组件的属性主要用于设置视频的播放形式。例如设置视频播放是否静音、播放是否显示控制条等。

```
@Component
export struct VideoPlayer {
  private controller: VideoController | undefined;

  build() {
    Column() {
      Video({
        controller: this.controller
      })
        .muted(false)  // 设置是否静音
        .controls(false)  // 设置是否显示默认控制条
        .autoPlay(false)  // 设置是否自动播放
        .loop(false)  // 设置是否循环播放
        .objectFit(ImageFit.Contain)  // 设置视频适配模式
    }
  }
}
```

第四步，回调事件。

Video 组件回调事件主要包括播放开始、暂停结束、播放失败、视频准备和操作进度条等。除此之外，Video 组件还支持通用的事件回调，例如单击和触摸等事件的回调。

```
@Entry
@Component
struct VideoPlayer{
  private controller:VideoController | undefined;
  private previewUris: Resource = $r ('app.media.preview');
  private innerResource: Resource = $rawfile('videoTest.mp4');
  build(){
    Column() {
      Video({
        src: this.innerResource,
        previewUri: this.previewUris,
        controller: this.controller
      })
        .onUpdate((event) => {    // 更新事件回调
```

```
            console.info("Video update.");
        })
        .onPrepared((event) => {    // 准备事件回调
            console.info("Video prepared.");
        })
        .onError(() => {             // 失败事件回调
            console.info("Video error.");
        })
    }
  }
}
```

第五步，使用自定义控制器。

Video 控制器主要用于控制视频的状态，包括播放、暂停、停止及设置进度等。

```
@Entry
@Component
struct VideoGuide1 {
  @State videoSrc: Resource = $rawfile('videoTest.mp4')
  @State previewUri: string = 'common/videoIcon.png'
  @State curRate: PlaybackSpeed = PlaybackSpeed.Speed_Forward_1_00_X
  @State isAutoPlay: boolean = false
  @State showControls: boolean = true
  @State sliderStartTime: string = '';
  @State currentTime: number = 0;
  @State durationTime: number = 0;
  @State durationStringTime: string ='';
  // 控制器
  controller: VideoController = new VideoController()

  build() {
    Row() {
      Column() {
        Video({
            src: this.videoSrc,
            previewUri: this.previewUri,
            currentProgressRate: this.curRate,
            controller: this.controller
        }).controls(false).autoPlay(true)
        .onPrepared((event)=>{
          if(event){
            this.durationTime = event.duration
          }
        })
        .onUpdate((event)=>{
          if(event){
            this.currentTime =event.time
          }
        })
```

```
    Row() {
      Text(JSON.stringify(this.currentTime) + 's')
      Slider({
          value: this.currentTime,
          min: 0,
          max: this.durationTime
      })
      .onChange((value: number, mode: SliderChangeMode) => {
          this.controller.setCurrentTime(value);
      }).width("90%")
      Text(JSON.stringify(this.durationTime) + 's')
    }
    .opacity(0.8)
    .width("100%")
  }
  .width('100%')
 }
 .height('40%')
 }
}
```

7.3.4 使用 AVRecorder 录制视频

1. AVRecorder 简介

当前仅支持 AVRecorder 开发视频录制，集成了音频捕获、音频编码、视频编码、音视频封装等功能，适用于录制简单视频并直接得到视频本地文件的场景。如图 7-8 所示，展示了 AVRecorder 录制状态的变化。

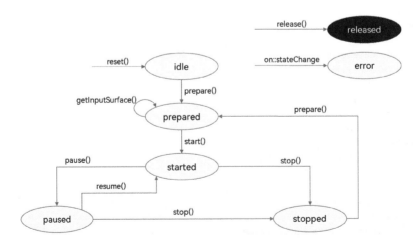

图 7-8　AVRecorder 录制状态的变化示意图

2. 使用方法

注：AVRecorder 只负责视频数据的处理，需要与视频数据采集模块配合才能完成视频录制。视频数据采集模块需要通过 Surface 将视频数据传递给 AVRecorder 进行数据处理。当前常用的视频数据采集模块是相机模块，相机模块目前仅对系统应用开放。

第一步，创建 AVRecorder 实例。创建完实例，进入 idle 状态。

```
let avRecorder: media.AVRecorder;
media.createAVRecorder().then((recorder: media.AVRecorder) => {
  avRecorder = recorder;
}, (error: Error) => {
  console.error('createAVRecorder failed');
})
```

第二步，设置业务需要的监听事件，监听状态变化并上报错误。

stateChange 属于必要事件，监听播放器的 state 属性改变；error 也属于必要事件，监听播放器的错误信息。

```
// 状态上报回调函数
avRecorder.on('stateChange', (state: media.AVRecorderState, reason: media.StateChangeReason) => {
  console.info('current state is: ' + state);
})
// 错误上报回调函数
avRecorder.on('error', (err: BusinessError) => {
  console.error('error happened, error message is ' + err);
})
```

第三步，配置视频录制参数，调用 prepare()方法，此时进入 prepared 状态。

```
let avProfile: media.AVRecorderProfile = {
  fileFormat : media.ContainerFormatType.CFT_MPEG_4, // 视频文件封装格式，只支持 MP4
  videoBitrate : 200000, // 视频比特率
  videoCodec : media.CodecMimeType.VIDEO_MPEG4, // 视频文件编码格式，支持 mpeg4 和 avc 两种格式
  videoFrameWidth : 640,  // 视频分辨率的宽
  videoFrameHeight : 480, // 视频分辨率的高
  videoFrameRate : 30 // 视频帧率
}
let avConfig: media.AVRecorderConfig = {
  videoSourceType : media.VideoSourceType.VIDEO_SOURCE_TYPE_SURFACE_YUV, // 视频源类型，支持 YUV 和 ES 两种格式
  profile : avProfile,
  url : 'fd://35', // 参考应用文件访问与管理开发示例，新建并读写一个文件
  rotation : 0 // 视频旋转角度，默认为 0 不旋转，支持的值为 0、90、180、270
}
avRecorder.prepare(avConfig).then(() => {
  console.info('avRecorder prepare success');
}, (error: BusinessError) => {
  console.error('avRecorder prepare failed');
```

})
```

第四步，获取视频录制需要的 surfaceId。调用 getInputSurface 接口，接口的返回值 surfaceId 用于传递给视频数据输入源模块。常用的输入源模块为相机，在以下示例代码中，采用相机作为视频输入源。

```
avRecorder.getInputSurface().then((surfaceId: string) => {
  console.info('avRecorder getInputSurface success');
}, (error: BusinessError) => {
  console.error('avRecorder getInputSurface failed');
})
```

第五步，初始化视频数据输入源。该步骤需要在输入源模块完成。以相机为例，需要创建录像输出流，包括创建 Camera 对象、获取相机列表、创建相机输入流等。

```
// 完成相机相关准备工作
async prepareCamera() {
  // 查看相机资料的具体实现
}

// 启动相机输出流
async startCameraOutput() {
  // 调用 VideoOutput 的 start 接口开始录像输出
}

// 停止相机输出流
async stopCameraOutput() {
  // 调用 VideoOutput 的 stop 接口停止录像输出
}

// 释放相机实例
async releaseCamera() {
  // 释放相机准备阶段创建的实例
}
```

第六步，开始录制，启动输入源输入视频数据，例如相机模块调用 camera.VideoOutput.start 接口启动相机录制。然后调用 avRecorder.start 接口，此时 AVRecorder 进入 started 状态。

```
// 完成相机相关准备工作
this.prepareCamera();
// 启动相机输出流
await this.startCameraOutput();
// 启动录制
this.avRecorder.start();
```

第七步，开始录制对应的流程。

```
// 开始录制对应的流程
async startRecordingProcess() {
  if (this.avRecorder != undefined) {
    // 1.创建录制实例
```
```

```
      this.avRecorder = await media.createAVRecorder();
      this.setAvRecorderCallback();
      // 2.获取录制文件 fd；获取的值传递给 avConfig 里的 url，实现略
      // 3.配置录制参数完成准备工作
      await this.avRecorder.prepare(this.avConfig);
      this.videoOutSurfaceId = await this.avRecorder.getInputSurface();
      // 4.完成相机相关准备工作
      await this.prepareCamera();
      // 5.启动相机输出流
      await this.startCameraOutput();
      // 6.启动录制
      await this.avRecorder.start();
   }
}
```

7.4 相机

7.4.1 相机开发概述

开发者可以通过调用 HarmonyOS 相机服务提供的接口来开发相机应用。这些应用可以通过访问和操作相机硬件来实现一些基础操作，比如预览、拍照和录像。同时，通过组合不同的接口，还可以实现更多操作，比如控制闪光灯和曝光时间、对焦或调焦等功能。

1. 相机工作流程

相机设备的生命周期、输入输出，都受相机会话的管理，图 7-9 展示了相机工作流程。

图 7-9 相机工作流程示意图

2. 相机开发模型

相机应用通过相机控制实现图像显示（预览）、照片保存（拍照）、视频录制（录像）等基础操作。

在实现基本操作的过程中，相机服务会控制相机设备采集和输出数据，采集的图像数据在

相机底层的设备硬件接口（Hardware Device Interface，HDI）中，直接通过 BufferQueue 传递到具体的功能模块中进行处理。在应用开发中无须关注 BufferQueue，它用于将底层处理的数据及时送到上层进行图像显示。

以视频录制为例进行说明。在视频录制过程中，媒体录制服务先创建一个视频 Surface，用于传递数据，并提供给相机服务；相机服务可以控制相机设备采集视频数据，生成视频流。采集的数据通过底层相机 HDI 处理后，通过 Surface 将视频流传递给媒体录制服务，媒体录制服务对视频数据进行处理后，保存为视频文件，完成视频录制。如图 7-10 所示，展示了整个相机开发模型。

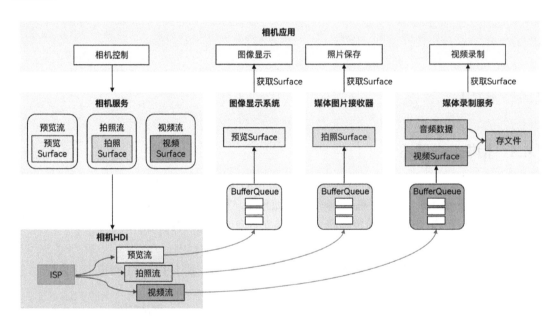

图 7-10　相机开发模型示意图

3. 使用会话管理

在使用相机的预览、拍照、录像和元数据功能之前，必须先创建相机会话。

在会话中，可以完成以下功能。

- 配置相机的输入流和输出流。在拍摄之前，必须配置相机的输入流和输出流。配置输入流相当于选择设备的某个摄像头进行拍摄；配置输出流则决定数据的输出形式。例如，如果应用需要实现拍照功能，则输出流应该配置为预览流和拍照流，预览流的数据将显示在 XComponent 组件上，而拍照流的数据将通过 ImageReceiver 接口保存到相册中。
- 添加闪光灯、调整焦距等配置。具体支持的配置和接口说明参见 Camera API 参考文档。
- 进行会话切换控制。应用可以通过移除和添加输出流的方式来切换相机模式。例如，如果当前会话的输出流是拍照流,则应用可以将其移除,然后添加视频流作为输出流,从而实现从拍照模式到录像模式的切换。

完成会话配置后,应用需要提交并启动会话,才能调用相机的相关功能。

第一步,调用 cameraManager 类中的 createCaptureSession()方法来创建会话。

```
let captureSession;
try {
    captureSession = cameraManager.createCaptureSession();
} catch (error) {
    console.error('Failed to create the CaptureSession instance. errorCode = ' + error.code);
}
```

第二步,调用 captureSession 类中的 beginConfig()方法来配置会话。

```
try {
    captureSession.beginConfig();
} catch (error) {
    console.error('Failed to beginConfig. errorCode = ' + error.code);
}
```

第三步,向会话中添加相机的输入流和输出流,调用 captureSession.addInput()方法添加相机的输入流;调用 captureSession.addOutput()方法添加相机的输出流。以下示例代码以添加预览流 previewOutput 和拍照流 photoOutput 为例,即当前模式支持拍照和预览。调用 captureSession 类中的 commitConfig()方法和 start()方法提交相关配置,并启动会话。

```
try {
    captureSession.addInput(cameraInput);
} catch (error) {
    console.error('Failed to addInput. errorCode = ' + error.code);
}
try {
    captureSession.addOutput(previewOutput);
} catch (error) {
    console.error('Failed to addOutput(previewOutput). errorCode = ' + error.code);
}
try {
    captureSession.addOutput(photoOutput);
} catch (error) {
    console.error('Failed to addOutput(photoOutput). errorCode = ' + error.code);
}
await captureSession.commitConfig() ;
await captureSession.start().then(() => {
    console.info('Promise returned to indicate the session start success.');
})
```

7.4.2 预览

预览是启动相机后看见的画面,通常在拍照和录像前执行。

使用方法如下。

第一步,导入 camera 接口,接口中提供了与相机相关的属性和方法,导入方法如下。

```
import camera from '@ohos.multimedia.camera';
```

第二步,创建 Surface。

```
// xxx.ets
// 创建 XComponentController
@Component
struct XComponentPage {
  // 创建 XComponentController
  mXComponentController: XComponentController = new XComponentController;
  surfaceId: string = '';

  build() {
    Flex() {
      // 创建 XComponent
      XComponent({
        id: '',
        type: 'surface',
        libraryname: '',
        controller: this.mXComponentController
      })
        .onLoad(() => {
          // 设置 Surface 的宽和高(1920×1080),预览尺寸的设置参考前面通过 previewProfilesArray 获取的
当前设备所支持的预览分辨率大小
          // 预览流与录像输出流的分辨率的宽高比要保持一致
          this.mXComponentController.setXComponentSurfaceSize({surfaceWidth:1920,
surfaceHeight:1080});
          // 获取 surfaceId
          this.surfaceId = this.mXComponentController.getXComponentSurfaceId();
        })
        .width('1920px')
        .height('1080px')
    }
  }
}
```

第三步,通过 CameraOutputCapability 类中的 previewProfiles() 方法获取当前设备支持的预览功能,返回 previewProfilesArray 数组。然后使用 createPreviewOutput() 方法创建预览输出流。在 createPreviewOutput() 方法中,第一个参数应是 previewProfilesArray 数组中的第一项,第二个参数应是第二步中获取的 surfaceId。

```
function getPreviewOutput(cameraManager: camera.CameraManager, cameraOutputCapability:
camera.CameraOutputCapability, surfaceId: string): camera.PreviewOutput | undefined {
    let previewProfilesArray: Array<camera.Profile>
= cameraOutputCapability.previewProfiles;
    let previewOutput: camera.PreviewOutput | undefined = undefined;
    try {
        previewOutput = cameraManager.createPreviewOutput(previewProfilesArray[0], surfaceId);
    } catch (error) {
        let err = error as BusinessError;
        console.error("Failed to create the PreviewOutput instance. error code: " + err.code);
    }
    return previewOutput;
}
```

第四步,通过 start()方法输出预览流,若接口调用失败则返回相应的错误码。

```
function startPreviewOutput(previewOutput: camera.PreviewOutput): void {
    previewOutput.start().then(() => {
        console.info('Callback returned with previewOutput started.');
    }).catch((err: BusinessError) => {
        console.info('Failed to previewOutput start '+ err.code);
    });
}
```

7.4.3 拍照

拍照是相机的最重要功能之一,拍照模块基于相机复杂的逻辑,为了保证用户拍出的照片质量,在中间步骤可以设置分辨率、闪光灯、焦距、照片质量及旋转角度等信息。

第一步,导入 image 接口。创建拍照输出流的 surfaceId 及拍照输出的数据,都需要用到系统提供的 image 接口。导入 image 接口的方法如下。

```
import image from '@ohos.multimedia.image';
import camera from '@ohos.multimedia.camera';
```

第二步,获取 surfaceId。通过 image 的 createImageReceiver()方法创建 ImageReceiver 实例,再通过实例的 getReceivingSurfaceId()方法获取 surfaceId,与拍照输出流相关联,获取拍照输出流的数据。

```
async function getImageReceiverSurfaceId(): Promise<string | undefined> {
    let photoSurfaceId: string | undefined = undefined;
    let receiver: image.ImageReceiver = image.createImageReceiver(640, 480, 4, 8);
    console.info('before ImageReceiver check');
    if (receiver !== undefined) {
        console.info('ImageReceiver is ok');
        photoSurfaceId = await receiver.getReceivingSurfaceId();
        console.info(`ImageReceived id: ${JSON.stringify(photoSurfaceId)}`);
    } else {
        console.info('ImageReceiver is not ok');
```

```
    }
    return photoSurfaceId;
}
```

第三步，创建拍照输出流。通过 CameraOutputCapability 类中的 photoProfiles()方法，可获取当前设备支持的拍照输出流。通过 createPhotoOutput()方法，传入支持的某一个输出流及步骤一获取的 surfaceId 来创建拍照输出流。

```
function getPhotoOutput(cameraManager: camera.CameraManager, cameraOutputCapability:
 camera.CameraOutputCapability, photoSurfaceId: string): camera.PhotoOutput | undefined {
    let photoProfilesArray: Array<camera.Profile> = cameraOutputCapability.photoProfiles;
    if (!photoProfilesArray) {
        console.error("createOutput photoProfilesArray == null || undefined");
    }
    let photoOutput: camera.PhotoOutput | undefined;
    try {
        photoOutput = cameraManager.createPhotoOutput(photoProfilesArray[0], photoSurfaceId);
    } catch (error) {
      let err = error as BusinessError;
      console.error(`Failed to createPhotoOutput. error: ${JSON.stringify(err)}`);
    }
    return photoOutput;
}
```

第四步，触发拍照。通过 photoOutput 类的 capture()方法，执行拍照任务。该方法有两个参数：第一个参数为拍照设置参数的 setting，setting 中可以设置照片质量和旋转角度；第二个参数为回调函数。

```
function capture(captureLocation: camera.Location, photoOutput: camera.PhotoOutput): void {
    let settings: camera.PhotoCaptureSetting = {
      // 设置照片质量高
      quality: camera.QualityLevel.QUALITY_LEVEL_HIGH,
      // 设置照片旋转角度为0
      rotation: camera.ImageRotation.ROTATION_0,
      // 设置照片地理位置
      location: captureLocation,
      // 设置镜像使能开关（默认关）
      mirror: false
    };
    photoOutput.capture(settings, (err: BusinessError) => {
      if (err) {
        console.error(`Failed to capture the photo. error: ${JSON.stringify(err)}`);
        return;
      }
      console.info('Callback invoked to indicate the photo capture request success.');
    });
}
```

7.5 图片

7.5.1 图片开发概述

应用开发中的图片开发是对图片像素数据进行解析、处理、构造的过程，以达到目标图片效果，主要涉及图片解码、图片处理和图片编码等。

在学习图片开发之前，需要熟悉以下基本概念。

- 图片解码指将所支持格式的存档图片解码成统一的 PixelMap，以便在应用或系统中进行图片显示或图片处理。当前支持的存档图片格式包括 JPEG、PNG、GIF、RAW、WebP、BMP 和 SVG。
- PixelMap 指解码后无压缩的位图，用于图片显示或图片处理。
- 图片处理指对 PixelMap 进行相关操作，包括旋转、缩放、设置透明度、获取图片信息、读写像素数据等。
- 图片编码指将 PixelMap 编码成不同格式的存档图片（当前仅支持 JPEG 和 WebP），用于后续处理，如保存、传输等。

如图 7-11 所示，详细展示了图片开发流程。

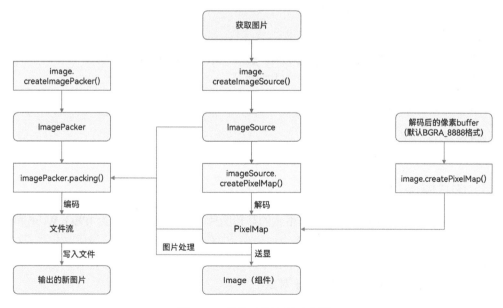

图 7-11　图片开发流程示意图

- 获取图片：通过应用沙箱等方式获取原始图片。
- 创建 ImageSource 实例：ImageSource 是图片解码出来的图片源类，用于获取或修改图片的相关信息。
- 图片解码：通过 ImageSource 解码生成 PixelMap。
- 图片处理：对 PixelMap 进行处理，以更改图片属性实现图片的旋转、缩放、裁剪等效果，然后通过 Image 组件显示图片。
- 图片编码：使用图片打包器类 ImagePacker，将 PixelMap 或 ImageSource 进行压缩编码，生成一张新的图片。

除了上述的基本图片开发功能，HarmonyOS 还提供常用的图片工具，供开发者选择使用。

7.5.2 图片解码

图片解码指将所支持格式的存档图片解码成统一的 PixelMap，以便在应用或系统中进行图片显示或图片处理。当前支持的存档图片格式包括 JPEG、PNG、GIF、RAW、WebP、BMP、SVG。

使用方法如下。

第一步，获取图片。

```
const context : Context = getContext(this);
const filePath : string = context.cacheDir + '/test.jpg';
```

第二步，创建 ImageSource 实例。

```
// path 为已获得的沙箱路径
const imageSource : image.ImageSource = image.createImageSource(filePath);
```

第三步，设置解码参数 DecodingOptions，解码获取 PixelMap 图片对象。

```
let decodingOptions : image.DecodingOptions = {
    editable: true,
    desiredPixelFormat: 3,
}
// 创建 pixelMap 并进行简单的旋转和缩放
const pixelMap : image.PixelMap = await imageSource.createPixelMap(decodingOptions);
```

7.5.3 图片编码

图片编码指将 PixelMap 编码成不同格式的存档图片（当前仅支持打包为 JPEG、WebP 和 PNG 格式），用于后续处理，如保存、传输等。

使用方法如下。

第一步，创建图像编码 ImagePacker 对象。

```
// 导入相关模块包
import image from '@ohos.multimedia.image';
```

```
const imagePackerApi = image.createImagePacker();
```
第二步，设置编码输出流和编码参数。
```
let packOpts : image.PackingOption = { format:"image/jpeg", quality:98 }; // quality 为图像
```
质量，范围为 0~100，100 为最佳质量

第三步，创建 PixelMap 对象或创建 ImageSource 对象（位图数据）。

第四步，进行图片编码，并保存编码后的图片。
```
// 1. 通过 PixelMap 进行编码
imagePackerApi.packing(pixelMap, packOpts).then( (data : ArrayBuffer) => {
  // data 为打包获取的文件流，写入文件保存即可得到一张图片
}).catch((error : BusinessError) => {
  console.error('Failed to pack the image. And the error is: ' + error);
})

// 2. 通过 imageSource 进行编码
import {BusinessError} from '@ohos.base'
imagePackerApi.packing(imageSource, packOpts).then( (data : ArrayBuffer) => {
    // data 为打包获取的文件流，写入文件保存即可得到一张图片
}).catch((error : BusinessError) => {
  console.error('Failed to pack the image. And the error is: ' + error);
})
```

7.5.4 图像变换

图片处理指的是对像素映射进行相关操作，例如获取图片信息、裁剪、缩放、偏移、旋转、翻转、设置透明度、读写像素数据等。图片处理主要包括图像变换和位图操作。本节将介绍图像变换。

使用方法如下。

第一步，完成图片解码，获取 PixelMap 对象。

第二步，获取图片信息。
```
import {BusinessError} from '@ohos.base'
// 获取图片大小
pixelMap.getImageInfo().then( (info : image.ImageInfo) => {
   console.info('info.width = ' + info.size.width);
   console.info('info.height = ' + info.size.height);
}).catch((err : BusinessError) => {
   console.error("Failed to obtain the image pixel map information.And the error is: " + err);
});
```
第三步，进行图像变换操作。

如图 7-12 所示，展示的是原图。

图 7-12　原图

裁剪方法如下。

```
// x: 裁剪起始点的横坐标 0
// y: 裁剪起始点的纵坐标 0
// height: 裁剪高度 400，方向为从上往下（裁剪后的图片高度为 400）
// width: 裁剪宽度 400，方向为从左到右（裁剪后的图片宽度为 400）
pixelMap.crop({x: 0, y: 0, size: { height: 400, width: 400 } });
```

如图 7-13 所示，展示的是裁剪后的图。

图 7-13　裁剪后的图

缩放方法如下。
```
// 宽为原来的 0.5
// 高为原来的 0.5
pixelMap.scale(0.5, 0.5);
```
如图 7-14 所示，展示的是缩放后的图。

图 7-14　缩放后的图

旋转方法如下。
```
// 顺时针旋转 90°
pixelMap.rotate(90)
```
如图 7-15 所示，展示的是旋转后的图。

图 7-15　旋转后的图

7.6 媒体文件管理

7.6.1 媒体文件管理概述

媒体文件管理服务提供了管理相册和媒体文件的功能，包括照片和视频，帮助应用快速构建图片视频展示能力。

通过媒体文件管理，开发者可以管理相册和媒体文件，包括创建相册，以及访问、修改相册中的媒体信息等。

注：相册管理模块涉及用户个人数据信息，所以应用需要向用户申请相册管理模块的读写操作权限，才能保证功能的正常运行，即需要申请 ohos.permission.READ_IMAGEVIDEO 和 ohos.permission.WRITE_IMAGEVIDEO 权限。

7.6.2 查询和更新用户相册资源

photoAccessHelper 提供与用户相册相关的接口，供开发者创建、删除用户相册，向用户相册添加、删除图片和视频资源等。

1. 获取用户相册中的图片或视频

第一步，获取相册管理模块 photoAccessHelper 实例。

```
import dataSharePredicates from '@ohos.data.dataSharePredicates';
import photoAccessHelper from '@ohos.file.photoAccessHelper';
const context = getContext(this);
let phAccessHelper = photoAccessHelper.getPhotoAccessHelper(context);
```

第二步，建立相册及图片检索条件，用于获取用户相册和图片。

```
let albumPredicates: dataSharePredicates.DataSharePredicates = new dataSharePredicates.DataSharePredicates();
  let albumName: photoAccessHelper.AlbumKeys = photoAccessHelper.AlbumKeys.ALBUM_NAME;
  // 这里以myPhoto相册名称为例，构建相册检索条件
  albumPredicates.equalTo(albumName, 'myPhoto');
  let albumFetchOptions: photoAccessHelper.FetchOptions = {
    fetchColumns: [],
    predicates: albumPredicates
  };

  // 构建图片检索条件
    let photoPredicates: dataSharePredicates.DataSharePredicates = new dataSharePredicates.DataSharePredicates();
    let photoFetchOptions: photoAccessHelper.FetchOptions = {
```

```
    fetchColumns: [],
    predicates: photoPredicates
};
```

第三步，调用 PhotoAccessHelper.getAlbums 接口获取用户相册资源。

```
// photoAccessHelper.AlbumType.USER 表示是用户相册，非系统内置
let albumFetchResult: photoAccessHelper.FetchResult<photoAccessHelper.Album> = await
phAccessHelper.getAlbums(photoAccessHelper.AlbumType.USER, photoAccessHelper.AlbumSubtype.U
SER_GENERIC, albumFetchOptions);
```

第四步，调用 FetchResult.getFirstObject 接口获取第一个用户相册。

```
let album: photoAccessHelper.Album = await albumFetchResult.getFirstObject();
    console.info('getAlbums successfully, albumName: ' + album.albumName);
```

第五步，调用 Album.getAssets 接口获取用户相册中的图片资源。

```
let photoFetchResult = await album.getAssets(photoFetchOptions);
    let photoAsset = await photoFetchResult.getFirstObject();
    console.info('album getAssets successfully, albumName: ' + photoAsset.displayName);
```

第六步，查询完毕后，关闭查询结果，释放资源。

```
albumFetchResult.close();
photoFetchResult.close();
```

2．添加图片或视频到用户相册中

添加图片或视频到用户相册中与获取用户相册中的图片或视频的前四步类似，只是第五步需要构造 PhotoAsset 对象，然后调用 album.addAssets() 方法添加图片或者视频。

```
let photoAsset: photoAccessHelper.PhotoAsset = await photoFetchResult.getFirstObject();
    console.info('getAssets successfully, albumName: ' + photoAsset.displayName);
    await album.addAssets([photoAsset]);
```

7.6.3　查询系统相册资源

目前 photoAccessHelper 仅供开发者对收藏夹、视频相册、截屏和录屏相册内置相册进行相关操作。

与 7.6.2 节类似，只是在查询相册结果时，需要传递 photoAccessHelper.AlbumType.SYSTEM 类型，相册传递的是 photoAccessHelper.AlbumSubtype.FAVORITE 或者 photoAccessHelper.AlbumSubtype.VIDEO 等。

```
import photoAccessHelper from '@ohos.file.photoAccessHelper';
const context = getContext(this);
let phAccessHelper = photoAccessHelper.getPhotoAccessHelper(context);
// 这里以获取视频相册为例
async function example() {
  try {
    let fetchResult: photoAccessHelper.FetchResult<photoAccessHelper.Album> =
await phAccessHelper.getAlbums(photoAccessHelper.AlbumType.SYSTEM, photoAccessHelper.AlbumS
ubtype.VIDEO);
```

```
    let album: photoAccessHelper.Album = await fetchResult.getFirstObject();
    console.info('get video album successfully, albumUri: ' + album.albumUri);
    fetchResult.close();
  } catch (err) {
    console.error('get video album failed with err: ' + err);
  }
}
```

7.7 本章小结

在操作系统的实现中，多媒体系统通常根据不同的处理内容划分为相机、视频、音频、图片等模块，并提供对应的编程框架接口和硬件适配功能。开发者可以根据音频数据格式、资料来源和使用场景选择合适的 API，以降低开发工作量并获得更好的音频播放效果。同时，通过调用相机服务接口，开发者可以实现相机应用的基础操作，并结合不同接口实现更多功能。图片开发涉及解码、处理和编码等过程，需要掌握图片解码、PixelMap、图片处理和图片编码等基本概念。

本章通过介绍 HarmonyOS 音频播放、音频录制、视频播放、视频录制、相机预览、相机拍照和图片处理等功能，为开发者提供了多媒体应用开发的基本指导和参考。

第 8 章 HarmonyOS 元服务开发与应用

8.1 元服务

随着现有技术和需求的不断发展，应用开发变得十分复杂，所有的功能都放置在一个 App 中。因此，HarmonyOS 不仅支持传统的 App 开发，还推动了元服务的发展。

元服务（原名为原子化服务）是一种免安装的微型应用，以服务卡片的形式作为独立入口打开。通过将一个复杂 App 中的多个功能（如短视频、新闻、购物等独立功能）分离成多个元服务，利用 HarmonyOS 的服务中心进行分发，用户只需单击相应的服务卡片即可享受服务。

元服务基于 HarmonyOS API 进行开发，支持在 1+8+N 设备上运行，供用户在适当的场景和设备上使用。元服务与传统应用的对比如表 8-1 所示。

表 8-1 元服务与传统应用的对比

项　目	元　服　务	传 统 应 用
软件包形态	App Pack（.app）	App Pack（.app）
分发平台	由应用市场（AppGallery）管理和分发	由应用市场管理和分发
安装后有无桌面 icon	无桌面 icon，但可手动添加到桌面，显示形式为服务卡片	有桌面 icon
HAP 免安装要求	所有 HAP（包括 Entry HAP 和 Feature HAP）均需满足免安装要求	所有 HAP 均为非免安装的

通过对比可以发现，元服务相比于传统应用既可以免安装，还可以通过服务卡片来展示应用内的重要信息。

元服务的运行机制如图 8-1 所示。

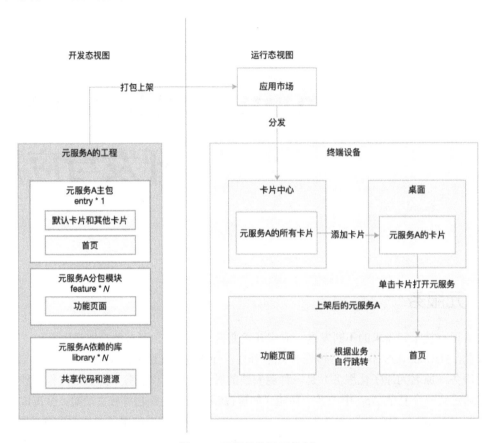

图 8-1　元服务的运行机制

打包上架后的元服务会通过应用市场进行分发，用户可以通过应用商店、负一屏搜索等方式来使用元服务，通过卡片可以打开元服务页面。

8.1.1　创建一个元服务项目

选择 File→New→Create Project 菜单命令，打开新建项目窗口，如图 8-2 所示。

模板有很多，选择 Atomic Service 菜单下的 Empty Ability 模板，选择完成后，单击 Next 按钮，如图 8-3 所示。

第 8 章 HarmonyOS 元服务开发与应用

图 8-2 新建项目窗口

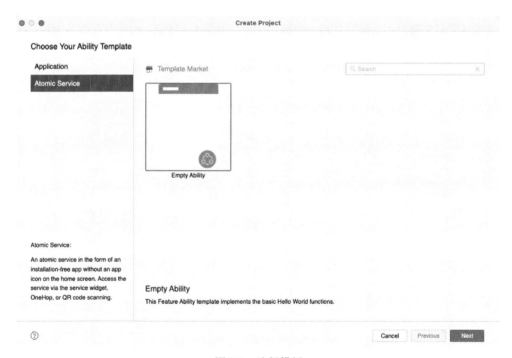

图 8-3 选择模板

一般只需要修改 Project name 选项，这里写成"News"；设置 Complie SDK 选项版本为最高，这里为 4.1.0(11)即可，单击 Finish 按钮，如图 8-4 所示。

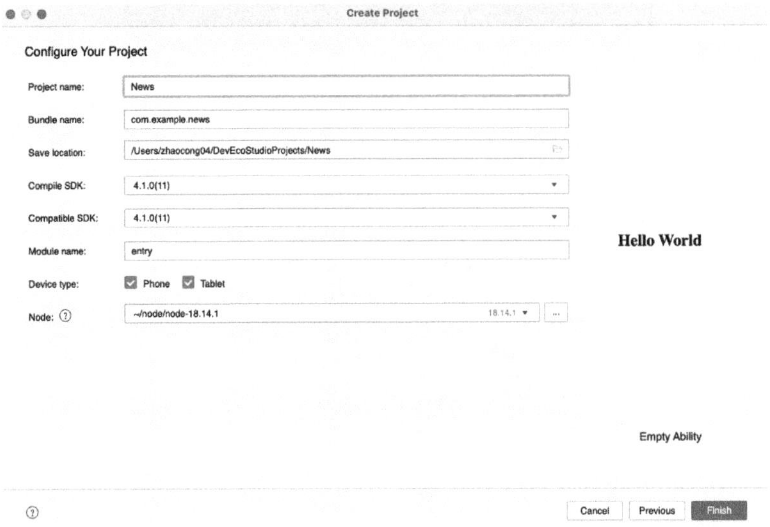

图 8-4　项目配置

元服务项目创建好后会默认新增一个服务卡片，如图 8-5 所示。如果没有服务卡片，可参照 8.2.4 节创建。

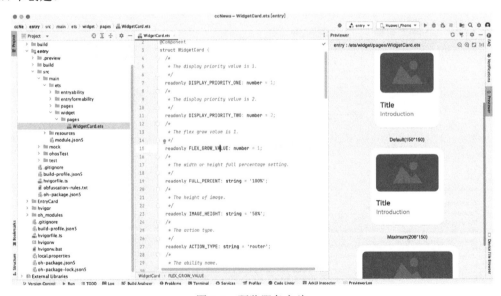

图 8-5　预览服务卡片

在编辑窗口右上角的工具栏中，单击 ▶ 按钮，运行启动项目来打开元服务，效果如图 8-6 所示。

第 8 章　HarmonyOS 元服务开发与应用

图 8-6　运行启动项目打开元服务

8.1.2　如何在桌面添加元服务

添加服务卡片的方式有很多种（例如负一屏、应用中心、服务中心），这里只介绍通过负一屏来添加服务卡片打开元服务。

把手机/模拟器滑动到负一屏，单击右上角的+号，打开服务中心，如图 8-7 所示。

图 8-7　打开服务中心

在服务中心找到创建的 News 项目，然后单击"精选服务"右侧的"更多>"按钮，打开精选服务，如图 8-8 所示。

单击 News 的"添加"按钮，打开添加卡片弹窗，单击"添加至桌面"按钮，就可以在桌面添加服务卡片，如图 8-9 所示。

图 8-8 打开精选服务　　　　　　图 8-9 在桌面添加服务卡片

添加服务卡片后的效果如图 8-10 所示，然后就可以通过选择服务卡片来打开元服务了。

图 8-10 添加服务卡片后的效果

8.1.3 元服务基础知识

1. 分包

元服务支持多包开发，单个项目即 .app 支持多个 HAP 和 HSP 包。为了支持免安装快速启动，单个包加上通过 dependency 依赖方式的包的大小不可超过 2MB。一个项目的所有包都加在一起不能超过 10MB，超过这个限制，DevEco Studio 将报错。

- 首包：将 Entry HAP 作为首包，包含元服务首次启动时会打开的页面（即首页）的代码和资源。
- 分包：将其他包含功能页的模块及 HSP 动态共享模块作为分包，包含功能页和元服务依赖的代码和资源。

2. dependency 分包

举个例子，创建了三个项目，分别为 1 个 entry 首包、多个 feature 分包及多个 shared HSP 分包，目前 feature 不支持 dependency 分包，项目分包结构如图 8-11 所示。

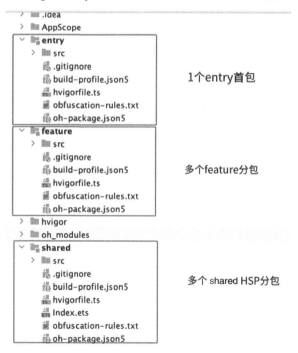

图 8-11 项目分包结构

其中，entry 模块为元服务的首包，type 字段为 entry。以下是 entry 模块的 module.json5 文件。

```
{
  "module": {
    "name": "entry",
    "type": "entry",
    "pages": "$profile:main_pages"
  }
}
```

shared 模块为 HSP 分包，type 字段为 shared。以下是 shared 模块的 module.json5 文件，代码如下所示。

```
{
  "module": {
    "name": "shared",
    "type": "shared"
  }
}
```

以下为 shared 模块的 index.ets 文件，导出一个 add()方法，引用 shared 模块的内部方法都要在 index.ets 中导出，代码如下所示。

```
// index.ets
export { add } from "./src/main/ets/utils/Calc"
// src/main/ets/utils/Calc
export function add(a:number, b:number) {
    return a + b;
}
```

打开宿主 module（如 entry 模块），打开 entry→oh-package.json5 文件，在 dependencies 中添加 feature 作为依赖，代码如下所示。

```
{
  "dependencies": {
     "myShared":'file:../shared'
  }
}
```

添加依赖后，单击右上角的 Sync Now 按钮，即可建立映射。建立映射后，直接在 entry 中引用依赖就可以了，代码如下所示。

```
import { add } from 'myShared'
add(1,2)
```

3. preload 分包

例如创建了一个 HSP 项目（在创建项目或模块时选择模板类型为 Shared Library 即可），这里起名为 preloadSharedLibrary。动态加载 HSP 需要在宿主包的 entry 里添加 atomicService 标签，打开 entry→src→main→module.json5 文件，添加 atomicService 的配置，将 moduleName 的值设置为 preloadSharedLibrary。

```
{
  "module": {
```

```json
  "name": "entry",
  "atomicService": {
    "preloads": [
      {
        "moduleName": "preloadSharedLibrary"
      }
    ]
  }
}
```

需要在宿主 module 的 oh-package.json5 中通过添加 dynamicDependencies 标签来设置动态依赖。

```
"dynamicDependencies": {
  "library": "file:../preloadSharedLibrary"
}
```

4. 免安装

元服务的程序包结构与传统 App 相同，也是以 App Pack（.app）的形式发布到应用市场的。元服务中的所有 HAP 均需支持免安装。在创建工程时，选择 Atomic Service 类型即可。

5. 更新机制

元服务在冷启动时，会异步检查是否有更新版本。如果发现有新版本，则将异步下载新版本的程序包，但本次启动仍使用客户端本地的旧版本程序。新版本的元服务将在下一次冷启动时替换启用。

8.2 服务卡片

服务卡片（简称"卡片"）是一种界面展示形式，可以将应用的重要信息或操作前置到服务卡片，以达到服务直达、减少体验层级的目的。服务卡片常用于嵌入其他应用（如桌面）中作为其界面显示的一部分，并支持拉起页面、发送消息等基础的交互功能。

服务卡片是元服务的重要组成部分，每个元服务项目都包含一张 2×2 服务卡片，同时有且仅有一张默认服务卡片。整个元服务内最多允许添加 16 张服务卡片，HarmonyOS 要求元服务不得通过服务卡片直接跳转到其他应用或元服务。

8.2.1 服务卡片的基础架构

服务卡片的基础架构很简单，主要分为卡片使用方和卡片提供方，如图 8-12 所示。

1. 卡片使用方

卡片使用方即桌面，显示服务卡片内容的宿主应用，控制服务卡片在宿主中展示的位置。

- 应用图标：应用入口图标，单击后可启动应用进程，图标的内容不支持交互。

- 卡片：具备不同规格大小（1×2、2×2、2×4、4×4）的界面展示，服务卡片的内容可以进行交互，如通过按钮进行界面的刷新、应用的跳转等。

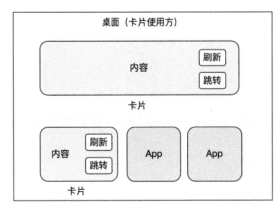
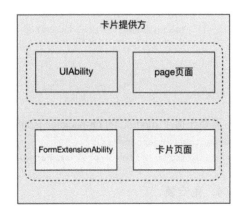

图 8-12　服务卡片的基础架构

2. 卡片提供方

卡片提供方包含服务卡片的应用，提供服务卡片的显示内容、控件布局及控件单击处理逻辑。

- FormExtensionAbility：服务卡片业务逻辑模块，提供服务卡片创建、销毁、刷新等生命周期回调。
- 卡片页面：服务卡片 UI 模块，包含页面、布局、事件等显示和交互信息。

8.2.2　服务卡片的开发方式

在 Stage 模型下，服务卡片的 UI 页面支持通过 ArkTS 和 JavaScript 两种语言进行开发，具体差异如表 8-2 所示。

表 8-2　服务卡片的两种开发方式比较

类　别	JavaScript 卡片	ArkTS 卡片
开发范式	类 Web	声明式
组件功能	支持	支持
布局功能	支持	支持
事件功能	支持	支持
自定义动效	不支持	支持
自定义绘制（例如 Canvas 功能）	不支持	支持
逻辑代码执行（不包含 import 功能）	不支持	支持

ArkTS 卡片统一了开发范式，而 JavaScript 卡片还延续了 CSS/HML/JSON 三段式类 Web 范

式的开发方式。JavaScript 和 ArkTS 的工程目录对比如图 8-13 所示。

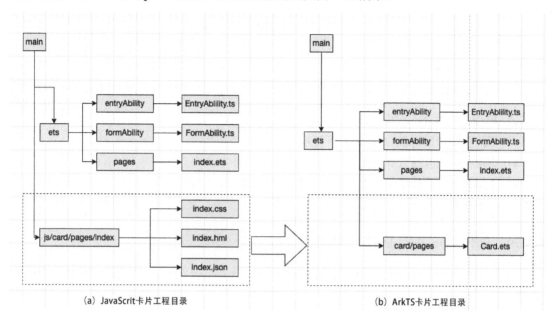

(a) JavaScrit 卡片工程目录　　　　(b) ArkTS 卡片工程目录

图 8-13　JavaScript 和 ArkTS 的工程目录对比

8.2.3　静态卡片和动态卡片

对于 ArkTS 卡片，为了降低不同业务场景下不必要的内存资源开销，又可分为静态卡片和动态卡片（通过 form_config.json 配置文件中 isDynamic 字段的区分）。

1. 静态卡片和动态卡片的主要区别

- 静态卡片：支持 UI 组件和布局功能，不支持通用事件和自定义动效功能，卡片内容以静态图显示，仅可以通过 FormLink 组件跳转到指定的 UIAbility，适用于展示类卡片（UI 相对固定），功能简单但可以有效控制内存开销。
- 动态卡片：支持通用事件功能和 Canvas 功能，适用于具有复杂业务逻辑和交互的场景，功能丰富但内存开销较大。

静态卡片与动态卡片的功能对比如表 8-3 所示。

表 8-3　静态卡片与动态卡片的功能对比

卡 片 功 能	静 态 卡 片	动 态 卡 片
组件功能	支持	支持
布局功能	支持	支持

续表

卡片功能	静态卡片	动态卡片
事件功能	受限支持	支持
自定义动效	不支持	支持
自定义绘制	支持	支持
逻辑代码执行（不包含 import 功能）	支持	支持

2. 静态卡片存在的约束

- 不推荐在频繁刷新 UI 的场景下使用。
- 不推荐刷新时通过 FormLink 传递状态变量。
- 不推荐在需要处理复杂业务逻辑的场景下使用。
- 不推荐在动效场景下使用。

8.2.4 如何通过 IDE 创建一个服务卡片

右击项目目录 entry，在弹出的快捷菜单中依次选择 New→Service Widget→Dynamic Widget 菜单，如图 8-14 所示。

图 8-14 新建服务卡片

注：在 API 10+ Stage 模型的工程中，在 Service Widget 菜单下可以直接选择创建动态或静态服务卡片。创建服务卡片后，也可以在卡片的 form_config.json 配置文件中，通过 isDynamic 参数修改卡片类型：若 isDynamic 置空或赋值为"true"，则该卡片为动态卡片；若 isDynamic 赋值为"false"，则该卡片为静态卡片。

这里展示了三个基础卡片模板，选择 Hello World 模板，单击 Next 按钮，如图 8-15 所示。

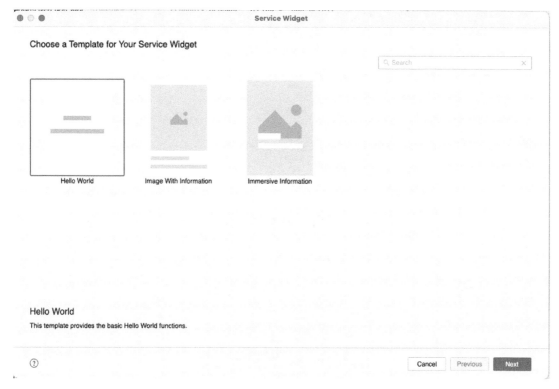

图 8-15　选择服务卡片模板

创建 Widget，输入名称（Service widget name）和注释（Description），开发语言（Language）选择 ArkTS，选择卡片支持的规格（Support dimension）默认为 2 * 2，可以选择多个卡片规格。选择默认的卡片规格（Default dimension），确认无误后，单击 Finish 按钮，如图 8-16 所示。

共生成了三个文件，如图 8-17 所示。

- 卡片生命周期管理文件（EntryFormAbility.ets）。
- 卡片界面文件（WidgetCard.ets）。
- 卡片配置文件（form_config.json）。

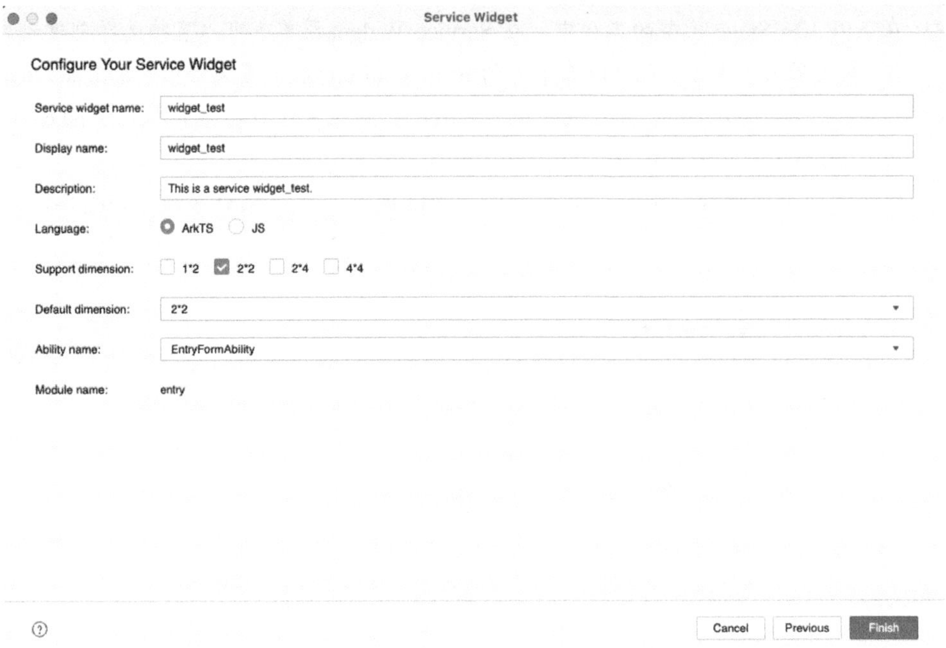

图 8-16　服务卡片配置

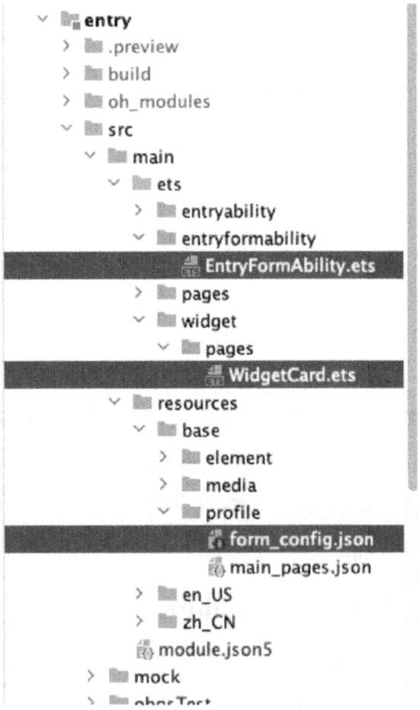

图 8-17　服务卡片项目结构

通过 IDE 本地 preview 也可以预览服务卡片的效果，如图 8-18 所示。但更多交互需要通过真机调试才可以看到效果。

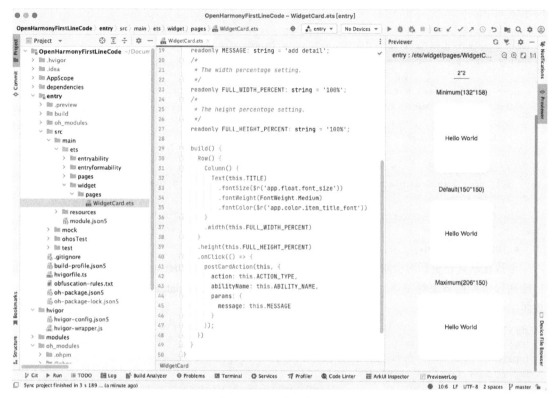

图 8-18　预览服务卡片

与 App Widget 相比，服务卡片的宿主并不只有 App，还可以有元服务，并且元服务就如同一个单独的应用程序，可以脱离 App 单独进行发版，这种方式非常灵活。

8.3　服务卡片的生命周期与应用

FormExtensionAbility 为卡片扩展模块提供了以下生命周期的回调函数，需要继承并复写对应的生命周期。

8.3.1　生命周期

FormExtensionAbility 常用的生命周期如下所示。

- onAddForm。

创建卡片时会触发该生命周期，可以初始化卡片数据或者获取并持久化一些卡片信息，代码示例如下。

```typescript
import FormExtensionAbility from '@ohos.app.form.FormExtensionAbility';
import formBindingData from '@ohos.app.form.formBindingData';
import Want from '@ohos.app.ability.Want';

export default class MyFormExtensionAbility extends FormExtensionAbility {
  onAddForm(want: Want) {
    let data = new Record<string, string> = {
      'title': '我是标题'
    };
    // 初始化卡片数据
    let info: formBindingData.FormBindingData = formBindingData.createFormBindingData(data);
    return info;
  }
}
```

- onUpdateForm。

卡片在周期性更新时会触发该生命周期，例如调用 formProvider.setFormNextRefreshTime 接口或通过定期刷新来触发该生命周期。可以使用 formProvider.updateForm 接口刷新卡片数据，代码示例如下。

```typescript
import FormExtensionAbility from '@ohos.app.form.FormExtensionAbility';
import formBindingData from '@ohos.app.form.formBindingData';
import formProvider from '@ohos.app.form.formProvider';
import Base from '@ohos.base';

export default class MyFormExtensionAbility extends FormExtensionAbility {
  onUpdateForm(formId: string) {
    let param: Record<string, string> = {
      'title': '我是修改后的标题'
    }
    let obj: formBindingData.FormBindingData = formBindingData.createFormBindingData(param);
    formProvider.updateForm(formId, obj).then(() => {
      console.log(`success`);
    }).catch((error: Base.BusinessError) => {
      console.error(`failed, data: ${error}`);
    });
  }
};
```

- onFormEvent。

卡片提供方接收处理卡片事件的通知接口，例如通过卡片的交互来调用 postCardAction() 方法。当该方法的 action 参数为 message 时，会触发该生命周期。例如，以下是接收 message 的代码示例。

```
import FormExtensionAbility from '@ohos.app.form.FormExtensionAbility';

export default class MyFormExtensionAbility extends FormExtensionAbility {
  onFormEvent(formId: string, message: string) {
    console.log(`onFormEvent, formId: ${formId}, message: ${message}`);
  }
};
```

- onRemoveForm。

卡片销毁时会触发该生命周期，以下为代码示例。

```
import FormExtensionAbility from '@ohos.app.form.FormExtensionAbility';

export default class MyFormExtensionAbility extends FormExtensionAbility {
  onRemoveForm(formId: string) {
    console.log(`onRemoveForm, formId: ${formId}`);
  }
};
```

- onCastToNormalForm。

卡片提供方接收临时卡片转常态卡片的通知接口。

- onChangeFormVisibility。

卡片提供方接收修改可见性的通知接口。

- onConfigurationUpdate。

当系统配置更新时调用。

- onAcquireFormState。

卡片提供方接收查询卡片状态通知接口。

详细案例可以通过 HarmonyOS 了解，后续会介绍一些常用的生命周期的使用方法，这里不再一一举例。

8.3.2　extensionAbilities 配置

由于 FormExtensionAbility 由 extensionAbilities 派生而来，所以服务卡片需要在 module.json5 配置文件中的 extensionAbilities 标签下配置 FormExtensionAbility 的相关信息。

```
{
  "module": {
    ...
    "extensionAbilities": [
      {
        "name": "EntryFormAbility",
        "srcEntry": "./ets/entryformability/EntryFormAbility.ets",
        "label": "$string:EntryFormAbility_label",
```

```json
      "description": "$string:EntryFormAbility_desc",
      "type": "form",
      "metadata": [
        {
          "name": "ohos.extension.form",
          "resource": "$profile:form_config"
        }
      ]
    }
  ]
}
```

8.3.3　卡片相关的配置文件

以下为卡片的 main/resources/base/profile/form_config.json 文件的配置。

```json
{
  "forms": [
    {
      "name": "widget_test",
      "description": "This is a service widget_test.",
      "src": "./ets/widget_test/pages/Widget_testCard.ets",
      "uiSyntax": "ArkTS",
      "colorMode": "auto",
      "isDefault": false,
      "updateEnabled": false,
      "scheduledUpdateTime": "10:30",
      "updateDuration": 1,
      "defaultDimension": "2*2",
      "supportDimensions": [
        "2*2",
        "1*2",
        "2*4",
        "4*4"
      ]
    }
  ]
}
```

form_config.json 文件的详细配置含义如下所示。
- colorMode：颜色模式，表示卡片的主题样式，取值范围如下。
  ◊ auto：跟随系统的颜色模式值选取主题，默认为 auto。
  ◊ dark：深色主题。
  ◊ light：浅色主题。

- isDefault：是否为默认卡片，取值包括 true 和 false。
- updateEnabled：表示卡片是否支持周期性刷新（包含定时刷新和定点刷新），取值范围如下。
  - ◊ true：支持周期性刷新，可以定时刷新。
  - ◊ false：关闭周期性刷新。

服务卡片在官方文档中主要有两种周期性刷新方式：一种是定点刷新，指在每天的某个时间点刷新，即 scheduledUpdateTime；另一种是定时刷新，指间隔固定的时间后刷新，即 updateDuration；两者同时配置时，以 updateDuration 配置的刷新时间为准。

- scheduledUpdateTime：卡片定点刷新的时间，24 小时制精确到分钟，例如 10:30，代表每天 10:30 刷新。
- updateDuration：卡片定时刷新的更新周期，单位为 30 分钟，取值为自然数。当取值为 0 时，表示该参数不生效。当取值为正整数 N 时，表示刷新周期为 $30 \times N$ 分钟。
- supportDimensions：表示卡片支持的外观规格，取值范围如下。
  - ◊ 1 * 2：表示 1 行 2 列的二宫格。
  - ◊ 2 * 2：表示 2 行 2 列的四宫格。
  - ◊ 2 * 4：表示 2 行 4 列的八宫格。
  - ◊ 4 * 4：表示 4 行 4 列的十六宫格。
- defaultDimension：表示卡片默认的外观规格，取值同 supportDimensions。

8.3.4 手动触发下一次更新时间

虽然以上两种刷新方式已经可以满足绝大多数的卡片刷新需求，但还是不够灵活。首先，这些时间的设置都需要在 config.json 的 forms 模块中配置，应用安装后想要修改刷新的时间就很难。

另外，一些提醒类的应用需要自己设置下次刷新提醒的时间，通过在 forms 中配置时间的方式无法满足这种需求。此外，定时刷新的时间间隔最低是 30 分钟，会导致刷新迟滞的问题。

针对这种情况，服务卡片提供了动态定时刷新的接口 setFormNextRefreshTime，可以让卡片提供方来设置下次的定时刷新时间。不过这种方式有以下几个限制。

- 刷新时间最小间隔是 5 分钟。
- 开机后，最多定时刷新 50 次，在每天的 0 点更新。
- 如果卡片可见，则触发卡片刷新。如果卡片不可见，则记录刷新动作，等待可见后统一刷新。

通过 formProvider.setFormNextRefreshTime(formId,minute)可以设置指定卡片的下一次更新时间，参数信息如下所示。

- formId：卡片标识的唯一 ID。
- minute：指定多久之后更新，单位为分钟，取值为大于或等于 5。

以下为代码示例。

```
var formId = '12400633174999288';
try {
  formProvider.setFormNextRefreshTime(formId, 5).then(() => {
    console.log('formProvider setFormNextRefreshTime success');
  }).catch((error) => {
    console.log('formProvider setFormNextRefreshTime, error:' + JSON.stringify(error));
  });
} catch (error) {
  console.log(`catch err->${JSON.stringify(error)}`);
}
```

8.3.5 数据操作

服务卡片的数据操作需要使用 formBindingData 模块来绑定。使用 createFormBindingData() 方法来创建卡片数据对象。如果卡片不是首次加载的，例如在触发 onUpdateForm 生命周期时，则需要使用 formProvider.updateForm 来修改卡片数据。updateForm 触发的时机与流程如图 8-19 所示。

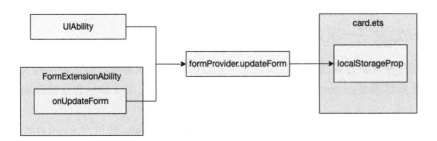

图 8-19 updateForm 触发的时机与流程

以下为初始化卡片数据和更新卡片 UI 数据的代码示例。

```
import FormExtensionAbility from '@ohos.app.form.FormExtensionAbility';
import formBindingData from '@ohos.app.form.formBindingData';
import Want from '@ohos.app.ability.Want';
export default class EntryFormAbility extends FormExtensionAbility {
  // 创建卡片
  onAddForm(want: Want) {
    let formData = {
      List: []
    };
```

```
    // 初始化卡片数据，直接返回数据即可
    return formBindingData.createFormBindingData(formData);
  }
  // 卡片数据更新
  onUpdateForm(formId: string) {
    let formData = {
      List: [
        'test1',
        'test2'
      ]
    };
    const info = formBindingData.createFormBindingData(formData)
    // 需要通过 update 来更新卡片数据
    formProvider.updateForm(formId, info)
  }
}
```

8.3.6 举例

在 UIAbility 的页面内，通过 formProvider.updateForm 来更新卡片信息。当卡片第一次进入 App 时，即冷启动，会触发 UIAbility 的 onCreate 生命周期。如果 Ability 已经创建完成，在卡片的路由跳转下将后台的 App 拉起到前台，即热启动，则会触发 Ability 的 onNewWant 生命周期。刷新前的卡片效果如图 8-20 所示。

图 8-20　刷新前的卡片效果

以下为卡片交互第一次和多次进入 App 时通过 AppStorage 缓存卡片唯一 ID 的代码示例。

```
const formIdKey = "ohos.extra.param.key.form_identity";
export default class EntryAbility extends UIAbility {
  // 通过卡片第一次进入 Ability，触发 onCreate
  onCreate(want, launchParam) {
    if (want.parameters[formIdKey] !== null) {
      AppStorage.SetOrCreate('formId', want.parameters[formIdKey])
    }
```

```
}
// Ability 已经创建完成
// 通过卡片的路由跳转进入 Ability，触发 onNewWant
onNewWant(want: Want) {
  if (want.parameters[formIdKey] !== null) {
    AppStorage.SetOrCreate('formId', want.parameters[formIdKey])
  }
}
}
```

以下为卡片的"刷新"按钮通过 AppStorage 获取 formId 后，再通过 formProvider.updateForm 来更新卡片中的 List 数据的代码示例。

```
Button('刷新')
.onClick(() => {
  if (AppStorage.Has('formId')) {
    let formId = AppStorage.Get('formId') as string
    let formData = {
      List: [
        'test1',
        'test2'
      ]
    }
    const info = formBindingData.createFormBindingData(formData);
    formProvider.updateForm(formId, info, (err) => {
      if (err) {
        console.log('请添加卡片')
      }
    })
  }
})
```

刷新后的卡片效果如图 8-21 所示。

图 8-21　刷新后的卡片效果

8.4 服务卡片的交互与应用

虽然通过周期性的更新可以获取数据，但是也有通过与卡片交互来进行刷新的需求。卡片刷新机制的本质就是通过专门的接口，即 router 机制、call 机制或者 message 机制，拉起相关后台，改变特定桌面卡片的 LocalStorage 参数，以实现桌面卡片的 UI 更新。

卡片刷新流程如图 8-22 所示。

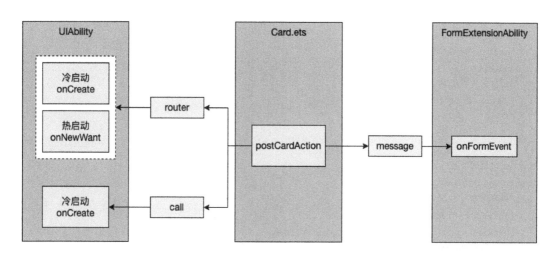

图 8-22　卡片刷新流程

每张卡片都有一个独立的 LocalStorage，可以用来存储页面级变量，互相隔离。

router 机制、call 机制与 message 机制都可以用来刷新桌面卡片。三种机制的数据都以 JSON 格式进行配置，并使用 formBindingData.createFormBindingData 函数构建数据对象。

主要区别如下。

- router 机制会直接打开应用界面，效果类似于单击桌面图标。可以携带参数打开 App，直接进入应用内部的某个特定页面，或者触发某项功能，更适用于桌面卡片结构复杂或者需要用户参与自定义卡片内容的场景。
- call 机制不打开应用界面，仅在后台拉起 App 默认的 UIAbility，来执行 UIAbility 内部的相关代码，相关代码需要事先订阅，UIAbility 销毁后要及时清除。call 机制不受 5 秒时长的限制，可以先实现复杂且费时的数据加载，再提供给桌面卡片进行刷新。
- message 机制则不涉及应用的 UIAbility，只是拉起桌面卡片自己的 FormAbility，也可以刷新卡片，但仍然受 5 秒时长的限制，更适合轻量化地实现卡片内容的刷新。

8.4.1 action 为 router

当 action 为 router 时，可以跳转到指定的 UIAbility，并且在跳转过程中也可以携带参数。下面我们看一个示例，在单击卡片上的两个按钮时，根据参数跳转到两个不同的页面。

1. 以下为卡片代码的示例

```
Button('首页').onClick(() => {
  postCardAction(this, {
    // 跳转方式为 router
    'action': 'router',
    // 跳转到 EntryAbility
    'abilityName': 'EntryAbility',
    'params': {
      // 自定义要发送的 message
      'message': 'add detail'
    }
  })
})
Button('测试页面').onClick(() => {
  postCardAction(this, {
    // 跳转方式为 router
    'action': 'router',
    'bundleName': 'com.example.myapplication',
    // 跳转到 EntryAbility
    'abilityName': 'EntryAbility',
    'params': {
      // 自定义要发送的 router
      'curPage': 'test',
      // 自定义要发送的 message
      'message': 'add detail'
    }
  })
})
```

卡片效果如图 8-23 所示。

2. EntryAbility 处理

action = router 时会启动 App，并触发 EntryAbility 对应的 onNewWant()方法或者 onCreate()方法，参数会被放在 want 对象中。通过 globalThis 来存储 params，这样在 EntryAbility 和页面之间都可以使用 globalThis 进行通信。代码如下所示。

第 8 章 HarmonyOS 元服务开发与应用

图 8-23 卡片效果

```
// 缓存 WindowStage
let curWindowStage:window.WindowStage | null = null
export default class EntryAbility extends UIAbility {
  onCreate(want, launchParam) {
    const params = want.parameters!.params
    if (params) {
       globalThis.params = params
    }
  }
  onNewWant(want: Want) {
    const params = want.parameters!.params
    if (params) {
    // 调用 onWindowStageCreate 加载页面
       globalThis.params = params
        curWindowStage && this.onWindowStageCreate(curWindowStage)    }
  }
  onWindowStageCreate(windowStage): void {}
}
```

onNewWant 和 onCreate 处理完成后会调用 onWindowStageCreate() 方法,使用 windowStage.loadContent 来跳转到指定的页面,通过 params 上的 curPage 属性来决定跳转到哪个页面。例如单击"首页"按钮后进入 pages/Index 页面。Index 页面如图 8-24 所示。

图 8-24　Index 页面

onWindowStageCreate()方法的处理代码如下所示。

```
let curWindowStage: window.WindowStage | null = null
export default class EntryAbility extends UIAbility {

  onWindowStageCreate(windowStage: window.WindowStage): void {
    if (curWindowStage === null) {
      curWindowStage = windowStage
    }
    let params = JSON.parse(globalThis?.params) as Record<string, string>
    let curPage = ''
    switch (params.curPage) {
      case "test":
        curPage = 'pages/test'
      default:
        curPage = 'pages/Index'
    }
    windowStage.loadContent(curPage, (err, data) => { })
  }
}
```

在跳转到具体页面时，通过 onPageShow 生命周期来获取 globalThis 上的参数，更新页面中的 message 数据。单击"测试页面"按钮跳转到 test 页面，如图 8-25 所示。

图 8-25　test 页面

test 页面的代码如下所示。

```
// pages/test.ets
@Entry
@Component
struct Index {
  @State message: string = 'Hello World';
  onPageShow(){
    if(globalThis.params){
        // 获取 globalThis 的 params
        // 从 HelloWorld 改为 add detail
      this.message = JSON.parse(globalThis.params).message || this.message
    }
  }
  build() {
    Row() {
      Column() {
        Text(this.message)
          .fontSize(50)
          .fontWeight(FontWeight.Bold)
      }
      .width('100%')
    }
```

```
      .height('100%')
  }
}
```

8.4.2　action 为 message

当 action 为 message 时，会触发 EntryFormAbility 的 onFormEvent 生命周期。用户可以在这个生命周期中通过 formProvider.updateForm()方法修改卡片数据。下面我们举个例子，单击卡片上的"刷新"按钮，刷新卡片的数据。

初始化卡片，通过 LocalStorageProp 管理 list 数据，设置几条默认数据，代码如下所示。

```
// Card.ets
@Entry
@Component
struct Widget {
  @LocalStorageProp('List') list: string[] = [
    '测试,昨日热点消息 1',
    '测试,昨日热点消息 2',
    '测试,昨日热点消息 3',
  ];
  build() {
    Row() {
      Column(){
        // 文字列表
        ForEach(this.list,(item)=>{
          Text(`${item}`)
        })
      }.width('50%')
      Column() {
        // "刷新"按钮
        Button('刷新')
          .onClick(() => {
            postCardAction(this, {
              'action': 'message',
              'params': {
                'msgTest': 'messageEvent'
              }
            })
          })
      }
      .width('50%')
    }
    .height('100%')
  }
}
```

刷新前的卡片效果，如图 8-26 所示。

图 8-26 刷新前的卡片效果

单击"刷新"按钮，将触发 postCardAction()方法，通过 action=message 方式，触发 onFormEvent 生命周期。在这里构建一个新的 list，然后使用 formProvider.updateForm 来更新服务卡片的 LocalStorageProp 中 list 的数据，从而实现卡片页面的改变，代码如下所示。

```
export default class EntryFormAbility extends FormExtensionAbility {
  onFormEvent(formId: string, message: string) {
  // 设置一个新的 list 数据
    let formData: Record<string, string[]> = {
      'List': [
        '测试,今日热点消息1',
        '测试,今日热点消息2',
        '测试,今日热点消息3',
      ]
    }
    // 构造卡片数据
    const info = formBindingData.createFormBindingData(formData)
    // 更新卡片数据
    formProvider.updateForm(formId, info, (err) => {
      if (err) {
        console.log(JSON.stringify(err))
      }
    })
  }
}
```

单击"刷新"按钮后，刷新后的卡片效果如图 8-27 所示。

图 8-27 刷新后的卡片效果

8.4.3 action 为 call

当 action 为 call 时，可以将指定的 UIAbility 拉到后台，也可以调用应用指定的方法和传递数据，使得应用在后台运行时通过卡片上的按钮执行不同的功能。下面我们看一个例子，通过单击卡片上的"发布通知"按钮来下发一个通知栏的通知。

使用 call 需要申请后台任务权限，在 module.json5 文件中开启后台运行的权限，代码如下所示。

```
{
  "module": {
    "requestPermissions": [
      {"name": 'ohos.permission.KEEP_BACKGROUND_RUNNING'}
    ]
  }
}
```

编写一个按钮卡片，指定单击后会触发 EntryAbility 的 funA 的事件方法，代码如下所示。

```
@Entry()
@Component
struct Widget1Card {
  build() {
    Row() {
      Button('发布通知')
        .onClick(()=>{
```

```
                postCardAction(this, {
                    'action': 'call',
                    // 只能跳转到当前应用下的 UIAbility
                    'abilityName': 'EntryAbility',
                    'params': {
                        // 在 EntryAbility 中调用的方法名
                        'method': 'funA'
                    }
                });
            })
        }
    }
}
```

卡片效果如图 8-28 所示。

图 8-28　卡片效果

在 EntryAbility 的 onCreate 里通过 this.callee 绑定事件 funA，通过 call 来触发 funA 事件，发布一个通知 test。

```
export default class EntryAbility extends UIAbility {
    onCreate(want, launchParam) {
        // 事件绑定
        this.callee.on('funA', FunACall);
    }
    onDestroy() {
        // 事件销毁
```

```
      this.callee.off('funA');
  }
}
function FunACall(data) {
  // 发布通知
  let notificationRequest = {
    id: 1,
    content: {
      contentType: Notification.ContentType.NOTIFICATION_CONTENT_BASIC_TEXT,
      normal: {
      // 通知标题
        title: "test",
      // 通知文案
        text: "test",
        additionalText: "test_additionalText"
      }
    }
  };
  Notification.publish(notificationRequest);
  return null;
}
```

单击"发布通知"按钮后，下拉通知栏看到的效果如图 8-29 所示。

图 8-29 "发布通知"效果

要合理使用卡片的刷新机制，避免出现耗时任务，以防卡片增加能耗或未及时更新数据。

注：HarmonyOS API 9+ 的桌面卡片出于降低系统能耗的目的，被限制了只有 5 秒的活动时间。超过 5 秒以后，桌面卡片的相关进程会被强制销毁，变成一个静态页面。

8.5 编写一个待办列表

结合前面的知识来编写一个待办列表的元服务，效果如图 8-30 和图 8-31 所示。

图 8-30　服务卡片

图 8-31　首页

8.5.1　目录结构

可以按照 8.1.1 节创建一个 todoList 的元服务项目，目录结构大概如下代码所示。

```
entry/main/ets
    ---common
        // 数据操作类
        ---index.ets
```

```
---entryability
    // UIAbility
    ---EntryAbility.ets
---entryformability
    // 服务卡片生命周期
    ---EntryFormAbility.ets
---pages
    // 首页
    ---Index.ets
---widget/pages
    // 默认的服务卡片
    ---WidgetCard.ets
```

8.5.2 首页

元服务项目的首页代码如下所示。

```
// entry/src/main/ets/pages/Index.ets
import myMap from '../common';
interface todoList {
    text: string
    isDone: boolean
}
@Entry
@Component
struct Index {
    @State list: todoList[] = []
    @State text: string = ''
    // 控制
    controller: TextInputController = new TextInputController()
    @Builder
    todoCheck(item: todoList, index: number) {...}
    @Builder
    todoItem(item: todoList, index: number) {...}
    // 页面初始化时会触发该生命周期
    async onPageShow(){...}
    build() {
        // 构造搜索栏
        Flex({ alignItems: ItemAlign.Center }) {
            TextInput({
                text: this.text,
                placeholder: '请输入内容...',
                controller: this.controller
            })
            .onChange((value: string) => {
                this.text = value
```

```
            })
            Button('添加')
            .onClick(async () => {
                if (this.text.trim() !== '') {
                    this.list.push({
                        text: this.text,
                        isDone: false
                    })
                    await myMap.getInstance().setValue(getContext(this), this.list)
                    this.text = ''
                }
            })
        }
        // 循环展示列表中的选项
        ForEach(this.list, (item: todoList, index) => {
            Flex({ alignItems: ItemAlign.Center }) {
                this.todoItem(item, index)
            }
        })
    }
}
```

列表中每项都封装为 todoItem 组件，todoItem 组件的代码如下所示。

```
// entry/src/main/ets/pages/Index.ets
// 列表展示的每项
@Builder
todoItem(item: todoList, index: number) {
    Flex({ alignItems: ItemAlign.Center }) {
        // 选中按钮
        this.todoCheck(item, index)
        // 内容消息
        Text(item.text)
            .decoration({
                // 如果已完成，那么加删除线
                type: item.isDone ?
                // 删除线
                TextDecorationType.LineThrough :
                TextDecorationType.None
            })
    }
}
```

可以看出，todoItem 由选中按钮组件 todoCheck 和文本组件 Text 组成，如果 todoCheck 组件是选中状态，那么 isDone 会变成 true，Text 组件也会增加一个删除线。

首页对应的 todoCheck（选中按钮组件）的逻辑代码如下所示。

```
// entry/src/main/ets/pages/Index.ets
```

```
// 选中按钮
@Builder
todoCheck(item: todoList, index: number) {
   Checkbox({ name: 'checkbox', group: 'checkboxGroup' })
      .select(item.isDone)
      .onChange((value: boolean) => {
      // 选中指定的待办时修改 list 数据，更改 UI
      this.list = this.list.map((item, i) => i === index ? ({
         text: item.text,
         isDone: value
      }) : item)
      // 更改缓存数据
      myMap.getInstance().setValue(getContext(this), this.list)   })
}
```

当单击 todoItem 的 Checkbox 时，会触发 onChange 事件来修改列表中的数据。通过数据操作类来缓存 list 数据。如果添加了服务卡片，那么相应的 UI 也会更新。这样，单击后就可以实现如图 8-32 所示的选中效果了。

图 8-32　首页待办选中效果

当用户与卡片交互时，通过数据操作类来持久化 list 数据，在展示首页时会触发 onPageShow 生命周期，通过数据操作类获取持久化的 list 并同步修改首页 UI，代码如下所示。

```
async onPageShow() {
  const p = await myMap.getInstance().getPreferences(getContext(this))
  const str = p.getSync('list','') as string
  this.list = JSON.parse(str)
}
```

8.5.3　服务卡片

以上代码构建了首页的整个样式，下面看服务卡片模块的代码。服务卡片的 UI 代码和首页区别不大，只是单击后处理的逻辑不同，整体代码如下所示。

```
// widget/pages/WidgetCard.ets
```

```
interface todoList {
    text: string
    isDone: boolean
}
@Entry
@Component
struct WidgetCard {
    @LocalStorageProp('list') list: todoList[] = []
    @Builder
    todoCheck(item: todoList, index: number) {...}
    @Builder
    todoItem(item: todoList, index: number) {...}
    build() {
        // 顶部 title
        Text('全部待办')
        // 如果为空,则展示占位文字
        if (this.list.length === 0) {
            Text('没有待办')
        }
        // 如果不为空,则展示待办列表
        ForEach(this.list, (item: todoList, index) => {
            this.todoItem(item, index)
        })
    }.onClick(() => {
        // 单击卡片会拉起元服务首页
        postCardAction(this, {
            action: 'router',
            'abilityName': 'EntryAbility'
        })
    })
}
```

服务卡片的 todoCheck（选中按钮组件）代码如下所示。

```
// widget/pages/WidgetCard.ets
// 选中按钮
@Builder
todoCheck(item: todoList, index: number) {
    Checkbox({ name: 'checkbox', group: 'checkboxGroup' })
        .select(item.isDone)
        .onChange((value: boolean) => {
            const list  = this.list.map((item, i) => i === index ? ({
                text: item.text,
                isDone: value
            }) : item)
            // 选中指定的待办时,发送 message 消息,更改 UI
```

```
        postCardAction(this, {
            'action': 'message',
            'params': {
                'list': JSON.stringify(list)
            }
        })
    })
}
```

与首页不同的是,当单击服务卡片的 todoItem 的 Checkbox 时,会使用 postCardAction 发送一个 message 事件来更新卡片的 UI。

EntryFormAbility 代码如下所示。这里主要进行了三步操作。

- 在新增卡片时,将卡片的 ID 信息持久化,以便后续根据卡片 ID 更新 UI。
- 当用户和卡片交互时,根据数据的变化更新卡片的 UI。
- 当卡片被删除时,同时删除对应的持久化的卡片 ID。

```
import { formBindingData, FormExtensionAbility, formInfo } from '@kit.FormKit';
import { Want } from '@kit.AbilityKit';
import myMap from '../common/index'

export default class EntryFormAbility extends FormExtensionAbility {
  onAddForm(want: Want) {
    let formData: Record<string, string[]> = {
      'list': []
    }
    let p = want.parameters;
    if (p) {
      let formId: string = p['ohos.extra.param.key.form_identity']
      // 为了后续的更新,初始化需要缓存卡片的 ID
      myMap.getInstance().addFormId(this.context, formId)
    }
    return formBindingData.createFormBindingData(formData);
  }

  onFormEvent(formId: string, message:string) {
      // 当用户与卡片交互时,会调用该方法触发卡片的更新
      const obj = JSON.parse(message)
    myMap.getInstance().setValue(this.context,JSON.parse(obj.list))
  }

  onRemoveForm(formId: string) {
      // 卡片被删除后,需要把对应的缓存也删除
```

```
    myMap.removeFormId(this.context,formId)
  }
};
```

8.5.4 数据操作类

下面通过数据操作类来实现卡片和 UI 交互的数据互通，代码如下所示。

```
import { formBindingData, formProvider } from '@kit.FormKit'
interface todoList {
  text: string
  isDone: boolean
}

class myMap {
  private static preferencesUtil: myMap;
  constructor() {
    this.list = []
  }
  // 单例
  public static getInstance(): myMap {
    if (!myMap.preferencesUtil) {
      myMap.preferencesUtil = new myMap();
    }
    return myMap.preferencesUtil;
  }
  //
  /**
   * 获取 Preferences 实例
   * @param context 上下文
   */
  getPreferences(context: Context): Promise<dataPreferences.Preferences> {... }
  /**
   * 每次修改都会执行该方法，并触发更新
   * @param context 上下文
   * @param list 待办列表
   */
  async setValue(context: Context, list:todoList[]) {...}
  /**
   * 根据已缓存的卡片 ID 列表来刷新所有卡片的 UI
   * @param context 上下文
   */
  async updateFormList(context: Context) {...}

  /**
```

```
 * 每新添加一张卡片，就会调用此方法，用来缓存卡片 ID
 * @param context 上下文
 * @param formId 卡片的 ID
 */
async addFormId(context: Context, formId: string) {...}
}
export default myMap
```

每次缓存待办数据时，都要通过数据操作类来获取 Preferences 实例（不了解 Preferences 的读者可参考第 6 章），这里通过 getPreferences()方法来实现，代码示例如下。

```
getPreferences(context: Context): Promise<dataPreferences.Preferences> {
    return new Promise((resolve, reject) => {
        let applicationContext = context.getApplicationContext()
        // 移除缓存中的实例，这一步非常重要，如果不操作这一步，则在多线程中会出现数据不同步的问题
        dataPreferences.removePreferencesFromCache(applicationContext, MY_STORE)
        // 获取 preferences 实例
        dataPreferences.getPreferences(applicationContext, MY_STORE, (err, pref:
dataPreferences.Preferences) => {
            if (err) {
                reject(err);
            }else{
                resolve(pref);
            }
        })
    })
}
```

每次通过 dataPreferences.getPreferences 获取 Preferences 实例时，系统都将把 Preferences 实例缓存起来，不会再从持久化中读取数据。这是一种常见的优化手段。

但是服务卡片由单独的线程管理，在多线程中可能会有不同的 Preferences 实例，这可能导致出现数据不一致的问题。

因此，通过 Preferences 实例的持久化将数据存储到磁盘。在操作数据时，先通过 dataPreferences.removePreferencesFromCache 移除缓存中的实例，再获取最新的 Preferences 实例，这样每次都可以通过持久化来获取最新的数据。

当添加一个待办或者修改待办的数据时，就会调用 setValue()方法。该方法的代码如下所示。

- 修改缓存的 list 数据，持久化缓存操作。
- 调用 updateFormList 根据缓存更新卡片的 UI。

```
/**
 * 每新增一个待办都会执行该方法
 * @param context
 * @param text
 */
async setValue(context: Context, list:todoList[]) {
```

```
    const preferences = await this.getPreferences(context)
    await preferences.put('list', JSON.stringify(list))
    preferences.flush(() => {
      this.updateFormList(context)
    })
  }
```

当新增一个卡片时,会调用 addFormId()方法,该方法的代码如下所示。
- 获取历史卡片的 formIdList,把新的卡片 ID 更新插入 formIdList,持久化缓存操作。
- 调用 updateFormList 根据缓存更新卡片的 UI。

```
async addFormId(context: Context, formId: string) {
  try {
    const preferences = await this.getPreferences(context)
    const formIdStr = await preferences.get('formIdList', '[]')
    const formIdList = JSON.parse(formIdStr)
    // 获取历史卡片的 idList,把新的卡片 ID 插入 List
    formIdList.push(formId)
    // 所有数据都要 JSON 化
    const value = JSON.stringify(formIdList)
    // 持久化缓存 List
    await preferences.put('formIdList',value)
    await preferences.flush()
    // 根据缓存更新卡片的 UI
    await this.updateFormList(context)
  } catch (e) {
    console.log('addFormId  :', e.message)
  }
}
```

updateFormList()方法可以更新所有卡片的 UI,获取通过 Preferences 中持久化的 list 数据和卡片 ID 列表,然后通过 formProvider.updateForm 来更新所有卡片的 UI 数据。

```
async updateFormList(context: Context) {
  const preferences = await this.getPreferences(context)
  const listStr = await preferences.get('list', '[]')
  const list = JSON.parse(listStr)
  const formIdStr = await preferences.get('formIdList', '[]')
  const formIdList = JSON.parse(formIdStr);
  // 更新每个卡片的数据
  formIdList.forEach((formId: string) => {
    const obj = formBindingData.createFormBindingData({
        list
    })
     formProvider.updateForm(formId, obj)
  })
}
```

8.6 本章小结

元服务是一个免安装轻量级的应用程序。每个元服务项目都有很严格的体积限制，当项目体积变大导致首屏加载缓慢时，可以通过分包和预加载来合理地优化项目性能。每个元服务项目至少要有一个默认的 2×2 服务卡片来作为元服务的独立入口，考虑到能耗降低，服务卡片的后台存活周期只有 5 秒，在后台执行任务时要避免长耗时任务。服务卡片可通过定时刷新、定点刷新、setFormNextRefreshTime API 来周期性地更新卡片数据。当用户与卡片交互时，可以通过 postCardAction 接口来与元服务（或宿主 App）交互，决定是拉起后台任务，还是刷新卡片的内容数据。

第 9 章 DevEco Studio 调试技巧

9.1 一些必备的基础知识

在开发过程中，通常需要使用 DevEco Studio 和 HarmonyOS 工具链的调试功能，以便快速定位并解决问题。

在开始介绍如何使用 DevEco Studio 进行 HarmonyOS 应用调试之前，先介绍一些必备的基础知识，以便更好地理解 HarmonyOS 的调试流程。

9.1.1 HAP 的安装流程

首先是 HarmonyOS 应用（即 HAP 文件）在手机上构建和运行的流程。在 HarmonyOS 平台，HAP 的安装和运行流程如图 9-1 所示。

图 9-1 HAP 的安装和运行流程

HAP 的编译构建由 hvigor 构建系统负责。经过 SDK 中内置的 keytool 签名后，再由 HDC 工具传输并安装在目标设备上。还需要通过 HDC 工具启动对应包名中的入口 Ability，从而启动目标应用。

可以看到，在整个流程中，HDC 工具发挥着至关重要的作用，下面对其具体介绍。

9.1.2 HDC 简介

HDC（OpenHarmony Device Connector）是 OpenHarmony 提供的命令行调试工具，类似于 Android 的 ADB（Android Debug Bridge），用于与测试设备（真机、模拟器）进行交互。

1. 常用命令

（1）targets。类似于 ADB 的 devices，使用 hdc list targets 可以列出所有可用的设备，包括模拟器和真机。如果有端口占用，或者需要重启 HDC 进程，也可以像 ADB 一样，执行 hdc kill。

（2）file。类似于 ADB 的 push、pull，用于传输文件。其中，hdc file send [本地路径] [机器路径]表示将本地文件传输到机器；hdc file recv [机器路径] [本地路径]表示将机器上的文件下载到本地。

（3）install、uninstall。类似于 ADB 的 install、uninstall，用于安装或卸载 App。其中，hdc install xx.hap 表示将 xx.hap 安装到机器；hdc uninstall com.***.xx 表示将机器上包名为 com.***.xx 的应用卸载。

（4）hilog。类似于 ADB 的 logcat，用于抓取机器日志。与 ADB 一样，也可以按照 tag、pid、level 过滤日志。除此之外，还可以按 domain、type 进行过滤。其中，hdc hilog -T XXX 表示过滤 Tag 为×××的日志，但不如直接使用 grep。后面会介绍如何使用 DevEco Studio 的 Log 工具查看日志。hdc hilog -L E 过滤 Level 为 Error 的日志。

（5）shell。类似于 adb shell，可以在 PC 端执行设备上的指令，常用指令如 aa：Ability Assistant，类似于 adb shell am（Activity Manager），用于启动、停止、打印一个 Ability。

- hdc shell aa start -a EntryAbility -b com.***.xx：启动包名为 com.***.xx 的应用中的 EntryAbility。
- hdc shell aa stop-service -a ServiceAbility -b com.***.xx：停止包名为 com.***.xx 的应用中的 ServiceAbility。
- hdc shell aa dump -a：打印所有组件信息，类似于 adb shell dumpsys，但目前打印的信息相对 ADB 少得多，基本上只有一些功能。

（6）bm（Bundle Manager）。类似于 adb shell pm（Package Manager），用于管理一个 Bundle（一般是一个应用的沙盒）内容。

bm 工具命令如表 9-1 所示。

表 9-1 bm 工具命令

命 令	描 述
help	帮助命令，显示 bm 支持的命令信息
install	安装命令，用来安装应用
uninstall	卸载命令，用来卸载应用

续表

命　令	描　述
dump	查询命令，用来查询应用的相关信息
clean	清理命令，用来清理应用的缓存和数据
enable	使能命令，用来使能应用，使能后应用可以继续使用
disable	禁用命令，用来禁用应用，禁用后应用无法使用
get	获取 udid 命令，用来获取设备的 udid
quickfix	快速修复相关命令，用来执行补丁相关操作，如补丁安装、补丁查询

（7）常用 clean 命令清空 App 的安装数据。其他 shell 支持的指令还有公共事件管理工具（common event manager，cem）、通知管理工具（advanced notification manager，anm）等，或者可以直接在设备上执行其他可执行命令，比如 ls。

2. 注意事项

由于 HDC 和 ADB 可能会绑定同样的 TCP 端口号，所以在某些情况下（同时使用 Android Studio 和 DevEco Studio 进行调试），可能会出现冲突导致错乱。如果遇到此类情况，可以在环境变量中设置 HDC_SERVER_PORT，以手动设置不同的端口号。

```
export HDC_SERVER_PORT=7035
```

设置完成，并执行 source 生效以后，再执行 hdc kill，即可恢复正常。

9.2　代码断点调试

每个 App 的开发过程都离不开断点调试阶段，HarmonyOS App 也不例外。可以在 DevEco Studio 中进行断点调试，以便逐步观察变量和表达式的计算过程，并准确地定位问题。

DevEco Studio 支持对 Previewer、模拟器和真机上运行的代码进行断点调试，但不同的目标设备可调试的范围是有差异的。

9.2.1　添加和管理断点

由于 DevEco Studio 和 Android Studio、WebStorm 等 IDE 都是基于 IntelliJ IDEA 开发的，所以添加断点的方式也和大多数 IDE 一样。如图 9-2 所示，只需要在代码左侧的边栏中单击即可。

如图 9-3 和图 9-4 所示，添加后的断点，也可以单击底部 Debug 标签，在弹出的 Breakpoints 对话框中统一管理。

```
 6        build() {
 7          Row() {
 8            Column() {
 9              Text(this.message)
10                .fontSize(50)
11                .fontWeight(FontWeight.Bold)
12            }
13            .width('100%')
14          }
15          .height('100%')
16        }
```

图 9-2　添加断点

图 9-3　DevEco Studio 的 Debug 标签

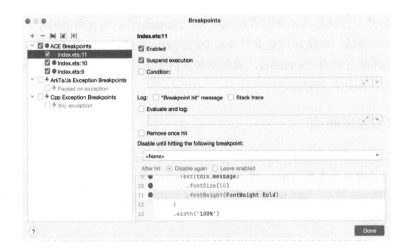

图 9-4　查看所有断点

"ACE Breakpoints"代表 ArkTS 代码的断点,"Cpp Exception Breakpoints"代表 C++代码的断点。

9.2.2 启动调试

在熟练使用 Android Studio 对 Android 进程进行调试后,对 DevEco Studio 启动调试的方式也会较为熟悉,如图 9-5 所示。

图 9-5　选取设备并启动调试

如果需要对已经运行的进程进行断点调试(比如扫码安装的 App),可以单击"附加调试进程"按钮,并在弹出的对话框中选择需要调试的进程,如图 9-6 所示。待 Debugger 附加完成后,

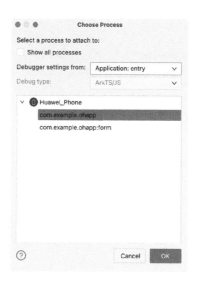

图 9-6　选择需要调试的进程

即可进行断点调试。值得注意的是，如果 App 有元服务卡片等独立进程，则可能会在对话框中出现多个同样包名的条目。

在运行和调试每个 HarmonyOS 项目之前，都要注意配置运行选项，其入口如图 9-7 所示。

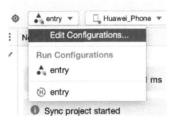

图 9-7　配置运行选项入口

首先，可以根据需要配置 **Keep Application Data**，默认是不勾选的。每次安装运行时，都会自动清理 App 沙盒数据。如果勾选此复选框，则不会清理 App 沙盒数据，如图 9-8 所示。

图 9-8　勾选 Keep Application Data 复选框

第 9 章 DevEco Studio 调试技巧

其次,如果是多 Module 的 App,则需要正确选择包含 EntryAbility 的 Module,否则无法运行,如图 9-9 所示。

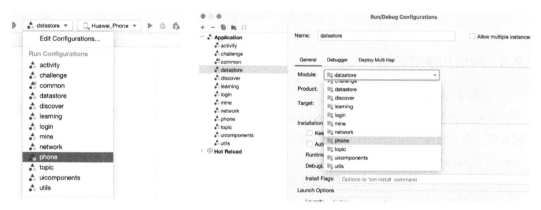

图 9-9 选择正确的 Module

另外,对于多 Module 的 App,在首次运行时,通常需要正确勾选 Deloy Multi Hap Packages 复选框,否则在运行时报错(**error: dependent module does not exist.**)。

```
12/17 20:46:12: Install Failed: error: failed to install bundle.
code:9568305
error: dependent module does not exist.
View detailed instructions.
Error while Deploy Hap
```

如遇到以上错误,可在如图 9-10 所示的界面中勾选依赖的模块。

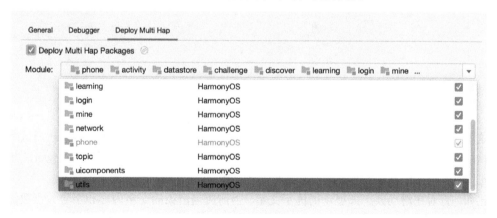

图 9-10 勾选依赖的模块

如果需要使用热重载(Hot Reload)功能,则需要确保运行的选项设置为 Hot Reload 类型,否则 Hot Reload 将不可用,如图 9-11 所示。

图 9-11　启动热重载

9.2.3　ArkUI 逻辑调试

1. 使用 Previewer 的限制

如果无法使用模拟器（没有 Apple Silicon CPU 的电脑），也没有运行 HarmonyOS NEXT 系统的真机，那么只能使用 Previewer 进行调试了，但很多功能会受限。

- 不支持 Ability、App、MultiMedia 等模块。
- 不支持通过相对路径及绝对路径的方式访问 resources 目录下的文件。
- 不支持组件拖曳。
- 不支持 Richtext、Web、Video、XComponent 组件。
- Har 与真机、模拟器上的表现存在差异。
- 不支持 Attach Debugger。

所以，Previewer 只能用于简单调试 UI 样式和一些简单的交互逻辑。

2. 调试 UI 渲染逻辑

如图 9-12 所示，以"字号大小滑动条"的组件为例。该组件的功能是实现一个 App 字号大小的设置和效果预览，用户可以拖动滑块或直接单击滑动条的某个区域，实时看到字号的变化，以选择所需要的字体大小。

图 9-12　字号大小滑动条组件

这里使用 Previewer（如图 9-13 所示，模拟器和真机的效果也一样）来举例说明调试组件渲染逻辑的过程。需要注意的是，如果使用 Previewer 进行调试，则需要选择 Previewer，并单击 Debug 按钮运行（直接单击侧边栏预览组件效果的 Previewer 不能进行断点调试）。

比如，查看在滑动条上部展示的提示文字、当前应当渲染的文字内容和字号大小数值。如图 9-14 所示，可以看到当前的组件在 Previewer 中进入调试流程后，程序暂停在打断点的一行，同时在 Debug 标签界面中展示了临时变量和一些类成员变量的信息，可以实时查看当前各类变量的计算结果和类型。但是，此时各类组件的信息是无法直接获取的，只能查看操作的一些变量。

第9章 DevEco Studio 调试技巧

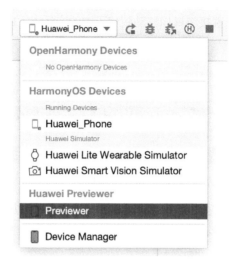

图 9-13　选择 Previewer 进行 UI 预览

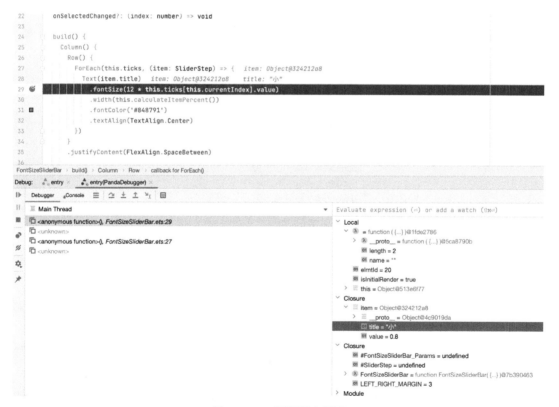

图 9-14　UI 逻辑断点调试

如图 9-15 所示，也可以直接将鼠标移动到代码中的变量上，IDE 会在浮层中展现所指的对象当前的实时计算结果。

图 9-15　变量值浮层

值得注意的是，在 this 对象中所看到的类成员变量，都被添加了前缀__，且无法直接获取想要的变量值，如图 9-16 所示。

图 9-16　类成员变量值

这是因为 ArkTS 在实际运行时会对代码中声明的成员变量进行封装，如果需要获取类成员变量的当前值，建议直接在"评估表达式"文本框中输入代码，以便更直接地获取变量值。如

第 9 章　DevEco Studio 调试技巧

图 9-17 所示，可以在 result 中看到当前 this.currentIndex 的数值为 1。

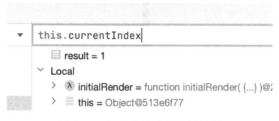

图 9-17　查看表达式的计算结果

之后在 Previewer 中尝试拖动滑块，调试手势事件，如图 9-18 所示。

图 9-18　调试手势事件

在 Debug 标签中，也会呈现出当前手势的信息（X 坐标、Y 坐标、手势类型等），可以根据实际需要，并结合 Evaluate Expression 功能随时调整代码逻辑，如图 9-19 所示。完成调试后，使用 Resume Program 功能解除断点，代码将会继续执行直至完毕，并在 Previewer 中展示最终的效果。

图 9-19　继续执行程序后的字号变化

9.2.4　C/C++调试

在使用 C/C++开发 NAPI 项目时，DevEco Studio 也支持对 Native 代码进行调试，其底层是基于 lldb 实现的。对于 lldb 的常用操作、命令（例如 po）和调试经验，也可以直接使用。

1. 开启 Native 调试支持

由于 DevEco Studio 默认只开启 ArkTS 代码的调试器，如果需要在 IDE 中调试 C/C++代码，首先需要开启 Native Debugger，如图 9-20 所示。

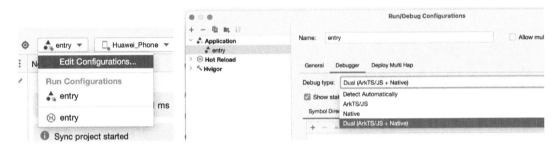

图 9-20　开启 ArkTS + Native 代码调试模式

建议使用 **Dual（ArkTS/JS + Native）** 模式，这样 IDE 在调试模式下，不论 ArkTS 代码还是 C/C++代码都可以断点。

另外，为了提升 C/C++代码的调试效率和体验，DevEco Studio 还提供了一套独特的功能，即时光调试（Time Travel Debug），建议开启此功能。具体方法是在 Settings（Windows）/ Preferences（macOS）界面中，单击 Build Execution→Deployment→Debugger→C++ Debugger，勾选 Enable time travel debug 复选框，如图 9-21 所示。

配置完 Native 调试支持后，再重新运行或直接进入 Debug 模式，IDE 就可以自动对 C/C++代码进行断点了。

如图 9-22 所示，此时可以发现 Debug 标签下多出了一个 Native 调试器 Tab（ArkTS 调试只有一个 PandaDebugger）。

第 9 章　DevEco Studio 调试技巧

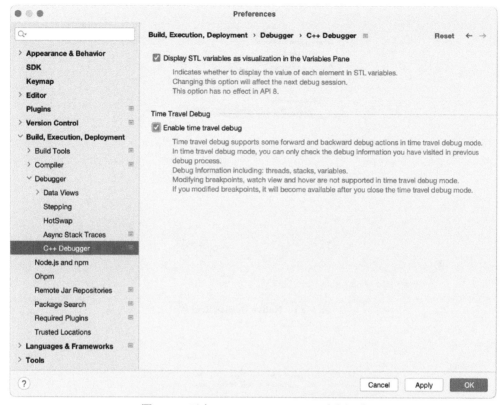

图 9-21　开启 DevEco Studio C/C++ 时光调试

图 9-22　Native 调试器 Tab

同时，如图 9-23 所示，在附加调试器到目标进程的对话框中，Debug type 也由原先的 ArkTS/JS 变成了配置的 Debug type。

2. 调试 Native 代码

C/C++ 代码添加断点的方式与 ArkTS 相同，此处不再赘述，如图 9-24 所示。可以通过直接重新运行或附加调试器的方式，进入代码调试的过程。

219

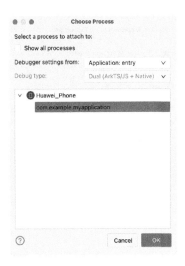

图 9-23 Native 附加调试进程

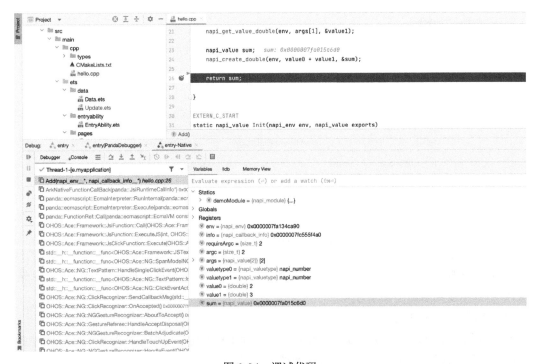

图 9-24 调试代码

第 9 章 DevEco Studio 调试技巧

与 ArkTS 代码调试类似，DevEco Studio 也提供了调用栈信息和本地变量的当前计算结果，可以观察当前变量，例如 sum、value0、value1 的计算结果。

由于 NAPI 会对实际类型进行封装，所以这里看到的 sum 只是一个内存地址，如果需要查看实际值，则通过调用 NAPI 的拆箱方法来获取。

也可以使用类似 po 的 lldb 指令，直接查看表达式的计算结果，如图 9-25 所示。

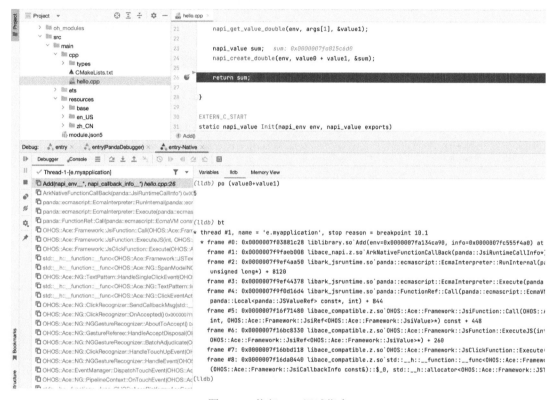

图 9-25　执行 lldb 调试指令

3. 时光调试

其实时光调试本身并不是一种新的"黑科技"，其基本原理是 DevEco Studio 记录了 Debug 的历史信息，以方便开发者回溯。在"设置"中开启 Time Travel Debug 后，启动 App 调试，在 Native 调试器中就会展示如图 9-26 所示的按钮。

单击该按钮后，可以切换时光调试。开启后，会进入历史调试信息模式，只能在已经设置的断点之间跳转，如图 9-27 所示。

假如已经添加了足够多的断点，那么时光调试模式将会自动记录这些断点时的信息。单击"前进"或"后退"按钮，即可在调试器中看到调用堆栈和变量值的变化历史。

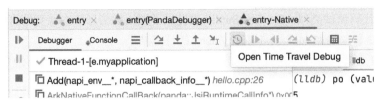

图 9-26 切换时光调试

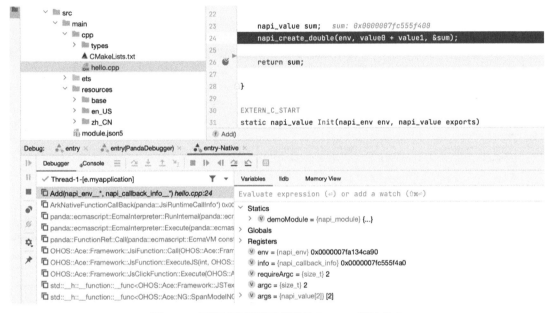

图 9-27 切换时光调试后普通的 Resume 无法单击

需要注意的是，在时光调试模式中，无法实时计算表达式、添加 watch，也不能使用 lldb 指令。

更多的调试相关快捷键可以在本章末尾查看。

9.3 使用 ArkUI Inspector 调试 UI 布局信息

断点调试仅局限于调试代码逻辑。如果需要调试实际展示给用户的界面信息，则需要使用 UI 调试工具。DevEco Studio 提供了 ArkUI Inspector，方便开发者调试 UI 渲染信息。

自定义的组件或页面往往会在某些时候呈现出不符合预期的效果。这个时候就需要借助 ArkUI Inspector 工具来查看实时的 View 布局情况。这个工具类似于 Android Studio 的 Layout Inspector 及 Xcode 的 Debug View Hierarchy。

需要注意的是，此工具只支持模拟器和真机，在 Previewer 上无法抓取！

首先，需要将 App 运行在模拟器或者真机上，并且保持在需要抓取布局信息的页面上。

然后，在 DevEco Studio 底部切换到 ArkUI Inspector 界面，并选取需要抓取的进程，如图 9-28 所示。

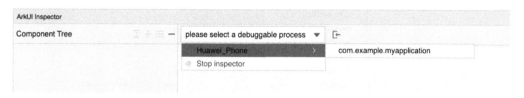

图 9-28　选取需要抓取的进程

Inspector 在成功抓取 View 之后，会在左侧呈现组件的树状结构，在右侧呈现所选中组件的非常详细、丰富和具体的属性信息，如图 9-29 所示。

图 9-29　ArkUI Inspector 界面

假如发现当前 View 的渲染位置不符合预期，有可能是布局属性或偏移位置出现了错误，如图 9-30 所示。根据 Inspector 展现的信息，可以快速定位，这里可能是因为 translate 中的 X 移位计算错误。

如图 9-31 所示，Attributes 列表也支持直接输入关键词进行搜索或过滤，方便关注重要的信息。

DevEco Studio 提供的 ArkUI Inspector 的静态调试能力与 Android 的 Layout Inspector、Flutter Inspector 相似，但在功能上相对较为基础。例如，它不支持实时更新（需要手动单击刷新），不能直接在 Inspector 界面上对 View 进行操作，不能像 Xcode 或最新的 Android Studio 一样以 3D 形式展现组件层级，也不支持将本次抓取的 View 信息保存在本地。

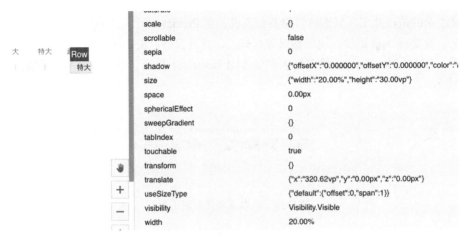

图 9-30 抓取的 View 详细信息

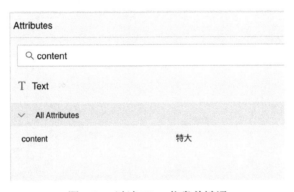

图 9-31 过滤 View 信息关键词

9.4 WebView 的调试

由于 HarmonyOS 的 Web 组件基于 Chromium 内核，因此与 Android 的 WebView 一样，可以使用 Chrome 浏览器的 DevTools 调试 H5 页面，如图 9-32 所示。

首先，需要调用 setWebDebuggingAccess()方法，将 Web 组件的 Debug 开关设置为 true，示例代码如下。

```
import webView from '@ohos.web.webview';
@Component
@Entry
struct WebPage {
  private controller: webView.WebviewController = new webView.WebviewController();
```

```
aboutToAppear() {
  // 配置 Web 开启调试模式
  webView.WebviewController.setWebDebuggingAccess(true);
}
build() {
  Column() {
    Web({ src: "https://m.***.com", controller: this.controller })
      .javaScriptAccess(true)
      .width('100%')
      .height('100%')
  }
}
```

启动后，使用 hdc 命令进行 TCP 端口转发（9222 端口）。

```
hdc fport tcp:9222 tcp:9222
# Forwardport result:OK
```

然后，在计算机上的 Chrome、Edge 等 Chromium 内核的浏览器中访问 chrome://inspect，就能看到 HarmonyOS 设备上的调试对象了。

图 9-32　调试 Web 组件上的 H5 页面

单击 inspect 按钮，即可调试 Web 页面。

9.5　查看日志

HarmonyOS 也和其他操作系统一样，支持开发者打印一些日志，以便定位问题。某些计算不频繁、不造成卡死、不涉及频繁线程切换等业务逻辑（如组件初始化等），可以使用断点的形式进行调试，一旦计算频繁，或者时序不可控，又或者异常崩溃，就需要使用日志来帮助定位问题，本节只介绍查看工具的使用。

DevEco Studio 的日志系统包括 HiLog 和 FaultLog 两种，HiLog 为开发者自己打的 Log，如图 9-33 所示。FaultLog 为 App 异常（包括未捕获异常、已经长时间卡死、主线程未响应）后系统抓取的异常 Log，如图 9-34 所示，其类别如下。

- App Freeze：App 卡死。
- CPP Crash：Native 代码崩溃。
- JS Crash：ets、JavaScript、TypeScript 代码崩溃。
- System Freeze：系统卡死。
- ASan：内存地址越界。

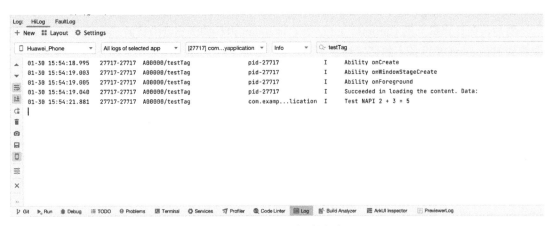

图 9-33　HiLog 查看界面

图 9-34　FaultLog 查看界面

9.5.1 HiLog

1. 功能简介

HiLog 是 HarmonyOS 提供给开发者直接使用的日志功能，其主要功能和使用方式与 Android 中的 Logcat 非常相似。

首先，DevEco Studio 提供了 HiLog 查看工具，而 Android Studio 提供了 Logcat 查看工具，两者的界面和功能非常相似。

其次，和 Android SDK 提供的 adb logcat 命令类似，在 Hilog 中也可以直接使用 hdc hilog 命令在终端中查看 HarmonyOS 设备日志信息。然而，由于命令行工具对过滤功能支持较差，并且没有关键字高亮的效果，因此建议使用 DevEco Studio 中内置的 HiLog 工具。

另外，HiLog 和 Logcat 的日志格式也非常接近，表 9-2 列出了 HiLog 输出的日志信息格式。

表 9-2　HiLog 输出的日志信息格式

第一列	第二列	第三列	第四列	第五列	第六列
Timestamp	Pid-Tid	domain/Tag	PackageName	LogLevel	Message
时间戳 （自动生成）	表示进程的进程 ID 和线程 ID （自动生成）	表示日志标签 （hilog()方法中的 domain 和 tag 参数）	表示进程名称 （App 包名）	表示日志级别 （调用的 hilog()方法）	日志内容 （自行拼接并传入的字符串信息）

所以，如果熟悉 Android Studio 中 Logcat 的使用方法，那么上手 DevEco 的 HiLog 应该比较轻松。

2. 使用技巧

通常情况下，由于日志内容刷新速度很快，因此需要筛选出最重要的信息。DevEco Studio 支持根据设备、进程、日志级别和搜索关键词（例如业务自定义的 domain 和 tag）来过滤日志。

在一般的开发调试过程中，建议按照图 9-35 所示选择 User logs of selected app，然后选择自己的 App 进程，这样可以过滤掉非应用内部使用 hilog 和 console.log 打印的日志。如果应用内部的日志仍然太多，则可以在搜索框中进一步过滤 Tag（与 logcat 类似，搜索功能支持使用正则表达式和大小写过滤，如果要过滤多个 Tag，可以用 | 进行分隔）。

如果 log 并不是使用 HiLog 打印的，而是使用 JavaScript 的 console.log 打印的，则可以在搜索框中过滤 **JSAPP** 的 Tag。

除此之外，还可以自定义过滤规则，按照自己的需要灵活配置，如图 9-36 所示。但一般情况下，DevEco Studio 提供的选项已经足够了。

另外，在实际使用中，也可以根据日志场景合理选择 Level 过滤。例如，在出现报错时，应当首先过滤 Level 为 Error 的日志，如图 9-37 所示。

图 9-35 选择日志类型并使用正则表达过滤日志 Tag

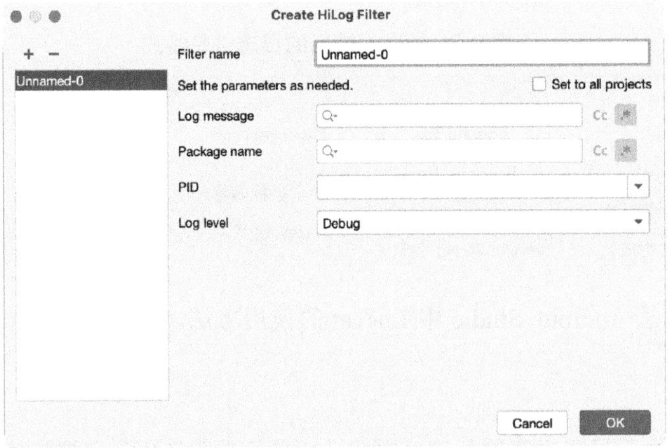

图 9-36 自定义过滤规则

图 9-37 选择日志级别

9.5.2 FaultLog

由于 FaultLog 的打印一般都是 App 遇到较为严重的问题（崩溃、卡死等）时，由系统自动收集的，用户无法使用任何 API 调用打印，所以其功能较为简单。这里只做简单介绍，如图 9-38 所示。

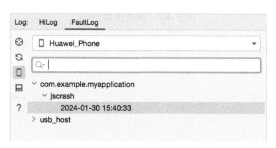

图 9-38　FaultLog 界面

另外，如果需要抓取 C/C++ 的内存错误，则需要在运行调试配置窗口中，开启 ASan（Address Sanitizer）功能，如图 9-39 所示。

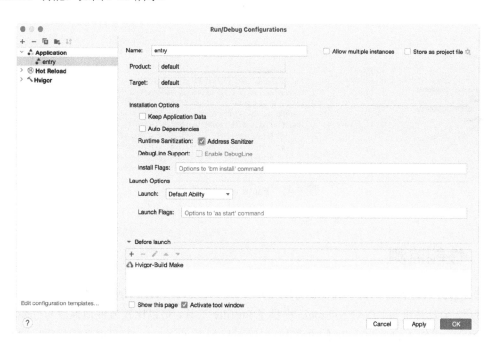

图 9-39　开启 Asan 功能

一旦 App 出现 FaultLog 可以收集的几类严重问题，导致崩溃，DevEco Studio 就会提示捕获到异常信息，如图 9-40 所示。

图 9-40　异常报错气泡

可以一键跳转到 FaultLog 中进行查看，如图 9-41 所示，单击 Log 中的链接，即可定位到 Native 代码中出现内存错误的代码所在的行。

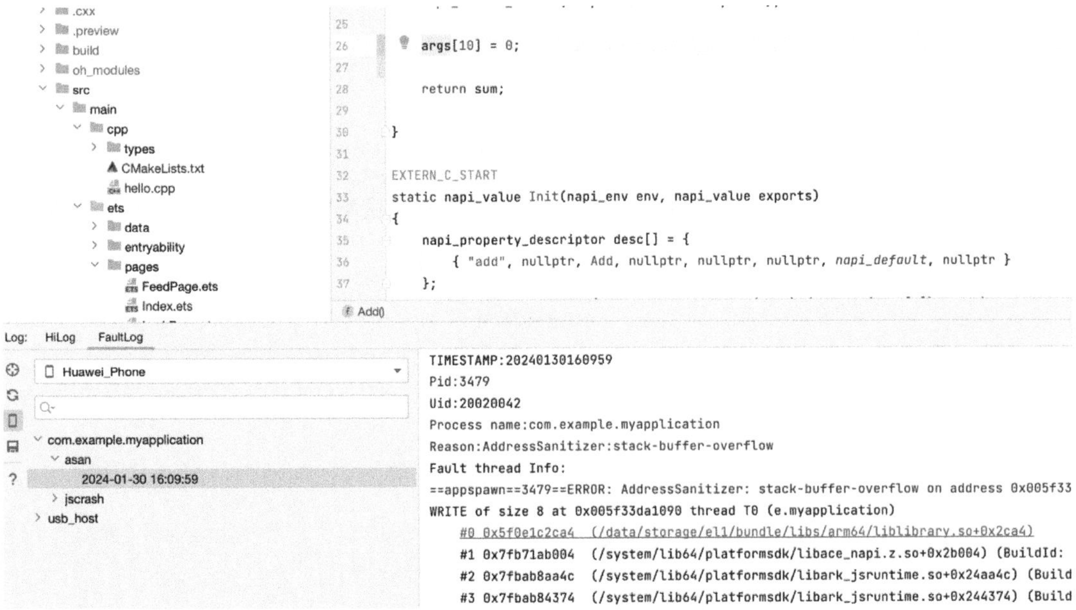

图 9-41　FaultLog 详细信息

9.6　性能监测

在 App 开发过程中，为了确保良好的用户体验，需要经常监控 App 的性能指标，如帧率、内存占用、启动速度等。DevEco Studio 提供了 Profiler 工具，可以比较方便地抓取与性能相关的 Trace 数据，类似 Android Studio 的 Profiler 和 Xcode 的 Instrument，但目前功能相对较弱。

如图 9-42 所示，在连接到手机后，Profiler 界面会实时展示当前的 CPU 和内存占用情况。

第 9 章　DevEco Studio 调试技巧

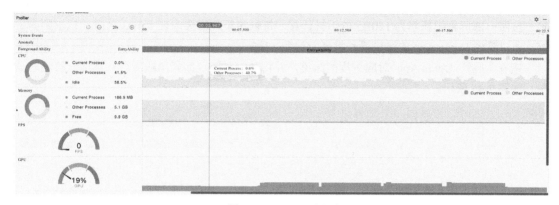

图 9-42　Profiler 界面

注：目前 Profiler 只支持真机测试，模拟器无法使用。

1. 使用 Frame 排查丢帧情况

可以在 Profiler 中选择目标设备，并选择需要记录的调试进程，然后新建一个"Frame"的 Session，并单击 Start 按钮开始记录 Trace，同时在手机上开始滑动列表。操作一段时间后，单击 Stop 按钮，停止记录 Trace，等待 Profiler 分析处理完成后，可以看到如图 9-43 所示的多个泳道信息。每个泳道对应了每个进程的渲染情况，其中主泳道 Frame 代表了 GPU 的渲染情况。

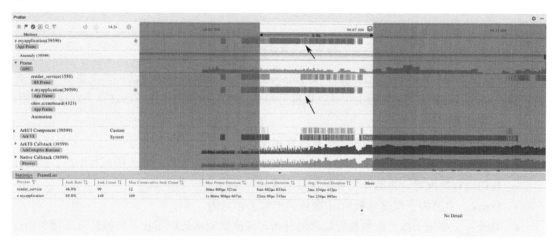

图 9-43　Profiler 抓取的数据

选取一段时间进行详细分析，如图 9-43 中的 4.0s，在 Profiler 界面的下半部分，可以看到 Demo App 进程（com.example.myapplication）的掉帧情况统计。

在所选时间内，**丢帧 149 次，丢帧率为 89.8%**。其中图 9-43 上指引的两条线条代表出现丢

231

帧，按照一部屏幕刷新率为 120Hz 的手机计算，每帧渲染耗时要求在 0.5ms 之内，超出则为丢帧。可以看到 Demo App 的渲染最长帧耗时达到 13ms。

接着，展开 Demo App 对应进程的泳道，并将掉帧时间点的调用栈展开，详细分析耗时情况，如图 9-44 所示。

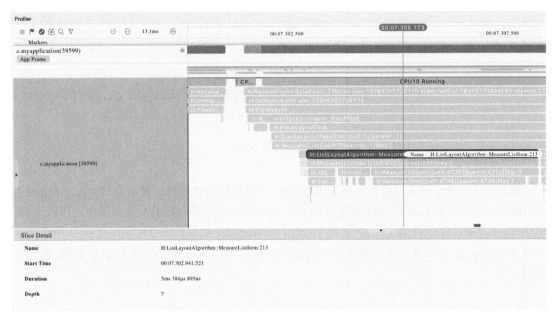

图 9-44　查看耗时情况

可以发现 **Measure()** 方法较为耗时，而 **Image3** 组件的 **BuildItem()** 方法占其主要部分，于是就可以着重从该元素的布局流程上优化，以提升渲染性能。具体的优化方法这里不再详细介绍。

2. 其他使用场景

Profiler 工具支持以下几个场景的信息抓取和调优。

- **Launch**：主要用于分析应用/服务的启动耗时，分析启动周期各阶段的耗时情况、核心线程的运行情况等，协助开发者识别启动瓶颈。
- **Frame**：主要用于深度分析应用/服务的卡顿丢帧原因。
- **Time**：主要用于改进函数执行效率的分析，深度录制函数调用栈及每帧耗时等相关运行数据。
- **Allocation**：主要用于应用/服务内存资源占用情况的分析，提供内存实例分配的调用栈记录。
- **Snapshot**：支持多次拍摄 ArkTS 堆内存快照，分析单个内存快照或多个内存快照之间的差异，定位 ArkTS 的内存问题。

第 9 章 DevEco Studio 调试技巧

- CPU：展示当前选择调优应用/服务进程的 CPU 使用率、CPU 各核心时间片调度信息、CPU 各核心频率信息、CPU 各核心使用率信息、系统各进程的 CPU 使用情况、线程状态及 Trace 信息等。

9.7 常用的快捷键

DevEco Studio 的快捷键和 Android Studio、WebStorm、Intellij IDEA、Pycharm、GoLand 等 IDE 一致。如果对以上任一 IDE 的快捷键都非常熟悉，则可以直接跳过这里。

DevEco Studio 搜索功能常用的快捷键如表 9-3 所示。

表 9-3 DevEco Studio 搜索功能常用的快捷键

功　能	Windows 快捷键	macOS 快捷键	说　明
搜索文件	Ctrl + Shift + O	Command + Shift + O	使用快捷键后，会打开一个搜索框，可以输入文件名或路径来快速定位文件。支持模糊匹配
搜索类	Ctrl + N	Command + O	该快捷键用于在当前项目中搜索指定的 ets 类。使用快捷键后，会打开一个搜索框，可以输入类名快速定位类。支持模糊匹配
搜索当前文件成员	Ctrl + F12	Command + F12	该快捷键用于在当前类中搜索指定的方法。使用快捷键后，会打开一个搜索框，可以输入方法名快速定位方法。支持模糊匹配
全局查找	Ctrl + Shift + F	Command + Shift + F	该快捷键用于在整个项目中查找指定的文本。使用快捷键后，会打开一个搜索框，可以输入要查找的文本并指定查找范围
当前文件查找	Ctrl + F	Command + F	该快捷键用于在当前打开的文件中查找指定的文本。使用快捷键后，会打开一个搜索框，可以输入要查找的文本
快速修复选项	Alt + Enter	Option + Enter	该快捷键用于快速修复代码错误。在代码中，光标停留在有错误的代码上，按下该快捷键，会显示一个下拉列表，里面包含了多个修复选项，可选择一个来修复代码错误
格式化代码	Ctrl + Alt + L	Command + Option + L	该快捷键用于格式化代码。使用快捷键后，会将当前打开的文件中的代码按照规范的格式进行排版，使其易于阅读和理解
优化导入的包	Ctrl + Alt + O	Ctrl + Option + O	该快捷键用于优化当前文件中导入的包。使用快捷键后，会自动删除多余的导入语句，并将相同包中的导入语句合并为一个

续表

功　能	Windows 快捷键	macOS 快捷键	说　明
抽取选中代码为新方法	Ctrl + Alt + M	Command + Option + M	该快捷键用于抽取光标选中代码为新方法
复制当前行或选中的内容	Ctrl + D	Command + D	该快捷键用于复制当前光标所在行或选中的内容
注释当前行或选中的内容	Ctrl + / 或 Ctrl + Shift + /	Command + / 或 Command + Option + /	该快捷键用于注释当前光标所在行或选中的内容
查看定义	Ctrl + B	Command + B	该快捷键用于查看当前光标所在位置的变量或方法的定义。在使用该快捷键时，会跳转到变量或方法定义的位置
查看实现	Ctrl + Alt + B	Command + Option + B	该快捷键用于查看当前光标所在位置的接口或抽象方法的实现。在使用该快捷键时，会跳转到接口或抽象方法的实现位置
折叠或展开当前方法或代码块	Ctrl + Shift + [+]/[-]	Command + Shift + [+]/[-]	使用 Ctrl + Shift + [+]/[-] 可以展开或折叠当前方法或代码块，使用 Command + Shift + [+]/[-] 可以展开或折叠所有方法或代码块
跳转到上一个光标位置	Ctrl + Alt + ←	Command + [	在使用该快捷键时，会跳转到上一个光标所在的位置
跳转到下一个光标位置	Ctrl + Alt + →	Command +]	在使用该快捷键时，会跳转到下一个光标所在的位置
当前行代码上下移动	Shift + Alt + ↑ 或 ↓	Shift + Option + ↑ 或 ↓	可以直接移动当前光标所在行的代码到邻近的行，不需要复制/剪贴再粘贴
启动调试模式	Shift + F9	Ctrl + D	
单步调试	F8	F8	
调试进入方法	F7	F7	在调试模式下，单步执行程序，遇到方法时进入
运行到光标处	Alt + F9	Option + F9	
跳出进入的方法	Shift + F8	Shift + F8	
拉取/更新代码	Ctrl + T	Command + T	
打开内置命令行	Alt + F12	Option + F12	
方法、文件、类重命名	Shift + F6	Shift + F6	

9.8　本章小结

本章介绍了 DevEco Studio 的调试技巧，包括 HAP 的安装、运行、hdc 命令、代码断点调试、UI 布局信息调试、WebView 调试、查看日志、性能监测和常用快捷键等内容。这些技巧可以帮助读者在 HarmonyOS 应用开发过程中提高工作效率，优化用户体验。

第 10 章
ArkTS 多线程开发概览

10.1 ArkTS 线程模型的特点

在第 5 章介绍网络技术应用时，有一个案例是在网络获取数据并直接展示在界面上，没有显示线程切换。Android 或者 iOS 的开发者可能会对此感到困惑，毕竟之前的开发都要明确切换到主线程进行页面渲染，为什么在写 ArkTS 代码的时候不需要进行主线程切换呢？原因是在 ArkTS 开发中，大部分时间都可以不考虑多线程，就可以做到线程安全。

10.1.1 ArkTS 线程模型的特点和比较

ArkTS 线程模型设计具有显著的特点：其虚拟机堆（VM Heap）是线程隔离的。这意味着每个线程都拥有自己的虚拟机堆，不同线程中的用户代码无法互相访问彼此的 VM Heap。这种设计保证了 ArkTS 业务代码开发的线程安全性，但也带来了一些需要面对的问题（本章后面会讨论）。

与其他运行时进行类比，区别如下。
- 和 Java 系列的运行时（如 JVM、Dalvik、ART）、.NET 的运行时（.NET CLR）的设定不同：它们被定义为多线程共享 VM Heap，且在语言层面提供多线程同步原语（如 synchronized）或 API 。
- 和各种 JS 引擎（如 V8、JavaScriptCore 等）、Dart VM 的设定不同：它们被设定为不能多线程共享 VM Heap，以便实现业务主力编程语言的内存访问和线程隔离。但能通过一些特定的数据结构共享进程中 VM Heap 之外的内存，例如通过 SharedArrayBuffer、Transferable Object，以及业务开发者用 C++ 自行实现的对象。

图 10-1 展示了 ArkTS 开发时可使用的线程和内存的关系及其交互。

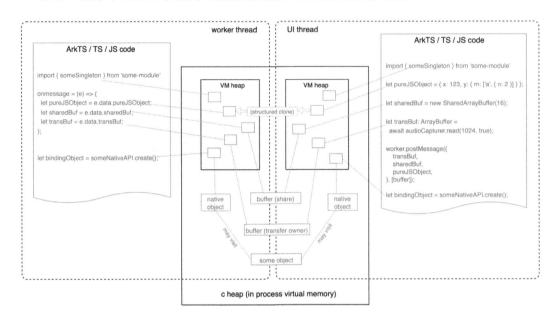

图 10-1　线程和内存的关系及其交互

对上面内容的一些知识解释如下。

- 业务开发代码一般可使用 ArkTS/TS/JS、C/C++。但是考虑到研发效率和技术栈的现状，大多数 App 开发者在实现上层业务逻辑时倾向于选择 ArkTS/TS/JS 而非 C/C++。
- JS（JavaScript）在业界广泛使用多年；TS（TypeScript）是 JS 的超集加入了显式的类型系统，近几年也在业界广泛流行起来；ArkTS 是鸿蒙推出的 TS 子集（准确来说是有交集：限制了 TS/JS 的一些动态性，加入了声明式 UI 的语法）。ArkTS 代码文件后缀名为 xxx.ets。
- 因为 JS 使用的语言规范叫 ES（ECMAScript），所以名词 ES 也常见，例如 ES module 是语言规范规定的模块系统[①]（module system），被 JS/TS/ArkTS 采用（本章后面会有针对于此的讨论）。
- ArkTS runtime 目前可运行 ArkTS/TS/JS 代码。它原本被认为是 JS 引擎，字节码设计可表达所有 JS 特性，依据 ECMA 规范进行了引擎内部实现。于是可以运行社区的 JS 库。而后续的发展变化，开发者们可持续关注。
- 本章出现的 VM 均指虚拟机（Virtual Machine，VM）。现代编程语言很多基于虚拟机设

---

① 指编程语言中把代码组织成一个个单元的机制。

计，虚拟机对编程语言抽象出了一层内存管理（VM heap），于是提供了能自动去环的垃圾回收。本章中出现的名词 VM heap 指的是虚拟机抽象出来的 heap 概念，并非直接指进程 heap。heap，即"堆"，一般可概念性地理解为，应用程序的运行环境（即进程或 VM）维护一堆内存，应用程序可动态申请一小块内存使用，用后归还。而 VM heap 和进程 heap 两者的实际关系可认为是，操作系统标准库如 malloc 等 API 向上提供进程 heap 概念做内存管理，在 VM 实现中用这些 API 在进程 heap 中申请一大块内存，再进行内存管理（为了自动垃圾回收等），对上提供 VM heap 概念，以及让用户代码运行于其上。ArkTS/TS/JS 代码所创建的绝大部分实体，如每个对象（object）、函数（function）、类（class）等，都是 VM heap object。

- 一些 VM 内部操作（如垃圾回收时的 parallel/concurrent marking）可能出现多线程访问同一个 VM heap，但是这不属于开发者代码所拥有的功能。因为本章讨论开发者所拥有的线程使用能力，所以命名为"ArkTS 多线程开发"。
- 一些 immutable data 还是可以在不同的 VM heap 中共享的（例如 ArkTS/TS/JS function 的字节码、literal string 等），但这是底层优化，不属于开发者代码拥有的功能。
- ShareArrayBuffer 虽然可在多线程中共享（内存一般分配在 VM heap 外），但是其内容只是字节数组而没有类似"对象、属性"之类的结构，所以直接用 ShareArrayBuffer 编写业务逻辑是比较复杂的，故只在比较少的特定场景中使用它。本章会有一些阐述。

10.1.2 ArkTS 线程设计的优缺点

下面从 ArkTS 线程设计的优缺点及其他层面进行总结。

1. 优点

绝大多数业务代码不需考虑线程安全。如果多线程可共享内存，那么写出没有问题的线程安全代码会比较烧脑和难调试，所以相当于禁止了开发者写这种代码。

2. 缺点

某些需要多线程且大数据量的场景，可能不如"可共享内存"性能高。

- 如果需要共享/传输的数据是字节流（例如网络返回的流、音视频数据等），则相对容易处理。这些数据本身并不在 VM heap 中，可以通过 transferable object 或 SharedArrayBuffer 等基础设施进行共享。因此，额外的消耗并不多。
- 如果需要共享/传输的数据是 ArkTS/TS/JS 代码中的 VM heap object（例如具有复杂结构的业务实体），由于这些数据只存在于 VM heap 中，无法共享，因此需要进行传输（例如使用 @ohos.taskpool、@ohos.worker 的 postMessage）。在传输过程中，需要进行序列化和反序列化，这会带来一定的性能损耗，包括遍历和垃圾回收等。

假设有一个场景，从服务器向客户端发送字节流需要在客户端进行解压、解密，并反序列化为方便在 ArkTS/TS/JS 中使用的对象（VM heap object）。如果考虑性能因素，是否应该在子线程还是 UI 线程中进行反序列化？如果选择在子线程中进行反序列化，生成 VM heap object，则在将其传回主线程时需要进行一次看似没有必要的序列化和反序列化（structured clone）。如果需要持续从服务器向客户端推送数据，那么额外的序列化和反序列化带来的代价是否值得考虑？如果选择在 UI 线程中进行反序列化生成 VM heap object，则是否会增加 UI 卡顿的可能性？

3. 其他

可创建的线程（及队列）受限，是否会导致一些"库/模块"的实现受限？鸿蒙目前对 @ohos.worker 的限制最多为 8 个，后续不确定是否会调整。但是 VM 并非是轻量级的，通常不适合大量创建。例如，对一个中大型 Android 应用程序的某个子进程中第三方库线程使用情况的一次观察，线程数（粗略）为：OkHttp 为 11、fresco 为 3、Rx 为 13、chrome 为 17，其他可能与业务相关的线程小于 10 个（进程中总线程数大于 170，但大多数并非与业务相关）。在开发鸿蒙的大型应用程序时，是否真的需要很多线程，需要开发者积累实践经验。

按照以往经验来说，当一个"库/模块"需要子线程时，可能是因为：第一，存在不易拆分的耗时长的任务（例如大于 50ms，如果放在 UI 线程中会导致 fps < 20）；第二，与 UI 无关，不想增加 UI 线程的负担；第三，需要并行加速。

这时，如果在鸿蒙上实现这个"库/模块"，则需要考虑：第一，判断是否真的存在性能问题，需要使用多线程解决，还是过度设计；第二，使用多线程时，可以使用 ArkTS/TS/JS 进行实现，但由于上述限制，开发者可能需要自行设计规范，约定如何共享线程；第三，使用多线程时，可以使用 cpp 实现，不受上述多线程限制，但是 cpp 实现的技术门槛相对于 ArkTS/TS/JS 较高。

上面尝试从优缺点和一些笔者思考的角度对当前 ArkTS 线程设计进行了评价，由于设计总是有所取舍的，既然 ArkTS 已经选择了这条路线，因此需要注意的地方就比较明确了。

10.2　ArkTS 多线程开发的注意点

在鸿蒙开发的过程中，面对复杂的应用场景，多线程开发成了提高应用性能和响应速度的重要技术手段。通过合理运用多线程，开发者可以实现高效的数据处理和用户交互，但也带来了线程同步和数据传输的挑战。多线程开发的核心在于充分利用计算资源来并行处理任务，而线程同步确保了数据的一致性和正确的执行顺序。数据传输则是多线程间通信的桥梁，关系到程序的稳定性和效率。下面将着重讨论线程同步方式及数据传输方式，并且介绍如何用代码实现。

10.2.1 线程同步方式

"线程同步"指的是,虽然我们使用多线程是为了让它并行执行,但总或多或少在某个时序节点处让不同线程之间进行等待和信息交互,或者说需要在某些情况下控制不同线程之间的执行顺序。例如最简单的场景,一个线程发一个任务到子线程执行,然后等待执行结果收到后,再继续下面的逻辑。ArkTS 为开发者提供的线程同步方式主要有两种,分别适用于不同场景。

1. 基于每个线程的消息队列的同步方式

这是推荐的线程同步方式,适用于绝大多数场景。可通过在不同线程之间发送任务(task)来实现同步。

以@ohos.taskpool 为例,执行步骤如下。

- thread_A 的 task_A1 向 thread_B 发送 task_B1 (并传递请求数据),task_A1 结束。
- thread_B 里排队到 task_B1,执行并得到结果,向 thread_A 发送 task_A2 (并传递结果数据),task_B1 结束。
- thread_A 里排队到 task_A2 。

具体代码实现如下。

```
const result = await taskpool.execute(some_task, data);
// 则得到 result 时,some_task 里做的事情已经全部完成
```

常用的 API 有以下三种。

- @ohos.taskpool 的 const result = await taskpool.execute(task, arg0, arg1)。
- @ohos.worker 的 worker.postMessage 和 workerPort.onmessage。
- @ohos.events.emitter。

2. 线程同步 API

由于线程同步 API 可能导致阻塞和复杂性,非必要时请不要使用。例如,在使用 SharedArrayBuffer 时的 Atomics.wait()和 notify()这两个 API,SharedArrayBuffer 是一个 Web 标准中的数据结构,但并非所有环境都支持(比如 Android WebView 不支持),但是 ArkTS runtime 已经支持 SharedArrayBuffer。SharedArrayBuffer 附带了 Atomics API,提供线程安全的存储和加载操作(内部 cpp 中的 lock(mutex)),可以使用 Atomics.wait()或 Atomics.notify()来阻塞和唤醒线程。这种操作可能会导致线程阻塞,所以要特别小心,注意避免死锁,确保在析构时能够正确结束,以及确保临界资源的修改正确无误。

需要将 VM heap 对象序列化为 ArrayBuffer,因为这本身是额外的开销,所以只在必要时使用。

10.2.2 线程数据传输方式

由于每个线程都独享 VM heap，ArkTS runtime 中的 VM heap object 不能直接在线程间共享，因此数据传输成为多线程开发的一个关键点。主要的数据传输方式包括以下几种。

1. Message

这是最常用的数据传输方式，以下是几种实现方式。

（1）结构化克隆（Structured Clone）：普遍适用且性能中等。它是一种对象拷贝。相对于广泛使用的"利用 JSON 传输数据"，它更高效（因为不必像 JSON 一样基于字符串序列化和反序列化），且功能更强大（JSON 只能支持有限的数据格式）。相对于"共享对象"来说，它的性能稍低，因为遍历对象序列化和反序列化会带来额外的时间开销、内存开销和垃圾回收消耗。

相比于 Web 标准，ArkTS runtime 的实现进行了功能增补。最主要的是，Web 标准不支持传递 function，以及 class 的实例传输后也变成了"plain object"，而不再是 class 实例（从而无法调用类的成员方法）。而 ArkTS runtime 增补了对能够传输"用 decorator @Concurrent 修饰的 function"和"用 @Sendable 修饰的 class 实例"的支持。

（2）transferable object：它本质上也是一种对象共享（从而免于申请/销毁额外内存）。在传输时，将对象的控制权从一个线程转移到另一个线程，原线程将无法访问对象（从而避免了多线程同时访问一个对象的情况）。它只支持传输字节数组（byte array）（例如 ArkTS/TS/JS 的 ArrayBuffer）或一些 Native object，不支持传输 VM heap object。从原理上说，ArkTS/TS/JS 的 ArrayBuffer 一般不存在于 VM heap 中，因此在它们之间进行跨线程共享（即跨 VM heap 共享）相对容易。

但是只支持字节数组对于业务开发者来说使用受限，只有部分数据天然是 byte array（例如从网络传来的原始数据、图片音视频等），其他业务代码中的数据结构，绝大多数都是 VM heap object。如果将这些 VM heap object 用某种方式序列化成 byte array 再传输，那么和结构化克隆机制类似，未必能有更高的性能。

（3）部分 built-in binding object 能直接传输：只适用于特定场景，性能较高。例如，ArkUI 的 context 能直接使用 postMessage({context: context})，接收方收到的 context 可以正常调用方法，如 context.getApplicationContext()。

（4）JSON：相对于 structured clone，效率低且功能少，不必使用。

2. SharedArrayBuffer

非必要时不使用。SharedArrayBuffer 是特殊的 ArrayBuffer，用于多线程共享内存，可使用 Atomics API（如 Atomics.addAtomics.loadAtomics.store 等）对其进行线程安全的读写。它同样只能存储 byte array，因此只在数据本身是 byte array 的情况下适用。使用它时最接近传统的"共享内存式"多线程编程，因此也会面临传统多线程编程所需解决的问题，比如需要谨慎处理代码逻辑，避免死锁、阻塞线程导致性能变差等。例如，Atomics.load 会加锁，从目前的实现来看，锁粒度是整个 VM。

3. 在 Native（C/C++）实现中读写共享的内存

非必要时不使用。一般来说，一个 binding object 包含一个 VM heap object（只是个壳）和一个 cpp 实现的对象（是真正的逻辑）。VM heap object 无法在不同线程间共享（VM heap 物理隔离），但是 cpp 对象中能访问的 c heap 可以共享。这要求 binding object 的实现者在没有必要跨线程共享内存/外存时，将其保持为线程本地对象，让上层的 ArkTS/TS/JS 使用者可以按照惯例继续操作，无须担心线程安全。如果必须要跨线程共享内存/外存，就需要在 API 层面确保线程安全（原子性），并且需要提醒上层使用者关于"有读写多线程共享的内存"的问题，使使用者在编写逻辑时考虑可能会被中途修改的情况。如果使用这种方式共享内存，则实际上相当于我们自己定制了一个类似 SharedArrayBuffer 的事物，而面临的问题也需要被考虑。

4. 通过外存方式

例如直接读写文件、PersistentStorage、数据库等。例如一个场景，App 启动时从服务器中获取 App 的状态数据，并保存在客户端数据库，下次 App 启动时优先使用这些保存的数据（以便尽快展示页面），同时再次从服务器请求最新数据。假设拉取数据及数据处理的过程是在子线程中进行的，这样就形成了"UI 线程和子线程通过数据库共享数据"的情况。这些方式通常提供了异步 API（非阻塞 API）。优先使用异步 API，可以避免阻塞线程。

10.2.3 如何让代码在子线程上运行

鸿蒙官方提供了 @ohos.taskpool 和 @ohos.worker 两套 API 来让用户代码在子线程上执行，它们的实现原理类似，但 API 的封装程度对于开发者而言有所不同，如表 10-1 所示。

表 10-1　API 的概述和特点

分类	概述	特点
taskpool API	提供线程池，实现线程复用。具体的做法是将带有特殊标注（@Concurrent）的函数及其参数一起传递给线程池中的线程，作为一个任务来执行。任务执行完毕后，将结果发送回原始线程，原始线程继续执行接下来的逻辑	这种方式更加方便，并且是官方主要发展和完善的 API。但是在使用过程中需要注意一些隐含的事项
worker API	风格与 Web 规范中的 WebWorker 接近。可以单独定义一个 ArkTS/TS/JS 文件作为子线程逻辑的入口，启动子线程并运行它	相对于 taskpool API，这种方法更加灵活，但方便性稍逊

10.2.4　使用@Concurrent 和@Sendable 时对闭包和 ES module 的限制

我们先从代码角度来看@ohos.taskpool 的使用方式。

```
import taskpool from '@ohos.taskpool';
```

```
// 假设在 UI 线程中调用这个函数
export async function callTaskPool() {
  const task = new taskpool.Task(runInSubThread, 1000);
  // 把函数 runInSubThread 和参数 1000 都发到线程池中的一个线程去执行
  // 然后 UI 线程中本任务结束
  const taskPoolResult = await taskpool.execute(task) as string;
  // 直到 runInSubThread 在子线程执行完后，把结果发回 UI 线程
  // 才继续在 UI 线程中以新任务来执行后续代码
  console.log(`taskPoolResult:${taskPoolResult}`);
}

// 在子线程中执行这个函数
@Concurrent
async function runInSubThread(arg0: number) {
  // arg0 就是传过来的 1000
  return `ret_of_runInSubThread arg0:${arg0}`;
}
```

@ohos.taskpool API 允许将 task 函数（如上例的 @Concurrent runInSubThread 函数）定义在任意位置，例如开发者可能将其与其他各种代码定义在同一个文件中。根据 ArkTS/TS/JS 开发的习惯，函数可以访问函数作用域之外的变量、函数等，以及可以访问从其他 ES module 引入的内容。然而，实际情况并非如此，因为该文件中 task 函数内部的代码和 task 函数外部的代码使用的是完全不同的 VM heap（根据前面的描述，每个线程都有自己专用的 VM heap），所以无法直接获取函数作用域外的变量的当前数据或从其他 ES module 引入的当前数据。换句话说，实际行为与直觉不符。具体而言，实际行为如下。

- 编译时禁止了 @Concurrent function、@Sendable class 访问函数作用域之外的变量。
- 允许 @Concurrent function、@Sendable class 访问从其他 ES module 引入的内容，但其中的数据并非原线程中的当前数据。

下面的例子说明了这种情况。

```
/// @file ets/try_task_pool.ets
import taskpool from '@ohos.taskpool';
import {process, addProcessor} from './processor_manager';

// 注册一个处理器
addProcessor((prevResult) => {
  const result = prevResult.concat(['added_in_try_task_pool']);
  return result;
});

// 假设在 UI 线程中调用这个函数
export async function callTaskPool() {
  const task = new taskpool.Task(runInSubThread, 1000);
  const taskPoolResult = await taskpool.execute(task) as string;
```

```
  console.log(`taskPoolResult:${taskPoolResult}`);

  // 在 UI 线程中 call process 时会走上面注册的处理器
  const result = process(['called_in_UI_thread']);
}

let someMutableVarInOuterScopeOfRunInSubThread = 123;

// 在子线程中执行这个函数
@Concurrent
async function runInSubThread(arg0: number) {
  // 编译时禁止访问 someMutableVarInOuterScopeOfRunInSubThread
  // 可以使用从其他 ES module 中引入的这个 process 函数
  // 但是 process 时什么都不会做,因为在子线程的 VM 中没有注册任何处理器
  const result = process(['called_in_sub_thread']);

  return `ret_of_runInSubThread result:${result.join(',')}`;
}
/// @file ets/processor_manager.ets
export type Processor = (prevResult: string[]) => string[];
const _processorList: Processor[] = [];
// 注册 processor
export function addProcessor(processor: Processor) {
  _processorList.push(processor);
}
// 顺序调用注册的 processor,前一个结果作为后一个的输入
export function process(): string[] {
  let lastResult: string[] = [];
  for (const processor of _processorList) {
    lastResult = processor(lastResult);
  }
  return lastResult;
}
```

  这类问题主要出现在涉及"对环境有副作用"(side-effect)的代码实现中,例如故意实现单例、ES module 中顶层的变量、全局变量/属性(如在 ECMA 上挂载的属性)、调用原生 API 改变环境(如调用原生 API 注册监听器)。

  上面的例子看似比较简单,但在大型工程中,在代码众多的情况下,调用者并不总能完全了解一个 SDK/lib/util 的内部实现是否涉及这些问题,实际上很可能会遇到这个难题。理论上,SDK/lib/util 的对外 API 应该对这种行为做出承诺,但并不总是如此理想。后面将详细讨论。

  注:ES module 指 ArkTS/TS/JS 使用的文件加载、import、export 规则。一个 ES module 可被认为等同于一个 ArkTS/TS/JS 文件。

10.2.5 使用 @ohos.taskpool 时运行环境的初始化问题

基于上面的话题，我们进一步深入分析。首先，每个线程都有独立的虚拟机，这意味着每个线程的虚拟机都需要进行初始化。这涉及按某种顺序加载和执行一些 ArkTS/TS/JS 代码文件。为了弄清楚按照什么顺序加载代码和初始化，我们需要从程序入口开始理清楚代码。通常情况下，程序入口是一个或多个文件（假设我们在概念上认为鸿蒙 HAP 中带有 @Page 声明的 .ets 文件是程序入口）。然而，当使用 @Concurrent function 作为 @ohos.taskpool 的 task 时，这个 @Concurrent function 也是程序入口，尽管它声明在某个 .ets 文件中，但它与该 .ets 文件中的其他内容无关。考虑到运行环境的初始化以及执行结束后的清理和释放逻辑，它应该被视为程序入口，这是值得注意的。代码如下所示。

```
/// @file ets/try_task_pool.ets
import taskpool from '@ohos.taskpool';
// 假设在 UI 线程中调用这个函数
export async function callTaskPool() {
  const task = new taskpool.Task(runInSubThread, 1000);
  const taskPoolResult = await taskpool.execute(task) as string;
  const result = process(['called_in_UI_thread']);
}

// 在子线程中执行这个函数
@Concurrent
async function runInSubThread(arg0: number) {
  // 这应作为程序入口看待，考虑环境初始化
  // 考虑所需使用的 lib/util/SDK 的初始化等

  return `ret_of_runInSubThread result:${arg0}`;
  // 这应作为程序结束点看待，考虑资源清理释放、还原环境等事项
}
```

下面讨论程序初始化的 ES module 执行顺序。当入口不同时（例如 @Concurrent function 作为入口时），ES module 执行顺序也可能不同，甚至某些 ES module 并不会加载，从而可能导致逻辑非预期。

环境初始化时，系统机制其实只会对 ArkTS/TS/JS 代码做这样的事情："ES modules evaluation"。在这个过程中，会从"程序入口"开始，依照"真正有被引用的 import"的声明顺序，"深度优先后序遍历"地执行 ArkTS/TS/JS 文件中 top-level 的代码指令（即文件中并未嵌套在任何函数中的语句，或表述为"静态""static"的代码指令）。事实上，一个 ArkTS/TS/JS 文件本身可看作一个大的函数，执行 top-level 的代码指令就是调用这个函数。这些指令理论上可以做任何事，可以定义函数，也可以执行业务逻辑。

但是如果我们真的把业务逻辑写在 ES module 的 top level 上，那么业务逻辑的执行顺序，就依赖于 import 的声明顺序了。这通常是很不好的做法，无法使用 if…for 等程序控制

逻辑改变顺序，以及各种语言编程中人们也不会对 import/include/use 的声明顺序很敏感。我们用图 10-2 的例子来解释运行环境初始化时的特征。

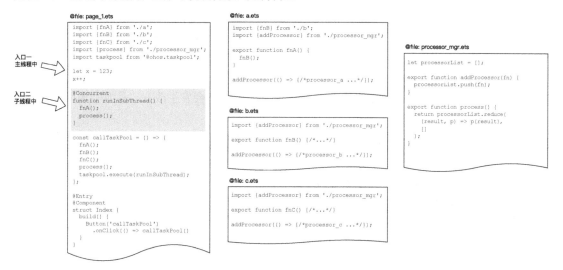

图 10-2　运行环境初始化例子

我们在概念上将每个 ES module 都理解为一个函数，执行完得到一个"结果对象"，所有导出的东西都可以理解为挂载在这个"结果对象"上。从每个程序入口开始，执行过程可认为如下。

（1）根据导入声明的顺序，深度优先有向图遍历，即 ES module 将要执行的顺序（后序，即最远的 ES module 先执行）。

（2）每个 ES module 只会执行一遍，执行完得到的"结果对象"会被存储，如果图遍历过程再次经过这个 ES module（即一个 ES module 被多处导入），则直接获取那个缓存的"结果对象"。这些"结果对象"一直存在于 VM heap 中，不会自动销毁。因此，ES module 中顶层定义的变量是静态的或者单例的。

在上面的例子中，得到的执行顺序如下：
- 程序入口一（主线程中）：processor_mgr.ets => a.ets => b.ets => c.ets => page_1.ets。
- 程序入口二（子线程中）：processor_mgr.ets => b.ets => a.ets => @Concurrent runInSubThread。

注：因为 runInSubThread 中使用了 a.ets 中的函数，a.ets 又引用了 b.ets，按照后序遍历，先执行 b.ets。因为导入链上没有 c.ets，所以没有执行 c.ets。

从这个例子可以看到，两个入口的执行过程存在以下问题：ES module 的执行顺序不同（b.ets 和 a.ets 的顺序不同）。有些 ES module 没有执行（没有执行 runInSubThread 里的 c.ets）。

它们都导致了两个线程中注册的 processor 不同，从而调用 process 时得到的结果不同。这可能与开发者的意图不符，会产生意外的错误。processor 只是一个代表，实际上涉及"静态""单例""副作用"的使用都可能遇到这类问题。我们从代码设计的角度来讨论如何解决本节所述的问题。

我们应该致力于编写"与导入顺序无关""初始化入口明确可控"的代码，尤其对于 util/lib/SDK 这种会被上层引用的代码，应优先考虑设计为无副作用的 ES module 和 API。无副作用的意思是：

- ES module 对于导入"无副作用"，即导入后，环境不会发生改变，只要不调用函数就和未导入一样。
- API（函数/类构造函数）"无副作用"，即函数调用后，只得到返回结果，环境不会发生改变。

注：这里的"环境改变"指的是全局数据写入，例如静态成员的初始化、调用本机 API 的写入或者请求服务器的写入。

那么我们如何编写没有副作用的 API 呢？以下是推荐的做法。

- 在 ES module 的顶层避免执行逻辑，只进行函数/类的定义。顶层包括类的静态成员初始化和类静态代码块中的逻辑。
- 对 ES module 中逻辑执行的入口进行封装，将其封装为函数/类并导出。
- 尽量避免使用单例（特别是在 util/lib/SDK 中）。

在图 10-1 中，将 addProcessor 函数调用放在顶层是不好的做法。正确做法是将 addProcessor 的行为放在 init 函数中并导出。然后在程序入口手动调用 init 函数。由于是显式调用，因此可以控制顺序，以及控制哪些需要使用。

上述提到的"无副作用"是一种理想状态。然而，开发者为了"方便开发"或"性能优化"可能会引入副作用，例如在开发过程中引入缓存、日志记录、polyfill 或某些第三方库等。这些都有可能导致副作用。在这种情况下，我们可以退一步考虑设计可幂等的 API。这里的"幂等"指的是调用一次或多次结果都相同（即使环境发生改变，最终状态也相同）。具有这种性质的 API 易于使用，它减少了对调用者的严格要求，适用于复杂的上层业务或运行环境。

举个代码层面的例子，推荐的写法如下。

- export function init() { if (!initialized) { initialize(); } }//使用标志判断，允许外部多次调用 init 函数。
- export function ensureXxxFile(): File {}//如果文件不存在，则创建一个，并始终返回文件。

对于在@ohos.taskpool 中运行的@Concurrent 函数，它可能面临的不一定是一个全新的环境（因为线程复用）（我们将在下一节中讨论）。当代码逻辑无法避免对环境产生副作用时（例如使用具有副作用的库），可以依赖可幂等的初始化逻辑。

最简单且典型的反面案例是在 init 函数中注册事件监听器，多次调用 init 函数会导致注册多个事件监听器，这不符合预期，并可能导致内存泄漏。

注：事实上，ArkTS/TS/JS 会被编译成字节码，并合并成一个文件，在 runtime 中通过字节码寻址来执行。然而，这个具体实现并不影响概念定义，为了便于理解，我们仍然表述为，代码属于原本文件（ES module）并被按一定顺序执行。

其实在这里我们仍然表述为按照一定顺序执行原始文件（ES module）中的代码。

实际上，如果我们使用 SDK 中提供的 ark_disasm 来反汇编字节码文件（.abc 文件）：

```
/your/path/to/sdk/base/toolchains/ark_disasm --verbose your_project/entry/build/default/intermediates/loader_out/default/ets/modules.abc modules.abc.txt
```

能看到字节码的形态是以原本的函数为单位的，以及每个文件都被看作一个函数，代码如下。

```
L_ESSlotNumberAnnotation:
    u32 slotNumberIdx { 0xa }
.function any your_project.entry.ets.pages.page_1.#10258519576565172845#(any a0, any a1, any a2, any a3, any a4) <static> {
    mov v0, a0
    mov v1, a1
    mov v2, a2
      # ...
}
```

10.2.6 使用 @ohos.taskpool 时运行环境的清理问题

@ohos.taskpool 会线程复用，每个线程都有其专属的 VM heap，用户代码很可能对运行环境（VM heap + Native）产生持久性的写入修改。如果这些修改没有被正确对待，那么可能影响下一次任务执行的逻辑正确性，或者可能引起内存泄漏等问题。前面我们提到，用于 @ohos.taskpool 执行的 @Concurrent function 应在函数开始时考虑环境初始化，在函数结束时考虑资源释放、环境还原等。其中要注意 ES module 被加载执行后，就一直存在于此子线程的 VM heap 中了。如果有被外部引用而无法释放的单例（如关注 top-level 的变量和静态类成员等）也会一直存在并且不被垃圾回收，这时如果占有比较大的数据量，则持续占有内存，产生负面影响。对于这个问题的解法，仍然可考虑前一节提到的做法。

- 优先考虑设计成无副作用的 ES module 和 API：不修改环境，随着执行结束后的垃圾回收，所创建的 heap object 就能被释放了。
- 考虑设计成幂等的 API：即便环境无法完全还原成初始状态，也能逻辑正确地工作。
- 主动提供析构 API（dispose()、destroy()等）：让使用者有机会主动释放。

为了考查执行良好的 ES module 的生命周期（是否隔离、是否释放），我们从开源代码中观察到下面这些实例的关系。

- JSThread 实例持有 EcmaContext 实例。
- EcmaContext 实例拥有 ModuleManager 实例。
- ModuleManager 实例拥有所有执行良好的 ES modules。

线程创建 EcmaVM 和 EcmaVM 中的 EcmaContext 的代码可以自行追踪。从上述代码实现中可以大致看出 ES module 的执行结果与线程一一对应，因此存在上述所说的"task 并不在一个全新的环境中运行"的情况。

ArkTS runtime 也符合一般 JS 引擎的定义：一个 EcmaVM 中可以有多个 EcmaContext。context 本身能够隔离用户代码，提供一个全新的环境。因此，从理论上讲，也可以为每个 task 提供一个全新的 EcmaContext。但是这种做法的缺点是在全新的 EcmaContext 中需要重新加载执行 ES module，从而也带来了一定程度的效率下降。另外，EcmaContext 也无法隔离逻辑代码中调用 Native API 导致的写入。

10.2.7 如何跨 VM 传输 function 和 class

"不同线程有不同 VM" 导致"一个 function / class 在不同线程中使用"就不那么显而易见的容易，需要底层加一些机制来支持。我们从以下两个场景来说明这个问题。

- 场景 A：在使用 @ohos.taskpool 或者 @ohos.worker 时，如果传输某个 class 的实例到子线程，接收方收到后能否直接调用实例的成员方法？线程间的传输假设使用前面所述结构化克隆的序列化和反序列化方式，数据容易传过去，但是函数（包括 class 的成员函数）呢？一种可行的解法是，在子线程中也导入所需的函数或 class，从而获取函数代码。收到主线程发送来的数据后，可以使用数据重新创建 class 实例。但缺陷是，这要求业务 class 实现支持这么做，对复杂的业务带来了额外成本和一定脆弱性。
- 场景 B：假设创建一个库（假设叫作 abcLib），它需要调用者注册计算函数，然后在内部启动子线程执行计算函数。也就是说，无法像场景 A 一样使用导入来获取业务函数代码。假设类比于 Java/C++ 开发业务逻辑，面临的问题就像是，启动一个子进程，因为进程间内存隔离，子进程里没有用户定义的业务函数代码，该如何执行？

先看场景 A，ArkTS 提供了 @Concurrent function 和 @Sendable class 来进行跨线程（跨 VM）的函数传输。前面在介绍 @ohos.taskpool 时已经提到过 @Concurrent function。@Sendable 用来修饰 class，让 class 实例在被序列化传输后，接收方收到的仍然是 class 实例，这样就能满足很多需求了。代码示例如下。

```
import {recordModel} from './record_model';

@Sendable
export class SendableA {
  private propA1: string = 'SendableA_prop_a1_init_value';
  private propA2: SendableB = new SendableB();

  constructor(propA1?: string, propA2?: SendableB) {
    if (propA1) { this.propA1 = propA1; }
```

```
    if (propA2) { this.propA2 = propA2; }
  }

  fnA1() {
    // 不可访问闭包中的变量，但是可以访问引入的其他 ES module 中的内容
    recordModel.addRecord(`added_in_SendableA_fnA1`);
    return `ret_of_SendableA_fnA1`;
  }
}

@Concurrent
function plainPayloadFn1(arg0: number): string {
  return `ret_of_plainPayloadFn1 arg0:${arg0}`;
}

// 假设此函数在主线程中执行
export async function callTaskPool() {
  const plainObjH: PlainPayload = {
    attr1: 'plainObjH_attr1_init_value',
    // @Concurrent function 也可作为参数传输
    attrFn: plainPayloadFn1,
  };
  // @Sendable class 的实例可作为参数传输
  const sendableA = new SendableA(propCOfSendableA);

  const task = new taskpool.Task(runInSubThread, sendableA, plainObjH);
  // 如果目前的 API(v4.1)要传输 @Sendable，这一步是必要的
  task.setCloneList([sendableA]);

  const taskPoolResult = await taskpool.execute(task) as string;
}

// 此函数在子线程中执行
@Concurrent
async function runInSubThread(arg0: SendableA, arg1: object) {
  // - 如果不使用 @Sendable：
  //   那么接收的 arg0 是一个 plainObject 而非
  //   SendableA 的实例，从而 arg0.fnA1() 这种调用是不成立的
  //   这里只能用 arg0 重新创建 SendableA 的实例
  //   但是这就要求：SendableA 实现中支持这种创建，且能手动
  // - 如果使用了 @Sendable，这里能直接 arg0.fnA1()
  const result = arg0.fnA1('called_from_runInSubThread');
  return `ret_of_runInSubThread result:${result}`;
}
```

下面考虑场景 B 这样的特殊场景：假设写一个 lib（假设叫作 abcLib），它需要调用者注册计算函数，然后内部启动子线程执行计算函数。在子线程中不方便直接引入业务注册的 function / class ，那么 abcLib 需要提供 interface 供使用者实现，abcLib 内只调用接口即可。

由于目前 @Sendable class 并不支持 implements 接口，且 function 无限制，所以给出一个使用 @Concurrent function 实现的版本。

```
// @file abc_lib.ets
// @desc，假设这是一个 lib，供上层业务使用
import taskpool from '@ohos.taskpool';
import {abcRunInSubThread} from './abc_lib_concurrent';

// 对外提供了计算函数的 type，上层使用者实现这些 type
// 并注册回调
export type CalcFn1 = (abcContext: AbcContext, arg1: string) => string;
export type CalcFn2 = (abcContext: AbcContext, arg1: string, arg2: number) => string;
export interface AbcHandler {
  calcFn1: CalcFn1;
  calcFn2: CalcFn2;
  abcContext: AbcContext;
};
export interface AbcResult {
  data: number[];
}
// AbcContext 是使用者自己创建的对象，abcLib 只透传
// 让使用者能在线程间共享状态数据等
export interface AbcContext {}

// 对外提供的调用入口
export class AbcLib {
  private handlers: Map<string, AbcHandler> = new Map();

  // 假设在主线程中调用
  registerHandler(bizKey: string, abcHandler: AbcHandler) {
    this.handlers.set(bizKey, abcHandler);
  }

  // 假设在主线程中调用
  async run(): Promise<AbcResult> {
    return await taskpool.execute(abcRunInSubThread, this.handlers) as AbcResult;
  }
}
// @file abc_lib_concurrent.ets
// @desc 这是 abc_lib 中运行在子线程的逻辑
import taskpool from '@ohos.taskpool';
```

```typescript
import {AbcHandler, AbcResult} from './abc_lib';

@Concurrent
export function abcRunInSubThread(handlers: Map<string, AbcHandler>): AbcResult {
  const result: AbcResult = {data: []};
  handlers.forEach((handler: AbcHandler) => {
    const result1 = handler.calcFn1(handler.abcContext, 'aaa');
    const result2 = handler.calcFn2(handler.abcContext, 'bbb', 123);
    result.data.push(result1, result2);
  });
  return result;
}
// @file user_biz.ets
// @desc，这是上层业务逻辑，其中使用了 abc_lib
import {AbcLib, AbcContext, AbcHandler} from './abc_lib';
import {calcFn1, calcFn2} from './abc_lib_use_concurrent';

export interface MyAbcContext extends AbcContext {
  myData: string;
}

export async function main() {
  const abcLib = new AbcLib();

  // 把这些 @Concurrent functions 当作参数传给 abcLib，之后 abcLib 会发给子线程
  const myAbcHandler1: AbcHandler = {
    calcFn1,
    calcFn2,
    abcContext: {
      myData: 'this_is_myData1_' + Math.random()
    } as MyAbcContext
  };
  abcLib.registerHandler('my_biz_1', myAbcHandler1);

  const result = await abcLib.run();

console.log(`abcLib run result: dataStrList: ${result.dataStrList.join('|')}, dataNumList: ${result.dataNumList.join('|')}`);
}
// @file user_biz.ets
// @desc，这是上层业务逻辑，其中使用了 abc_lib
// abc_lib 要求使用者传入的是@Concurrent function
import {AbcLib, AbcContext, AbcHandler} from './abc_lib';
import {MyAbcContext} from './abc_lib_use';
```

```
@Concurrent
export function calcFn1(abcContext: AbcContext, arg1: string): number {
  return 'my_result_of_calc_fn1';
}

@Concurrent
export function calcFn2(abcContext: AbcContext, arg1: string, arg2: number): string {
  const myData = (abcContext as MyAbcContext).myData;
  return `my_result_of_calc_fn2_${myData}`;
}
```

分析完上述两个场景后，会有人考虑 function / class 传输时的性能如何，从理论上推导，函数传输的性能消耗并不会成为瓶颈。

在 JS（ES）的原本设定中，function 有很强的动态性质，它是 VM heap 中的对象，且能够任意访问函数作用域（function scope）外的其他变量，形成一个闭包（closure）。于是 function scope 外那些被引用的变量所含的实时数据，便成了 function 每次逻辑正确地运行所需的一部分。这些设定是函数式编程的基础，也使得使用方便，其他编程语言中也有类似设施（如 Rust 的 closure，各种语言中的 lambda 表达式）。但是如果对 function 实现完整的跨 VM 传输，那么 closure 中所有 function scope 外的那些变量的数据也要序列化传输，并在目标 VM 中还原，这个量级可能很大且不可控。例如，假设 function 中引用了一个 ES module top-level 的变量 const handlers = []，它里面所保存的每个 function 对象的 closure 中又可能引用了大量对象。开发者其实很难意识到这些引用链到底有多大，在语言设计中也往往没有想让开发者去时刻注意它们，所以需要做限制。ArkTS 中的一些实现设定和主动限制降低了可传输的 function 的动态性。

- @Concurrent function 和 @Sendable class 均限制了访问 function scope 外的变量。其实另一种设计选择是，允许访问 function scope 外的变量，但是不传输实时数据，仅仅评估执行 ES module（function 所在的 ES module）创建这些环境。但是这对于开发者的理解成本而言，或许并不见得有多大改善。
- @Conrrent function 和 @Sendable class 的成员 function 里的代码可以访问来自 ES module import 的内容。"function 里的代码访问其他 ES module" 这件事，以字节码中的指令方式在底层实现（参考源码中的 ldexternalmodulevar 指令的实现），其大意是，在特定时机（如主线程的应用入口处、@Concurrent function 执行入口处）按照 module 引用关系来深度优先遍历解析和执行所有被导入的 ES modules，而函数里访问其他 module 内容时在 evaluated ES module 里获得里面的内容。

有了这些限制，@Concurrent 和@Sendable 的函数传输时，动态部分所需的消耗比较小（在目标 VM heap 中创建 function 或 class 对象还是需要的，但理论上来说开销并不需要很大，且是一次性的，创建好后保留在 ES module 中）；而静态部分，即字节码（及 JIT、AOT 的结果）和一些类信息，并不会变，也不必维护于 VM heap 中，于是方便在不同线程中共享。

例如我们可以观察底层实现，程序的各种字节码在 PandaFile 中存在，并可在 runtime 中共享（runtime 中 MethodLiteral 的实例代表了每个 function 的字节码，其指针可以被 VM heap 中的 Method JSFunction 等共享）。

10.3　异步 API 的使用

在以单线程为主的开发中，应该更多地使用异步 API（非阻塞 API），以避免 UI 线程的卡顿和执行性能的下降。鸿蒙本身的 API 提供了大量异步 API。而我们在编写 SDK、lib、util 等公共库时，也应考虑是否优先提供异步 API。在使用异步 API 时，会涉及 await、Promise 等概念，它们能够提高代码的可读性和易维护性。本节将讨论这些内容。

10.3.1　await 和 Promise 的使用

无论是单线程还是多线程，ArkTS/TS/JS 中只要涉及并发编程，都会用 await 和 Promise 来组织代码。在 ArkTS/TS/JS 中，await 和 Promise 往往是互相关联的概念。"单线程多任务"和"多线程多任务"都可以使用 await 和 Promise 来表达。因此，鸿蒙的 taskpool.execute、网络请求等许多异步 API 都使用 await 和 Promise。下面重点介绍 Promise 和 await。

（1）ArkTS/TS/JS 中的 Promise 是什么

Promise 既是一种异步编程模式，也是一个 API。它已经在 ECMAScript 语言规范中定义，并且 JS 引擎内部会提供实现。因此，开发者既可以直接使用 Promise（例如作为各种异步 API 的返回值），也可以用它来实现其他一些语言基础设施（例如实现 await）。关于 Promise 和 await 的关系，下面会有描述。

（2）ArkTS/TS/JS 中的 await 是什么

await 也是异步编程的基础设施，它使得我们可以使用传统的看似"同步"的语句来编写异步任务。其他编程语言如 C#、JS（包括 TS、ETS 等）、Python、Rust、Swift、Dart、C++（从 2020 年起）也在语言层面引入了 await。在主流语言中，C#最早引入了 await / async（2012 年）。实际上，对于多个 I/O 的程序，引入 await 语法可以极大地改善代码的可读性。

在 ArkTS/TS/JS 中，await 本身是一个操作符。例如 await some_expression，大致上可以理解为，在 some_expression 的异步行为完成后再执行后续的语句。

Promise 和 await 都是异步编程的基础设施。await 提供了相对更好的代码可读性，而 Promise 可以实现一些 await 无法做到的场景。Promise 先被引入 JS 中，之后 await 被引入 JS 中。实际上，await some_expression 可以被翻译成使用 Promise 表达的代码，而 ArkTS runtime 可以使用 Promise 来实现 await。

在使用 await 时要注意一件事，some_expression 不一定非要是"标记为 async 的函数"，它可以是任何普通表达式。示例如下。

```
function doSomething() {
  return new Promise((resolve) => {
    setTimeout(() => {
      resolve(123);
    }, 1000); // 等 1s
  });
}
const result = await doSomething();
// 下面这句话等 doSomething()1s 后唤起 resolve()才执行
console.log(result); // 结果就是 123


const result = doSomething();
// 下面这句话在 doSomething()返回 promise 后立刻执行
console.log(result); // 结果为一个 promise 对象
```

（3）ArkTS/TS/JS 里 async 是什么

虽然 async 似乎常和 await 一起出现，但它们并不是对偶的概念。

async 只用来描述 function 的性质（被声明为 async 的 function 则为 AsyncFunction，具有特殊性质），大概只表达：“如果这个函数里要出现 await，那么必须将函数声明为 async”。

这里说一个有趣的小知识，大家可以参考。实际上，async 本来也可以不存在，但是当年 C# 引入 await 时，由于 await 这个词并不是保留字，也就是说旧代码中可以声明一个变量名为 await 的变量。所以，例如下面这种语句就会产生歧义：function a() {const result = await (new Promise(resolve => {setTimeout(() => resolve())})); console.log(result)}（这是 JS 的例子，可以在浏览器中试试），这里不清楚函数中的 await 是表示"等待"还是指别处定义的全局变量，例如 global.await = () => {}。因此似乎不能在函数中使用 async 来描述函数。在使用 async 描述函数后，其中的 await 就成了关键字，不能再用作其他用途。这只是一则趣闻，不必深究。

async function 不一定非要使用 await 来调用，async function 中也不一定非要出现 await。

```
async function fn1() { return 123; } // 普通函数
const fn2 = async () => {}; // 箭头函数

// 特性：如果声明成 async，则这个函数被普通调用时
// 返回 promise（无论函数里字面上返回了什么，都变成了 promsie）
const result = fn1(); // result 为一个 promise 对象，而非 123
const result = await fn1(); // result 为 123
```

（4）用 await 还是 Promise

这是关于"具有高 I/O 的程序的代码风格"的讨论。笔者从程序可读性的角度出发，认为 await 比 Promise 好很多。如果需要细分，要么使用 await，要么使用"扁平化的 Promise"，并且不要写嵌套层级越来越深的 Promise（类似 callback hell）。下面举例来说明同一件事情用三种风格来编写的效果。

写法一：promise callback hell（该写法嵌套较深，不推荐）。

```
async function fn_style_promise_callback_hell(): Promise<number> {
  return do_io_1().then((result1) => {
    console.log("result1", result1);
    return do_io_2(result1).then((result2) => {
      console.log("result2", result2);
      return do_io_3(result1, result2).then((result3) => {
        console.log("", result3);
        return result3;
      });
    });
  });
}
```

写法二：打平的 Promise（如果用 Promise 就尽量减少嵌套层级）。

```
async function fn_style_promise(): Promise<number> {
  let _result1: number;
  return do_io_1()
    .then((result1) => {
      console.log("result1", result1);
      _result1 = result1;
      return do_io_2(result1);
    })
    .then((result2) => {
      console.log("result2", result2);
      return do_io_3(_result1, result2);
    })
    .then((result3) => {
      console.log("", result3);
      return result3;
    });
}
```

写法三：用 await（推荐该写法）。

```
async function fn_style_async_await(): Promise<number> {
  const result1 = await do_io_1();
  console.log('result1', result1);
  const result2 = await do_io_2(result1);
  console.log('result2', result2);
  const result3 = await do_io_3(result1, result2);
  console.log('result3', result3);
  return result3;
}
```

另外，有些场景用 await 并不能表达，需要用 Promise，比如下面两个场景。

场景一：把一个 callback 形式的 API 封装成可被 Promise 和 await 方式调用的 API。

```
// 把 callback 形式的 API 改成可被 Promise 和 await 方式调用的 API
function promisifiedSetTimeout(timeout: number) {
  return new Promise(resolve => {
    setTimeout(() => resolve(), timeout);
  });
}
// Promise 方式调用
promisifiedSetTimeout(100)
  .then(() => doNext());
// await 方式调用
promisifiedSetTimeout(100);
doNext();
```

场景二：由于要求"出现 await 的函数必须声明为 async 函数"，导致在调用链上会有传播性，有时会被介意。实际上，如果将同步函数改为异步函数，大多数情况下，无论使用 await、Promise 还是回调函数形式，都不可避免地需要在调用链上更改代码，因此在这种情况下使用 Promise 并不比使用 await 简单。但是，如果有某些场景希望阻断这种传播，那么就需要调用链上的某个函数，该函数可以"在内部有异步行为的同时，不需要让调用者察觉"。如果符合这样的设定，则可以使用 Promise 来阻断这种传播。

```
async function fnAsync1() {
  const result1 = await fnAsync2();
  return await fnAsync3(result1);
}
async function fnAsync2(result1) { /*...*/ }
async function fnAsync3() { /*...*/ }

// 尽管内部有调用异步 API，但是在函数设计上，异步行为并不需要被上层调用者
// 关注（上层调用者永远不需要等待异步行为结束）。于是使用 Promise
// 而非 await 来调用 fnAsync1 fnAsync2 等，从而
// fnHaveInnerAsyncButNotNeedToCare 不必声明成 async
function fnHaveInnerAsyncButNotNeedToCare() {
  fnAsync1()
    .then(result => {
      // ...
      return fnAsync2(result);
    });
  // ...
}
function fnCaller() {
  fnHaveInnerAsyncButNotNeedToCare();
  // ...
}
```

10.3.2 await 和 Promise 的实现

只有了解实现才能有助于解决代码争议、查找问题、性能优化等。异步 API 的底层实现一般基于任务（task，或称 "宏任务"，即 macrotask）和微任务（microtask）。这里 task 是指线程的宏任务队列（task queue，或称消息队列，即 message queue）机制，这种方式在各种平台上都常见（例如 Android 的 android.os.Looper），当需要有异步行为时，创建一个新的宏任务，发送到线程的宏任务队列等待被执行。而 JS 引擎（含 ArkTS runtime）在一个宏任务内额外用微任务队列（microtask queue）来实现 Promise 和 await。宏任务和微任务的执行过程如图 10-3 所示，可看出先执行宏任务中用户定义的代码（如 task_A JS code、task_B JS code），再依次执行微任务代码（如 microtask_A1 JS code、microtask_A2 JS code 等）。下面从三个角度说明是如何实现的。

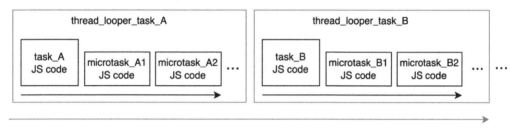

图 10-3　宏任务和微任务的执行过程

（1）微任务触发执行的时机。执行时机可以概念性地认为是当 JS 调用栈（JS call stack）恢复为空时，如果微任务队列中有微任务，则持续执行，直到微任务队列为空。这里的 "JS 调用栈" 指的是 ArkTS/TS/JS 代码中函数调用的调用栈。它本质上可以被视为虚拟机模拟出的概念，底层实现是否直接使用 C 调用栈取决于引擎的实现，不是关键因素。在一个宏任务执行完成之前，不会执行其他宏任务。例如，在一个宏任务里的所有微任务执行完成之前不会有机会执行类似 onClick 的代码（于是这会导致用户输入在这段时间得不到响应）。同理，这时也不会响应其他线程发送来的宏任务。

（2）什么场景可能导致新宏任务被添加。如用户事件响应（例如 onClick）、网络请求的响应、setTimeout/setInterval/requestAnimationFrame、onmessage 等异步回调发生时。

（3）什么场景可能导致新微任务被添加。绝大多数情况是在 Promise/await 场景中，如 Promise.resolve、Promise.reject、promise then 中的函数调用返回后，await 返回时，Promise 和 await 函数中抛出错误时。另外，dynamic import 和 JS object finalization callback 也会使用微任务。

下面一段代码演示了它们运行在哪些宏任务和微任务中。

```
struct MyComponent {
  build() {
    // 这段代码运行在 task_1 里
    Button('hello').onClick(onClick);
```

```
    // 当用户单击发生时，其他线程会向 UI 线程的 task_queue 发送
    // 一个新 task（假设叫 task_2）
  }
}
async function onClick() {
  // 这段代码运行在 task_2 里
  const result = await doSomethingAsync();
  // 这段代码运行在 microtask_5 里（因为 await）
  console.log(result); // 此时 result 为 123
}
async function doSomethingAsync(): Promise<number> {
  // 这段代码运行在 task_2 里
  const promise1 = new Promise<number>((resolve, reject) => {
    // 这段代码运行在 task_2 里
    setTimeout(
      // 这里向 task_queue 添加一个新 task（假设叫 task_3）
      () => {
        // 这段代码会运行在 task_3 里
        resolve(123);
        // 上一句中向 microtask_queue 里添加一个新 microtask
        //（假设叫 microtask_4）
        // 这段代码会运行在 task_3 里
        console.log("haha");
      }
    );
  });

  // 这段代码运行在 task_2 里
  const promise2 = promise1.then((value) => {
    // 这段代码运行在 microtask_4 里
    return value; // 即 123
    // 之后向 microtask_queue 里添加一个新 microtask
    //（假设叫 microtask_5）
  });

  // 这段代码运行在 task_2 里
  return promise2;
  // 注意
  // .then 和 .catch 都会生成新的 promise 对象（这里称为 promise2）
  // 一旦生成新的 promise 对象，永远不要继续使用原来的 promise 对象
  //（即上面的 promise1）
  //（几乎没有场景需要这么做）
}
```

10.3.3 用同步 API 还是异步 API

笔者认为：假设一个 API 同时提供同步版本和异步版本，则优先考虑使用异步 API（非阻塞

API)。因为同步 API 的性能可能较差，而异步 API 可能表现更好（因为它不会阻塞线程，可使用子线程并行处理任务，以及可将任务拆分成更细小的粒度）。这样可以减少界面卡顿，并缩短总体执行时间。例如：

```
import fs from "@ohos.file.fs";
// 优先考虑
async function io_related_fn_good(path: string, content: string) {
  const file = await fs.open(path, fs.OpenMode.WRITE_ONLY);
  const len = await fs.write(file.fd, content);
  console.log("", len + ". Then do next job.");
}
// 而非
function io_related_fn_not_good(path: string, content: string) {
  const file = fs.openSync(path, fs.OpenMode.WRITE_ONLY);
  const len = fs.writeSync(file.fd, contnet);
  console.log("", len + ". Then do next job.");
}
```

但这里还没有数据支持，只是推测。具体推理过程如下。

（1）一般的功能需求可以分为本地 CPU 运算（如本地数据处理、解压）或者非本地 CPU 运算（如请求网络获取数据）。

（2）执行环境可分为 UI 线程或者非 UI 线程。

（3）我们的性能目标是 UI 不卡顿（即能及时响应用户交互，可以通过任务变短、不阻塞 UI 线程来实现）或者总体执行速度快（可以通过并行计算、提高任务吞吐量来实现）。总结起来，"任务变短""不阻塞线程""并行计算"是改善性能的手段。

基于以上 3 种情况，假设 API 实现有下面几种方式，它们在上述几种手段上的表现如表 10-2，综合对比可看出，异步 API 优于同步 API。

表 10-2　API 实现及具体表现

API 实现方式	具体表现	并行/串行	任务长短	如果属于非本地 CPU 运算（例如请求网络），是否阻塞线程
异步 API 且多线程	API 向子线程发送新宏任务，然后 API 直接返回函数不会等新的宏任务完成	并行计算	任务变短	不阻塞线程
异步 API 且单线程	API 向本线程发送新宏任务，然后 API 直接返回函数不会等新的宏任务完成。	串行计算	任务变短	不阻塞线程
同步 API	API 在本线程的宏任务中等待所有事务完成后再返回函数（无论实际运算是在本线程中，还是子线程中，还是远程 server 中）	串行计算	任务长	阻塞线程

关于上表中"异步 API 且单线程"的一个注意事项：如果只创建微任务而不创建新的宏任务，这是无意义的，仍然会造成卡顿。因为一个宏任务的各个微任务之间没有响应其他宏任务的机会，例如用户输入等都是以新的宏任务形式被放入宏任务队列中的。例如鸿蒙中，@ohos.file.fs 中 fs.read 的实现，使用了 NAsyncWorkPromise::Schedule，其中会使用 uv_queue_work 向本线程的 uv loop 添加新的宏任务。

下面举例介绍代码和运行时的宏任务/线程之间的关系。如图 10-4 所示，右边是代码，左边是线程和宏任务，右边代码中每个不规则的框对应一个运行时的宏任务。右边代码中调用了几个异步 API（实际上是 @ohos.file.fs 中的 API）。

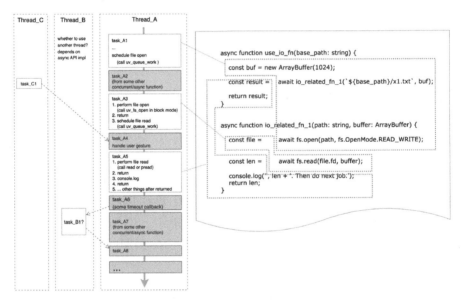

图 10-4　代码和运行时的宏任务/线程关系图

多个并发异步任务的常见写法如图 10-5 所示，使用 await Promise.all 实现等待多个并发异步任务结束再继续。

对于一些命名上像同步 API 但实则是异步 API 的情况，注意是否需要 await。代码示例如下。

```
// 不对的例子
preferences.put('startup1', 'auto'); // 以为 put 是一个同步 API
const result = preferences.get('startup1'); // 大概率无法获得设置的值，因为 put 实际是异步 API

// 对的例子
await preferences.put('startup2', 'auto'); // put 前加了一个 await
const result = await preferences.get('startup2'); // 于是 get 理应能获得设置的值
```

下面特别介绍 await、Promise、异步 API 和"多线程"的关系。C# 很早就引入了 await，参考 C# 官网的描述。

```
async function do_something(base_path: string) {
    const buf1 = new ArrayBuffer(4096);
    const buf2 = new ArrayBuffer(4096);

    await Promise.all([
        io_related_fn_1(`${base_path}/some_1.txt`, buf1),    - concurrent
        io_related_fn_1(`${base_path}/some_2.txt`, buf2),    - probably parallel
        io_related_fn_other('uiop'),                           if the impl use sub-thread
        io_related_fn_other('hjkl'),
    ]);
    console.log('Then do next job');
}
```

图 10-5　多个并发异步任务的常见写法

The core of async programming is the Task and Task<T> objects, which model asynchronous operations. They are supported by the async and await keywords. The model is fairly simple in most cases:

- For I/O-bound code, you await an operation that returns a Task or Task<T> inside of an async method.
- For CPU-bound code, you await an operation that is started on a background thread with the Task.Run method.

它将绝大多数场景归纳为两种模式：远程 I/O 和本地 CPU 运算。它们都可以使用异步 API 和 await 来表达。另外，使用 await、Promise、异步 API 并不一定意味着多线程，这取决于 API 的内部实现选择。即使是单线程，异步 API 仍然具有一定意义，即上面所述的任务变得更短的意义。

10.4　本章小结

本章主要讨论了 ArkTS 线程模型的特点，尤其是每个线程都拥有自己专属的 VM heap，使得不同线程可以相对隔离地访问内存。与内存共享相比，这带来了天然的线程安全性，从而减少了多线程编程引发的错误。然而，在需要使用多线程提高性能的场景中，这也可能增加一些使用上的不便。此外，本章还介绍了在使用 ArkTS 进行多线程开发时需要注意的事项。特别是在使用 @ohos.taskpool 时，要注意执行环境的初始化和清理逻辑是否正确。如果可能，应尽量编写无副作用的 ES module，以避免在这类场景下使复杂工程变得脆弱。本章还涉及了一些关于异步 API（非阻塞 API）、await 和 Promise 的知识。特别是在考虑程序性能时，我们会更多地考虑使用异步 API，并使用 await 编程模式来提高程序的可读性。

第 11 章
自由流转，让应用无处不在

11.1 什么是自由流转

为了给用户提供更优良的分布式体验，并充分发挥各类设备的优势，HarmonyOS 提供了一种跨设备的分布式操作——流转，其场景分为跨端迁移和多端协同。

11.1.1 跨端迁移

为用户提供在当前场景下更适合使用的设备，并能够继续执行当前任务，例如在手机上播放的音乐、视频等多媒体文件，当用户进入车内时可继续播放到车机上，或者当用户回家后可以切换到音箱、电视等设备上继续播放。

对于开发者而言，跨端迁移是指将在 A 设备上运行的 UIAbility 迁移到 B 设备上，并继续运行 UIAbility，而原本在 A 设备上的 UIAbility 可以根据需要决定是否退出。

11.1.2 多端协同

如果用户拥有多个运行 HarmonyOS 的设备，例如手机、平板和折叠屏，那么这些设备可以协同工作，以提高效率。用户可以选择最适合的设备来完成任务。

例如，在平板上使用手写笔进行绘画，然后通过手机将生成的图片直接发送给联系人。对于开发者而言，多端协同是指在多个设备上同时或交替运行不同的 UIAbility/ServiceExtensionAbility，以实现完整的业务；或者在多个设备上同时运行相同的 UIAbility/ServiceExtensionAbility，以实现完整的业务。

11.1.3 HarmonyOS 可实现的流转场景

HarmonyOS 可实现的流转场景包括服务互通、应用接续、媒体播控和跨设备拖曳和剪贴板。

11.2 服务互通

服务互通实现了跨设备的相机、扫描、图库访问功能，使得平板或 2in1 设备能够调用手机的相机、扫描、图库等功能。

举例来说，当用户在平板或 2in1 设备上编写文档时，如果需要拍摄照片作为素材，可以利用服务互通中的拍照功能。通过这个功能，用户可以将手机拍摄的高质量照片快速传到平板或 2in1 设备的应用中，帮助用户高效完成图文并茂的文档设计。

11.2.1 设备限制与使用限制

1. 设备限制
- 本端设备：适用于 HarmonyOS NEXT 及以上版本的平板或 2in1 设备。
- 远端设备：适用于 HarmonyOS NEXT 及以上版本、具有相机功能的手机或平板设备。

2. 使用限制
- 双端设备需要登录同一个华为账号。
- 双端设备需要打开 WLAN 和蓝牙开关。

11.2.2 核心 API

基于底层分布式协同框架的功能，HarmonyOS 为开发者提供了服务互通组件（CollaborationService），可以用于实现跨端拍照功能。该组件提供了两个核心的 API，即 createCollaborationServiceMenuItems（相机设备列表）和 CollaborationServiceStateDialog（远端相机状态弹窗），无须关注数据传输、控制等具体、复杂的实现细节。

如图 11-1 所示，createCollaborationServiceMenuItems（相机设备列表）主要负责为本端收集远端设备的信息，并向用户选择的设备发送拍照请求。

CollaborationServiceStateDialog（远端相机状态弹窗）用于展示远端设备的拍照状态，并回传从远端设备获取的照片数据，如图 11-2 所示。

图 11-1 相机设备列表工作原理

图 11-2 远端相机状态弹窗工作原理

11.2.2.1 createCollaborationServiceMenuItems 的使用

createCollaborationServiceMenuItems 将展示附近可用的设备信息。当附近有一个或两个可用设备时，将直接显示该设备的信息；当附近有两个以上可用设备时，将自动创建子菜单项，层叠显示多个设备信息。其方法定义如下面的代码所示。

```
@Builder
declare function createCollaborationServiceMenuItems(businessFilter?: Array<Collaboration
ServiceBusinessFilter>): void;
```

该 API 本身是一个 @Builder 方法，必须与 Menu 组件配合使用，而它的唯一参数是一个 CollaborationServiceBusinessFilter 类型的枚举值集合，调用时可以根据需要传入特定的值，以区分具体的能力。

CollaborationServiceBusinessFilter 类型的枚举值说明如表 11-1 所示。

表 11-1 CollaborationServiceBusinessFilter 类型的枚举值说明

枚 举 值	说　　明
ALL	所有互通能力
TAKE_PHOTO	仅跨端拍照
SCAN_DOCUMENT	仅文档扫描
IMAGE_PICKER	仅图库选择器

11.2.2.2 CollaborationServiceStateDialog 的使用

在获得可用设备之后，就可以添加处理图像数据的逻辑了。此时需要使用 CollaborationServiceStateDialog 组件，其类型定义如下。

```
@Component
declare struct CollaborationServiceStateDialog {
    // 获得互通设备的图片回调
    onState: (stateCode: number, buffer: ArrayBuffer) => void;
```

```
    build(): void;
}
```

这个组件的使用方式也比较简单、固定，只需要在当前的根布局中加入这个组件，并处理它所需要的回调（onState()方法）即可。

根据上面的类型定义，可以将 onState 回调中的图片 Buffer 数据通过 createImageSource()方法创建成 ImageSource，再展示在一个 Image 组件上，即可实现基本的效果，结合 createCollaborationServiceMenuItems()方法的使用，整体示例代码如下。

```
import {
  CollaborationServiceBusinessFilter,
  CollaborationServiceStateDialog,
  createCollaborationServiceMenuItems
} from '@hms.collaboration.camera'
import { image } from '@kit.ImageKit';

@Entry
@Component
struct RemoteCameraPage {

  @State picture: PixelMap | undefined = undefined;

  build() {
    Column() {
      Button("选择设备").bindMenu(this.deviceMenu)
      CollaborationServiceStateDialog({
        onState: (stateCode: number, buffer: ArrayBuffer): void => {
          if (stateCode != 0) {
            return
          }
            image.createImageSource(buffer)
            .createPixelMap()
            .then((pixelMap) => {
              this.picture = pixelMap;
            })
        }
      })
      if (this.picture) {
        Image(this.picture).width(300).height(300)
      }
    }
  }
  @Builder
  deviceMenu() {
    Menu() {
createCollaborationServiceMenuItems([CollaborationCameraBusinessFilter.ALL])
```

```
    }
  }

  private handlePic(stateCode: number, buffer: ArrayBuffer): void {
    if (stateCode != 0) {
      return
    }
    let imageSource = image.createImageSource(buffer)
    imageSource.createPixelMap().then((pixelMap) => {
      this.picture = pixelMap;
    })
  }
}
```

如图 11-3 所示，可以在 Previewer 中预览该功能的单击效果。在单击"选择设备"按钮后，HarmonyOS 自动搜索可用的互通设备，不需要关心底层的逻辑。

图 11-3　设备菜单效果

11.3　应用接续

应用接续，指当用户在一个设备上操作某个应用时，可以在另一个设备的同一个应用中快速切换，并无缝衔接上一个设备的应用体验。

例如，用户先在搭乘的交通工具上编写了邮件大纲，待进入办公室后，将当前的邮件 App 界面迁移至平板或其他大屏设备，继续完善细节。

11.3.1　工作机制与流程

应用接续的基本工作流程如图 11-4 所示，其主要借助了同一 App 的 UIAbility 功能。

第 11 章 自由流转，让应用无处不在

图 11-4 应用接续的基本工作流程

在发起端（如用户的手机），通过 UIAbility 的 onContinue 声明周期回调，此时可以保存待接续的业务数据。例如，用户在发起端的浏览器 App 中浏览某个页面，到达目标端（如平板）后继续浏览，开发者需要通过 onContinue 接口保存页面 URL 等内容。

HarmonyOS 底层已集成的分布式框架提供跨设备应用界面、页面栈及业务数据的保存和恢复机制，负责将数据从源端发送到目标端。

在目标端，同一 UIAbility 通过 onCreate/onNewWant 接口恢复业务数据（如目标设备 Web 组件重新加载某个 URL）。

11.3.2 设备限制与使用限制

1. 设备限制

仅适用于 HarmonyOS NEXT 及以上版本的设备。

2. 使用限制

- 双端设备需要登录同一个华为账号。
- 双端设备需要打开 Wi-Fi 和蓝牙开关。建议双端设备接入同一个局域网，以提升数据传输速度。
- 应用接续只能在同一应用（UIAbility）之间触发，双端设备都需要安装该应用。
- 为了保证接续体验，请确保在 onContinue 回调中使用 wantParam 传输的数据在 100KB 以下。对于大数据量，请使用分布式数据对象和分布式文件系统进行同步。

11.3.3 核心 API

与接续功能相关的 UIAbility 生命周期 API 如表 11-2 所示。

表 11-2 与接续功能相关的 UIAbility 生命周期 API

接口名	描述
onContinue(wantParam : {[key: string]: Object}): OnContinueResult	接续发起端在该回调中保存迁移所需的数据，并返回是否同意迁移： AGREE：表示同意。 REJECT：表示拒绝，如果应用在 onContinue 中出现异常，可以直接 REJECT。 MISMATCH：表示版本不匹配，接续发起端应用可以在 onContinue 中获得接续目标端应用的版本号，进行协商后，如果由于版本不匹配导致无法迁移，则可以返回该错误
onCreate(want: Want, param: AbilityConstant.LaunchParam): void;	接续目标端用于冷启动或多实例应用的热启动，完成数据恢复，并触发页面恢复
onNewWant(want: Want, launchParams: AbilityConstant.LaunchParam): void;	接续目标端用于单实例应用的热启动，完成数据恢复，并触发页面恢复

11.3.4 应用接续开发流程

11.3.4.1 申请权限并启用接续功能

1. 申请权限

- 数据迁移需要在 module.json5 文件中申请 ohos.permission.DISTRIBUTED_DATASYNC 权限。

注：由于数据迁移使用权限需要用户授与，所以在应用首次使用接续功能时，应当弹窗向用户申请授权。

2. 开启应用接续功能

在 module.json5 文件的 abilities 中，将 continuable 标签配置为 true，表示该 UIAbility 可被迁移。配置为 false 的 UIAbility 将被系统识别为无法迁移且该配置默认值为 false。

module.json5 文件的示例代码如下。

```
{
  "module": {
    // ...
    "abilities": [
      {
        // 接续功能开关
        "continuable": true,
        // ...
      }
    ],
    "requestPermissions": [
      {
```

```
    // 申请接续所需要的权限
    "name": "ohos.permission.DISTRIBUTED_DATASYNC",
    "reason": "应用接续功能使用",
    "usedScene": {
      "abilities": [
        "EntryAbility"
      ],
      "when": "inuse"
    }
  }
 ]
}
```

11.3.4.2 处理保存数据逻辑

当用户需要发起应用接续流程时，发起端 App 的 UIAbility 会触发 onContinue() 生命周期回调方法，可以在 UIAbility 中覆写 onContinue() 方法，从而处理需要保存的数据，并决定本次接续是否可以执行。

- 保存迁移数据：开发者可以将要迁移的数据通过键值对的方式保存在 wantParam 中。
- 应用兼容性检测：开发者可以通过 onContinue 接口中的 wantParam.version 获取迁移目标端应用的版本号，并与迁移发起端应用版本号进行兼容性校验，以确保数据迁移的兼容性。
- 迁移决策：开发者可以通过 onContinue 接口的返回值决定是否支持此次迁移。

以上流程的示例代码如下。

```
import { AbilityConstant, UIAbility, Want } from '@kit.AbilityKit';

export default class EntryAbility extends UIAbility {
    onContinue(wantParam: Record<string, Object>): AbilityConstant.OnContinueResult {
        let destVer = wantParam.version; // 获取目标端应用的版本号
        let targetVer: number = 0; // 定义的目标版本号,低于该版本号则不可迁移
        if (destVer > targetVer) { // 建议进行兼容性校验
            // 兼容性校验不满足,可返回 MISMATCH
            return AbilityConstant.OnContinueResult.MISMATCH;
        }
        let continueData = '迁移的数据'; // object 类型,可按需存储数据
        if (continueData) {
            // 将需要迁移的数据保存在 wantParam 的自定义字段中
            wantParam["data"] = continueData;
        }
        // 无其他异常,返回 AGREE,继续执行迁移流程
        return AbilityConstant.OnContinueResult.AGREE;
    }
}
```

11.3.4.3 恢复迁移前保存的数据

应用从发起端迁移后,通常需要在目标端设备处理需要恢复的数据,通常是在目标设备对应 App 的 UIAbility 中实现 onCreate 与 onNewWant 接口,进行恢复迁移数据的具体处理。

1. onCreate 实现示例

- 开发者可根据 launchReason 判断该次启动是否为迁移 LaunchReason.CONTINUATION。
- 可从 want 中获取保存的迁移数据。
- 完成数据恢复后,开发者需要调用 restoreWindowStage()方法来触发页面恢复,包括页面栈信息。

```
export default class EntryAbility extends UIAbility {
  storage: LocalStorage = new LocalStorage();

  onCreate(want: Want, launchParam: AbilityConstant.LaunchParam): void {
    if (launchParam.launchReason == AbilityConstant.LaunchReason.CONTINUATION) {
      // 将上述保存的数据取出恢复
      if (want.parameters != undefined) {
        let continueData = JSON.stringify(want.parameters.data);
        // 处理 continueData,即迁移前保存在 wantParam 中的数据,此处省略
      }
      // 将数据显示在当前页面,this.storage 不需要单独特殊处理
      this.context.restoreWindowStage(this.storage);
    }
  }
}
```

2. onNewWant 实现示例

- 如果 App 已经开启或本身是单实例应用,则此时 UIAbility 已经存在于内存中,不会再使用 onCreate()生命周期回调方法,而需要额外实现 onNewWant()方法。
- onNewWant()方法的实现方式与 onCreate()方法相同,开发者也可以在 onNewWant()方法中判断迁移场景,恢复数据,并触发页面恢复,具体代码如下。

```
export default class EntryAbility extends UIAbility {
  storage : LocalStorage = new LocalStorage();
  onNewWant(want: Want, launchParam: AbilityConstant.LaunchParam): void {
    if (launchParam.launchReason == AbilityConstant.LaunchReason.CONTINUATION) {
      let continueData = '';
      if (want.parameters != undefined) {
        continueData = JSON.stringify(want.parameters.data);
        // 处理 continueData
      }
      this.context.restoreWindowStage(this.storage);
    }
  }
}
```

如果需要保持统一的连贯逻辑并简化代码，也可以将恢复操作单独抽取成公共的方法，在 onCreate()方法和 onNewWant()方法中分别调用即可。

11.3.5 迁移功能可选配置

为了让应用接续场景的体验更完整，HarmonyOS 在迁移阶段也提供了一些可选配置供开发者使用，以便更精细地打磨 App 的接续体验。

1. 动态配置迁移功能

HarmonyOS 提供了支持动态配置迁移功能的功能。即应用可以根据实际使用场景，在需要迁移功能时，设置开启应用迁移功能；在业务不需要迁移时，则可以关闭迁移功能。开发者可以通过调用 setMissionContinueState 接口对迁移功能进行设置。迁移功能状态常量的含义及说明如表 11-3 所示。在默认状态下，可迁移应用的迁移功能为 ACTIVE 状态，即迁移功能开启，可以进行迁移。

表 11-3 迁移功能状态常量的含义及说明

常　　量	含　　义
AbilityConstant.ContinueState.ACTIVE	应用当前可迁移功能开启
AbilityConstant.ContinueState.INACTIVE	应用当前可迁移功能关闭

2. 按需迁移页面栈

HarmonyOS 支持应用动态选择是否进行页面栈信息恢复（默认进行页面栈信息恢复）。如果应用不想使用系统默认恢复的页面栈，则可以设置不进行页面栈信息迁移，而需要在 onWindowStageRestore 设置迁移后进入的页面。

发起端设置的特定参数如下。

```
onContinue(wantParam: Record<string, Object>): AbilityConstant.OnContinueResult {
  // SUPPORT_CONTINUE_PAGE_STACK_KEY 参数需要设为 false
  wantParam[wantConstant.Params.SUPPORT_CONTINUE_PAGE_STACK_KEY] = false;
  return AbilityConstant.OnContinueResult.AGREE;
}
```

目标端按需处理的页面如下。

```
onWindowStageRestore(windowStage: window.WindowStage): void {
  // 若不需要自动迁移页面栈信息,则需要在 onWindowStageRestore()方法中加载特定页面的 URL
  windowStage.loadContent('pages/Index', (err, data) => {
    if (err.code) {
      return;
    }
  });
}
```

3. 按需退出

HarmonyOS 默认在成功迁移后会退出发起端的应用程序。如果不希望系统自动退出，此时可以进行设置，以便用户可以在原设备上继续进行其他操作。示例代码如下。

```
onContinue(wantParam: Record<string, Object>): AbilityConstant.OnContinueResult {
    // SUPPORT_CONTINUE_SOURCE_EXIT_KEY 设为 false 即可保留发起端进程
    wantParam[wantConstant.Params.SUPPORT_CONTINUE_SOURCE_EXIT_KEY] = false;
    return AbilityConstant.OnContinueResult.AGREE;
}
```

11.3.6 应用接续的注意事项

在实际应用中，接续场景的开发过程可能要比上文中提到的步骤复杂得多，需要注意和处理的条件也比较烦琐，这里列出一些典型的注意事项，供开发者参考。

1. 建立良好的网络连接

确保设备满足应用接续功能的约束与限制，系统才能根据周边组网设备的情况，向周边设备发起蓝牙广播。只有已安装该应用的设备接收到广播之后，才可以进行接续。

2. 注意系统使用的传输模式

- 文件类型的数据：采用分布式文件系统进行传输。
- 少量数据（100KB 以下）：在 onContinue 回调中使用 wantParam 传输。
- 大量数据（100KB 及以上）：采用分布式数据对象进行传输。

3. 控件分布式迁移

如果存在支持分布式迁移的控件，则可以配置分布式迁移标识（restoreId 属性）。该标识表明组件中的业务内容无须开发者手动迁移，系统会自动迁移。

4. 恢复文件

- 应用接续成功之后，需保持接续设备在同一网络内，然后通过分布式文件系统获取。
- 在接续过程中，如果选择手机端接续成功后退出应用，则出现异步任务被中断的情况，可通过配置远端应用不退出的方式确保数据完整，可以参考"按需退出"功能。

11.4 媒体播控

HarmonyOS 提供的媒体播控功能可以简单高效地将音视频投放到其他 HarmonyOS 设备上播放，例如在手机上播放的视频可以投到屏幕更大、效果更好的智慧屏、平板等 HarmonyOS 设备上继续播放。

开发者通过使用系统提供的投播组件和接口，只需要设置应用中相应的资源信息、监听投播中的相关状态，以及主动控制的行为（例如播放、暂停）。其他动作包括图标切换、设备的发现、连接、认证等，则由系统完成。

11.4.1 HarmonyOS 媒体播控的基本概念

1. 媒体会话（AVSession）

- 音视频管控服务，用于对系统中的所有音视频行为进行统一管理。
- 本地播放时，应用需要向媒体会话提供播放的媒体信息（如正在播放的歌曲、歌曲的播放状态等），并接收和响应播控中心发出的控制命令（如暂停、下一首等）。
- 投播时，通过媒体会话，应用可以进行投播功能的设置和查询，并创建投播控制器。

2. 投播组件（AVCastPicker）

系统级的投播组件，可嵌入应用界面的 UI 组件。当用户单击该组件时，系统将执行设备发现、连接、认证等流程，应用仅需要通过接口获取投播中相关的回调信息即可。

3. 投播控制器（AVCastController）

在投播后，由应用发起的用于控制远端播放的接口，包括播放、暂停、调节音量、设置播放模式、设置播放速度等。

4. 后台长时任务

应用实现后台播放，需申请后台长时任务，避免应用在投播后被系统后台清理或冻结。

11.4.2 工作机制与流程

HarmonyOS 媒体播控的运作流程如图 11-5 所示。

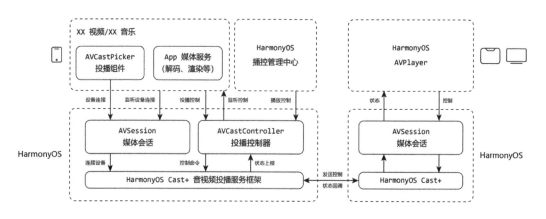

图 11-5　HarmonyOS 媒体播控的运作流程

1. 发现和连接设备

用户在应用界面上单击 AVCastPicker 组件，触发系统发现可用于投播的设备。用户在设备列表中选择对应设备后，系统连接对应设备。应用无须关注设备的发现和连接过程，仅需关注设备在远端是否可用。

应用需要接入 AVSession，才可以使用系统提供的统一投播功能，由系统进行设备的发现和管理。

2. 进入远端投播

应用通过 AVSession 监听设备的连接情况，监听到设备已连接后，可通过 AVSession 获取一个 AVCastController 对象，用于发送控制命令（如播放、暂停、下一首等）。

应用在进入远端投播时，应停止本端的播放器，避免本端和远端设备同时播放。同时，建议应用重新绘制应用界面，例如将界面变更为一个遥控器，来控制远端播放。

3. 在本端控制播放

在本端（包括应用内和播控中心）控制播放时，控制命令将通过 AVCastController 发送，系统将完成数据传输和信息同步，然后更新远端系统预置播放器的状态。

在远端控制播放时，用户同样可以直接在远端控制播放，这将直接修改远端播放器的状态。

4. 远端播放器状态回调

当远端播放器状态发生变更时，会触发回调，将状态信息返回本端。应用可以通过 AVCastController 监听远端播放器的状态变化。

11.4.3 设备限制与使用限制

1. 设备限制

适用于 HarmonyOS NEXT 及以上版本的设备。

2. 使用限制

- 双端设备需要登录同一个华为账号。
- 双端设备需要连接到同一个局域网。

11.4.4 核心 API

AVCastPicker：投播组件，提供设备发现和连接的统一入口。

AVCastController：投播控制器，用于在投播场景下完成播放控制、远端播放状态监听等操作。

AVCastPicker 和 AVCastController 内部的详细 API 不在此处列举，这里只列举 AVCastController 的核心 API，如表 11-4 所示。

表 11-4　AVCastController 的核心 API

API	说　　明
getAVCastController(callback: AsyncCallback<AVCastController>): void	获取远端投播时的控制接口
on(type: 'outputDeviceChange', callback: (state: ConnectionState, device: OutputDeviceInfo) => void): void	注册设备变化的回调，同时包含了设备的连接状态
sendControlCommand(command: AVCastControlCommand, callback: AsyncCallback<void>): void	投播会话的控制接口，用于控制投播中的各种播控指令
prepare(item: AVQueueItem, callback: AsyncCallback<void>): void	准备播放，进行资源加载和缓冲，不会触发真正的播放
start(item: AVQueueItem, callback: AsyncCallback<void>): void	开始播放媒体资源
on(type: 'playbackStateChange', filter: Array<keyof AVPlaybackState> | 'all', callback: (state: AVPlaybackState) => void): void	注册播放状态变化的回调
on(type: 'mediaItemChange', callback: Callback<AVQueueItem>): void	注册当前播放内容更新的回调，返回当前播放内容的信息

11.4.5　开发步骤及示例代码

1. 创建播放器和 AVSession

可以通过 HarmonyOS 提供的 AVSessionKit 来创建 AVSession 实例，并激活媒体会话，示例代码如下。

```
import { avSession } from '@kit.AVSessionKit'

@Entry
@Component
struct RemoteVideoPage {

  private session?: avSession.AVSession

  build() {
    // ...
  }

  // 创建 session
  private async createSession() {
    let context : Context = getContext(this);
    this.session =  await avSession.createAVSession(context, 'RemoteVideo', 'video');
// 'audio'代表音频应用, 'video'代表视频应用
    this.session?.activate();
  }
}
```

在调试时,需要将应用加入支持投播的应用名单,才能成功投播,具体代码如下。

```
this.session.setExtras({
  requireAbilityList: ['url-cast'],
});
```

建议在 session 被激活（activate）以后执行以上代码。

2. 创建 AVCastPicker

在需要投播的播放界面创建 AVCastPicker,用于将音视频资源投放到其他设备播放,可以根据视觉需要配置控件展示的大小,除支持通用属性、通用事件外,还支持 normalColor（普通状态颜色）、activeColor（激活状态颜色）和 onStateChange（投播状态变化回调）。

```
struct RemoteVideoPage {
  build() {
    Column() {
      AVCastPicker().size({ height: '20', width: '20' })
    }
  }
}
```

3. 配置 AVSession

配置 AVSession 的信息,注册 AVSession 的回调,用于感知投播连接。示例代码如下。

```
struct RemoteVideoPage {
  private castController?: avSession.AVCastController

  private async handleDeviceChanged(connectState: avSession.ConnectionState, device:
avSession.OutputDeviceInfo) {
    if (device?.devices?.[0]?.castCategory === 0 || connectState === avSession.
ConnectionState.STATE_CONNECTED) { // 设备连接成功
      this.castController = await this.session?.getAVCastController();
      // 此时应当保存 device 信息, 具体类为 DeviceInfo
      // 查询当前播放的状态
      let avPlaybackState = await this.castController?.getAVPlaybackState();
      // 此时可处理设备播放信息, 具体类为 AVPlaybackState
      // 如播放器状态（准备、开始、暂停、空闲、出错等）、速度、位置、音量、视频尺寸等

      // 监听播放状态的变化
      this.castController?.on('playbackStateChange', 'all', (state) => {
        // 处理变化后的播放信息
      });
    }
  }

  private createCastController() {
    this.session?.on("outputDeviceChange", this.handleDeviceChanged)
  }
}
```

4. 使用 AVCastController 进行资源播放

HarmonyOS 支持播放本地文件、用户使用 FilePicker 选择的文件、网络 URL 等来源的媒体文件，开发者需要确保本地文件或网络文件路径的可用性，并且做好错误处理。如果需要从网络获取文件，还需要声明 ohos.permission.INTERNET 权限。

这里的流程和 Android 播放音视频非常相似，有音视频开发经验的开发者可以很快熟悉。

```
private playVideo(url: string) {
  // 设置播放参数，开始播放
  let videoInfo : avSession.AVQueueItem = {
    itemId: 0,
    description: {
      assetId: `Video_${new Date().getMilliseconds()}`,
      title: '测试视频',
      artist: '测试作者',
      mediaUri: url, // 如：https://www.example.com/test.mp4
      mediaType: 'VIDEO',
      mediaSize: 1000,
      startPosition: 0,
      duration: 100000,
    }
  };
  // 准备播放，进行加载和缓冲（注意不是真正播放）
  this.castController?.prepare(videoInfo, () => {
    // 处理缓存状态，比如开始加载动画
  });
  // 启动播放
  this.castController?.start(videoInfo, () => {
    // 开始播放
  });
}
```

5. 使用 AVCastController 监听控制命令与进行播放控制

这里也和 Android 平台播放音视频类似，但相对比较简单，可以直接使用如下的示例代码实现。

```
private playControl() {
  // 记录从 AVSession 获取的远端控制器
  // 下发播放命令
  let avCommand: avSession.AVCastControlCommand = { command: 'play' };
  this.castController?.sendControlCommand(avCommand);

  // 下发暂停命令
  avCommand = { command: 'pause' };
  this.castController?.sendControlCommand(avCommand);
```

```
  // 监听上下一首切换
  this.castController?.on('playPrevious', async (state) => {
    // 处理新的媒体信息
  });
  this.castController?.on('playNext', async (state) => {
    // 处理新的媒体信息
  });
}
```

6. 申请投播长时任务

为了避免 App 在投播后进入后台时被系统冻结，导致无法持续投播，应当在投播成功后，尽快申请后台长时任务。在申请长时任务时，需要在 module.json5 文件中配置长时任务权限：ohos.permission.KEEP_BACKGROUND_RUNNING。对于需要使用长时任务的 UIAbility，应声明相应的后台模式类型：MULTI_DEVICE_CONNECTION。示例代码如下。

```
private startContinuousTask() {
  let context: Context = getContext(this);
  let wantAgentInfo: wantAgent.WantAgentInfo = {
    // 单击通知后将要执行的动作列表
    wants: [
      {
        bundleName: "com.example.myapplication",
        abilityName: "EntryAbility",
      }
    ],
    // 单击通知后的动作类型
    operationType: wantAgent.OperationType.START_ABILITY,
    // 使用者自定义的一个私有值
    requestCode: 0,
    // 单击通知后的动作执行属性
    wantAgentFlags: [wantAgent.WantAgentFlags.UPDATE_PRESENT_FLAG]
  };

  // 通过 wantAgent 模块的 getWantAgent()方法获取 WantAgent 对象
  try {
    wantAgent.getWantAgent(wantAgentInfo).then(async (wantAgentObj) => {
      try {
await backgroundTaskManager.startBackgroundRunning(context, backgroundTaskManager.BackgroundMode.MULTI_DEVICE_CONNECTION, wantAgentObj)
      } catch (error) {
        // 处理启动后台任务错误
```

```
      }
    });
  } catch (error) {
    // 处理 getWantAgent 错误
  }
}
```

7. 处理音频焦点

在应用进入投播后，当前应用需要取消注册焦点处理事件，以免受到其他应用的焦点申请影响。

8. 结束投播

当远程设备断开连接时，应用会收到事件，系统会自动断开连接。应用也可以使用断开投播的接口，主动进行投播连接的断开。

```
private async release() {
  // 一般来说，应用退出时，如果不希望继续投播，则可以主动结束
  await this.session?.stopCasting();
}
```

11.5 跨设备拖曳和剪贴板

HarmonyOS 设计了跨设备直接拖曳和剪贴板共享的功能，跨设备拖曳提供跨设备的键鼠共享功能，支持在平板或 2in1 类型的任意两台设备之间拖曳文件、文本，而跨设备剪贴板则提供跨设备的内容复制粘贴功能。

如果用户拥有两台平板设备，在使用文本编辑应用（如备忘录、邮件等）时，可以共享一套键鼠，通过跨设备拖曳，将设备 A 的素材（如图片、文件）拖曳到设备 B 以快速创作。还可以通过跨设备剪贴板的功能，在设备 A 的应用上复制一段文本，然后粘贴到设备 B 的应用中，从而高效地完成多设备间的内容共享，提升在 HarmonyOS 上的创作体验。

11.5.1 运作机制

1. 跨设备拖曳

HarmonyOS 跨设备拖曳的运作机制如图 11-6 所示。

其基本流程为如下。

- 用户发起触发组件的拖曳事件，如长按图片、文件，并移动。
- HarmonyOS 底层的拖曳服务处理发起端 App 拖曳数据。
- 两个 HarmonyOS 设备的拖曳服务完成跨设备数据传输处理，此过程应用不感知。

- 用户松手触发拖曳松手事件。
- 目标端 App 获取并处理拖曳数据，如将图片插入文档中。

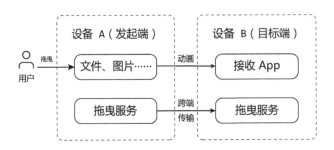

图 11-6　HarmonyOS 跨设备拖曳的运作机制

2. 跨设备剪贴板

HarmonyOS 跨设备剪贴板的运作机制如图 11-7 所示。

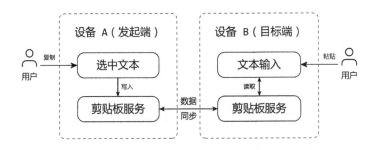

图 11-7　HarmonyOS 跨设备剪贴板的运作机制

其基本流程如下。
- 用户在设备 A 复制文本数据。
- 系统剪贴板服务将处理相关数据，并完成用户同一个华为账号的其他设备的数据同步，此过程开发者不感知。
- 用户在设备 B 上的输入框中粘贴来自设备 A 的文本数据。

11.5.2　设备限制与使用限制

1. 设备限制

- 适用于 HarmonyOS NEXT 及以上版本的设备。
- 拖曳需要平板或 2in1 设备，剪贴板不限设备形态。

2. 使用限制

- 双端设备需要登录同一个华为账号。
- 双端设备需要打开 Wi-Fi 和蓝牙开关，拖曳要求双端设备接入同一个局域网。
- 剪贴板要求双端设备在过程中解锁、亮屏。
- 拖曳要求打开键鼠穿越开关。
- 应用本身预置的资源文件不支持跨设备拖曳。
- 跨设备复制的数据两分钟内有效。

11.5.3 开发指导

1. 拖曳

拖曳操作一般由用户直接通过某个 UI 组件触发，并由另一个 UI 组件接收用户拖曳的内容，为了实现这一套跨设备拖曳操作，需要在 HarmonyOS 提供的 ArkUI 组件上实现拖曳效果，并利用拖曳事件回调，处理拖曳数据。

（1）**拖曳控制**。

用于设置组件是否可以响应拖曳事件的属性。组件均需要设置 draggable 属性才能响应拖曳事件。

（2）**拖曳事件**。

拖曳事件指组件被用户触发拖曳操作（例如长按或鼠标选中）后拖曳时触发的事件。

（3）**ArkUI 组件的拖曳**。

ArkUI 框架对以下组件实现了默认的拖曳功能，支持对数据的拖出或拖入响应，开发者只需要将这些组件的 draggable 属性设置为 true 即可。Text、TextInput、TextArea、HyperLink、Image 和 RichEditor 组件的 draggable 属性默认为 true。

- 默认支持拖出功能的组件（可从组件上拖出数据）：Search、TextInput、TextArea、RichEditor、Text、Image、FormComponent、Hyperlink。
- 默认支持拖入功能的组件（目标组件可响应拖入数据）：Search、TextInput、TextArea、Video。

如果已将以上组件的 draggable 属性设置为 true，则系统将根据组件的支持情况自动实现 onDragStart 的写信息或 onDrop 的读信息。

其他组件则需要开发者将 draggable 属性设置为 true，并在 onDragStart 等接口中实现数据传输相关内容，才能正确处理拖曳。

2. 剪贴板

跨设备剪贴板的实现比较简单，这里列出相关 API 并附上示例代码。

跨设备剪贴板的相关 API 如表 11-5 所示。

表 11-5 跨设备剪贴板的相关 API

API	说　明
getSystemPasteboard(): SystemPasteboard	获取系统剪贴板对象
createData(mimeType: string, value: ValueType): PasteData	构建一个自定义类型的剪贴板内容对象
setData(data: PasteData): Promise\<void\>	将数据写入系统剪贴板，使用 Promise 异步回调
getData(callback: AsyncCallback\<PasteData\>): void	读取系统剪贴板内容，使用 callback 异步回调
getRecordCount(): number	获取剪贴板内容中条目的数量
getPrimaryMimeType(): string	获取剪贴板内容中首个条目的数据类型
getPrimaryText(): string	获取首个条目的纯文本内容

设备 A 复制数据，写入剪贴板服务的示例代码如下。

```
import { BusinessError, pasteboard } from '@kit.BasicServicesKit';

export async function writeClipboardData(content: string) {
  let pasteData: pasteboard.PasteData = pasteboard.createData(pasteboard.MIMETYPE_TEXT_PLAIN, content);
  let systemPasteBoard: pasteboard.SystemPasteboard = pasteboard.getSystemPasteboard();
  await systemPasteBoard.setData(pasteData).catch((err: BusinessError) => {
    // 处理错误
  });
}
```

设备 B 粘贴数据，读取剪贴板内容的示例代码如下。

```
import { BusinessError, pasteboard } from '@kit.BasicServicesKit';

export function readClipboardData(cb: (content: string) => void) {
  let systemPasteBoard: pasteboard.SystemPasteboard = pasteboard.getSystemPasteboard();
  systemPasteBoard.getData((err: BusinessError, data: pasteboard.PasteData) => {
    if (err) {
      // 处理错误
      return;
    }
    // 对 pastedata 进行处理，获取类型、数量等
    // 获取剪贴板内 record 的数量
    let recordCount: number = data.getRecordCount();
    // 获取剪贴板内数据的类型
    let types: string = data.getPrimaryMimeType();
    // 获取剪贴板内数据的内容
    let primaryText: string = data.getPrimaryText();
```

```
    // 回调结果，也可以返回为 Promise
    cb(primaryText);
  });
}
```

11.6 本章小结

自由流转是 HarmonyOS 的特色功能，其独特的跨设备的分布式操作，能够充分利用各类 HarmonyOS 设备的特点和优势，在最合适的场景为用户提供最佳的用户体验。

本章的主要内容包括跨端迁移和多端协同，以及 HarmonyOS 可实现的流转场景，如服务互通、应用接续、媒体播控及跨设备拖曳和剪贴板。

希望读者能够通过本章的学习，结合 HarmonyOS 的分布式特性，让自己开发的应用在多设备上具备优良的用户体验。

第 12 章 一次开发，多端部署

12.1 HarmonyOS 多设备适配简介

HarmonyOS 支持手机、折叠屏、平板、智慧屏等多种形态的设备，这些设备具有不同的屏幕尺寸、分辨率和交互方式。因此，应用程序的交互设计必须考虑这些差异，开发者也需要针对这些差异进行适配，以确保用户在不同设备上的良好用户体验。

为了方便开发者针对多设备场景进行适配，HarmonyOS 提供了"一次开发，多端部署"（简称"一多"）的能力，使得开发者能够基于一种设计高效构建适配多设备的应用，降低开发成本。这样的方式实现了"一套代码工程，一次开发上架，多端按需部署"的最终目标，并在一定程度上扩充了"一多"应用的潜在用户。

12.2 开发前的工作

一款基于 HarmonyOS "一多"理念设计的应用，在正式投入开发之前，需要在以下几个阶段融入"一多"理念。这些准备工作对于确保开发过程顺利进行，并最终交付适用于各种设备的高质量应用程序十分重要。

1. 需求分析阶段

在需求分析阶段，应充分考虑多设备的支持情况，并全面评估应用的目标受众和主要使用场景。这包括可能使用的设备类型、特性和规格，以及用户在不同设备上期望的应用体验，如界面布局、导航方式、交互行为等。通过这样的分析，可以避免在实际开发过程中对应用架构进行颠覆性的调整。

2. 设计阶段

应用需求明确后，在设计阶段需要进行界面 UX 设计和业务功能设计。核心目标是为用户提供舒适便捷的多设备操作体验。在 UX 方面，应当遵循通用设计规则，考虑多设备的差异性、一致性、灵活性和兼容性。

可视化界面的设计应提供多设备之间较为统一的交互方式，以降低用户的学习成本。根据 HarmonyOS 提供的 UX 设计规范和理念，结合应用自身的功能特点，选择合适的布局方法（如自适应布局或响应式布局），设计灵活的界面布局，以实现根据不同设备的屏幕尺寸和方向进行良好的自适应调整。此外，还需要结合目标设备的特点进行差异化调整，提供合适的功能和操作体验。

12.3 "一多"工程配置

在完成前期准备工作后，就可以全面投入基于 HarmonyOS 的"一多"开发。为了让 HarmonyOS App 应用工程能够较好地实现"一多"，首先需要调整工程和部分模块的配置，以提升扩展性和代码复用性，方便兼容多种设备。

12.3.1 目录结构调整

1. 代码目录结构

"一多"工程应该建立在使用 DevEco Studio 创建的基本工程之上。推荐以三层工程结构进行模块拆分，在最大程度上实现代码复用，并降低模块维护成本，如图 12-1 所示。

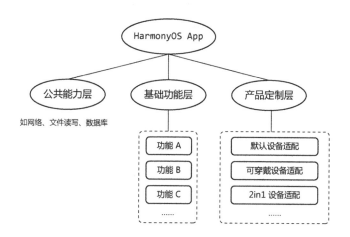

图 12-1 "一多"工程的三层工程结构示意图

（1）公共能力层。这一层用于存放一些各个业务模块可能都会用到的基础能力，如网络、文件读写、数据库等通用的公共基础库。在依赖关系上，这一层的模块应仅被功能模块依赖。

（2）基础功能层。这里存放着基础功能的集合，如应用中独立的各个业务模块的 UI 及逻辑处理。每个功能子模块都具有高内聚、低耦合、可定制的特点，可供整体产品灵活部署。

（3）产品定制层。这一层的各个模块用于对不同形态的设备进行业务功能的集成和差异性适配。每个子模块都可以编译为一个 Entry 类型的 HAP 包，以便针对不同设备进行分发并提供技术上的支持。

根据以上分层模式，对一个普通的 HarmonyOS App 工程目录进行调整后，其大致形态如图 12-2 所示。

图 12-2　HarmonyOS App 工程目录示意图

2. 资源目录结构

在应用开发过程中，经常需要使用颜色、字体、间距、图片等资源。在不同的设备或配置中，这些资源的值可能会有所不同。因此，这些资源需要统一存放在应用的 resources 目录下。该目录包括两类主要子目录，一类为 base 目录和限定词目录，另一类为 rawfile 目录。其结构如下所示。

```
resources
|---base    // 默认存在的目录
|   |---element
```

```
|   |   |---string.json
|   |---media
|   |   |---icon.png
|---en_GB-vertical-tablet-xldpi   // 限定词目录示例，需要开发者自行创建
|   |---element
|   |   |---string.json
|   |---media
|   |   |---icon.png
|---rawfile   // rawfile目录
```

　　base 目录是默认存在的，而限定词目录需要开发者自行创建，其名称由自定义限定词组合而成。当应用使用某资源时，系统会根据当前设备状态优先从相匹配的限定词目录中寻找该资源。只有当 resources 目录中没有与设备状态相匹配的限定词目录，或者在限定词目录中找不到该资源时，才会去 base 目录中查找。Rawfile 是原始文件目录，它不会根据设备状态去匹配不同的资源，这里不进行详细的解释。

　　（1）限定词目录与设备状态的匹配规则。在为设备匹配对应的资源文件时，限定词目录匹配的优先级从高到低依次为：移动国家码和移动网络码 > 区域（可选组合：语言、语言_文字、语言_国家或地区、语言_文字_国家或地区）> 横竖屏 > 设备类型 > 颜色模式 > 屏幕密度。

　　如果限定词目录中包含移动国家码和移动网络码、语言、文字、横竖屏、设备类型、颜色模式限定词，则对应限定词的取值必须与当前的设备状态完全一致，该目录才能够参与设备的资源匹配。例如，限定词目录"zh_CN-car-ldpi"不能参与"en_US"设备的资源匹配。

　　（2）限定词目录的命名要求。限定词目录可以由一个或多个表征应用场景或设备特征的限定词组合而成，包括移动国家码和移动网络码、语言、文字、国家或地区、横竖屏、设备类型、颜色模式和屏幕密度等维度，限定词之间通过下画线（_）或者中划线（-）连接。开发者在创建限定词目录时，需要遵守限定词目录的命名规则。

- 限定词的组合顺序。_移动国家码_移动网络码-语言_文字_国家或地区-横竖屏-设备类型-颜色模式-屏幕密度_。开发者可以根据应用的使用场景和设备特征，选择其中一类或几类限定词组成目录。
- 限定词的连接方式。语言、文字、国家或地区之间采用下画线（_）连接，移动国家码和移动网络码之间也采用下画线（_）连接，除此之外的其他限定词之间均采用中划线（-）连接。例如：zh_Hant_CN、zh_CN-car-ldpi。
- 限定词的取值范围。每类限定词的取值必须符合限定词取值要求表中的条件，如表 12-1 所示。否则，将无法匹配目录中的资源文件。

表 12-1　资源限定词目录的限定词取值要求

限定词类型	含义与取值说明
移动国家码和移动网络码	移动国家码（MCC）和移动网络码（MNC）的值取自设备注册的网络。 MCC 可与 MNC 合并使用，使用下画线（_）连接，也可以单独使用。例如：mcc460 表示中国，mcc460_mnc00 表示中国_中国移动 详细取值范围，请查阅 ITU-T E.212（国际电联相关标准）

续表

限定词类型	含义与取值说明
语言	表示设备使用的语言类型，由 2~3 个小写字母组成。例如：zh 表示中文，en 表示英语。 详细取值范围，请查阅 ISO 639（ISO 制定的语言编码标准）
文字	表示设备使用的文字类型，由 1 个大写字母（首字母）和 3 个小写字母组成。例如：Hans 表示简体中文，Hant 表示繁体中文。 详细取值范围，请查阅 ISO 15924（ISO 制定的文字编码标准）
国家或地区	表示用户所在的国家或地区，由 2~3 个大写字母或者 3 个数字组成。例如：CN 表示中国，GB 表示英国。 详细取值范围，请查阅 ISO 3166-1（ISO 制定的国家和地区编码标准）
横竖屏	表示设备的屏幕方向，取值如下： - vertical：竖屏。 - horizontal：横屏
设备类型	表示设备的类型，取值如下： - car：车机。 - tablet：平板。 - tv：智慧屏。 - wearable：智能穿戴
颜色模式	表示设备的颜色模式，取值如下： - dark：深色模式。 - light：浅色模式
屏幕密度	表示设备的屏幕密度（单位为 dpi），取值如下： - sdpi：表示小规模的屏幕密度（Small-scale Dots Per Inch），适用于 dpi 取值为 (0, 120] 的设备。 - mdpi：表示中规模的屏幕密度（Medium-scale Dots Per Inch），适用于 dpi 取值为 (120, 160] 的设备。 - ldpi：表示大规模的屏幕密度（Large-scale Dots Per Inch），适用于 dpi 取值为 (160, 240] 的设备。 - xldpi：表示特大规模的屏幕密度（Extra Large-scale Dots Per Inch），适用于 dpi 取值为 (240, 320] 的设备。 - xxldpi：表示超大规模的屏幕密度（Extra Extra Large-scale Dots Per Inch），适用于 dpi 取值为 (320, 480] 的设备。 - xxxldpi：表示超特大规模的屏幕密度（Extra Extra Extra Large-scale Dots Per Inch），适用于 dpi 取值为 (480, 640] 的设备

12.3.2 模块配置调整

在完成"一多"工程目录结构调整后，还需要对各个功能模块的配置进行调整，首先是在模块的 module.json5 文件（通常在一个模块的 src/main 目录中）中调整合适的 deviceTypes（目标设备类型），如图 12-3 所示，模块 phone（用于手机设备适配）支持的设备类型应为"phone"。

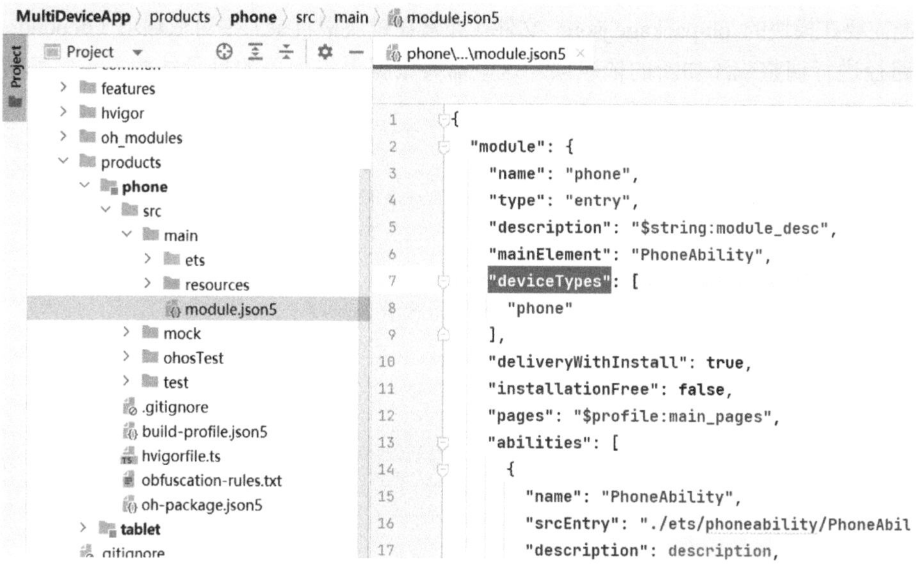

图 12-3　模块 deviceTypes 配置示意图

而如果某个模块仅针对平板设备进行适配，那么它的 deviceTypes 就应当为 "tablet"。由于 module.json5 文件中 deviceTypes 字段的类型是一个不可为空的数组，所以模块支持的目标设备类型必须进行配置，但也可以配置多个。比如一些公共的业务逻辑或底层能力库，它们通常需要实现最大程度的复用。在这种情况下，就应当为其配置多个目标设备类型，以覆盖整个应用所支持的设备类型。

除了上面提到的 "phone" "tablet" 类型，deviceTypes 还支持更多的设备配置。开发者可以参考表 12-2 中的内容，根据应用的实际需要进行配置。

表 12-2　deviceTypes 配置设备类型说明

目标设备类型	deviceTypes 枚举值	说　　明
默认	default	默认，兼容所有设备类型
手机	phone	常见的智能手机，如 Mate 60 Pro
平板	tablet	平板，如 MatePad
2in1 设备	2in1	具有两种设备形态的设备，一般是折叠屏手机，如 Mate X5
智慧屏	tv	大屏设备，一般屏幕尺寸在 65 英寸以上
智能手表	wearable	配有屏幕和通信能力的智能手表
车机	car	屏幕与平板类似，更倾向于驾驶场景功能

注：1 英寸=2.54 厘米。

另外，通常在一些功能模块中依赖了相对下层的基础能力，由于先前对工程目录进行的调整，此时可能需要在模块的 oh-package.json5 文件（通常在模块根目录）中对依赖项（dependencies 字段）的路径进行调整或添加新的依赖项。这里需要根据最终配置的目录结构，正确配置被依赖模块的相对路径，如图 12-4 所示。

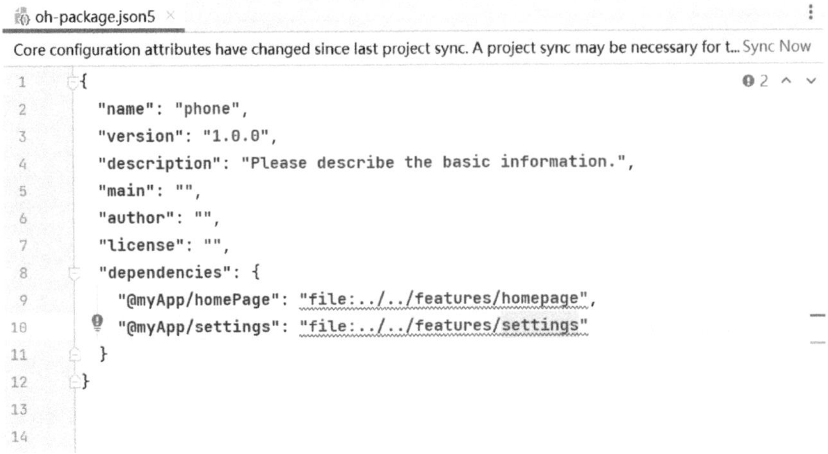

```
oh-package.json5 ×
Core configuration attributes have changed since last project sync. A project sync may be necessary for t... Sync Now
 1  {
 2    "name": "phone",
 3    "version": "1.0.0",
 4    "description": "Please describe the basic information.",
 5    "main": "",
 6    "author": "",
 7    "license": "",
 8    "dependencies": {
 9      "@myApp/homePage": "file:../../features/homepage",
10      "@myApp/settings": "file:../../features/settings"
11    }
12  }
13
14
```

图 12-4　调整模块依赖项路径配置

由于 DevEco Studio 的策略设计，当开发者修改 oh-package.json 文件后，需要手动单击右上角的"Sync Now"（或者单击顶部标签的"File"→"Sync and Refresh Project"），以触发 ohpm install 操作。否则，改动可能会导致报错，且不会生效。

在成功执行 Sync 操作后，对"一多"工程的配置调整基本完成了。

12.4　"一多"页面布局开发

对于大多数移动应用开发来说，页面开发的工作量在整个开发流程中占有相当大的比重，而布局适配问题往往是页面开发中最为关键的部分。如何对不同设备上各具特点的屏幕进行适配，充分结合目标设备的优势，决定其中元素的排列方式和展示效果，提供最佳的用户体验，成为"一多"开发中的难点。

HarmonyOS 的 ArkUI 框架提供了自适应布局和响应式布局的功能，开发者应根据应用具体功能场景内各个页面的组件结构，选择合适的布局方式。

12.4.1　自适应布局

自适应布局能够在不同设备和屏幕尺寸上自动调整布局和内容，以获得最佳的用户体验。其内容形态一般不会变化，主要通过调整布局区域来实现，而内部元素可以根据相对关系自动变化，适配不同设备。例如，在一个列表中，随着设备尺寸逐渐变大，展示条目逐渐增多，使用自适应布局的界面显示变化是连续的。

HarmonyOS ArkUI 提供了 7 种自适应布局功能，分别为拉伸、均分、占比、缩放、延伸、隐藏、折行，通常需要借助 Row、 Column、Flex 几个布局组件来实现。这些功能可以单独使用，也可以叠加使用。

自适应布局的部分理念和 CSS 中的 Flexbox 类似。如果开发者之前从事过基于 Web 前端技术的多设备适配工作，那么可能会对以下内容的理解有一定帮助。

1. 拉伸

拉伸功能是指当容器组件尺寸发生变化时，增加或减小的空间全部分配给容器组件内指定的区域。通常是通过对子组件灵活配置的三个属性来实现的，如表 12-3 所示。

表 12-3 拉伸功能的相关属性

属性	类型	取值	描述
flexGrow	number	0（默认，禁用） 1（启用）	仅当父容器宽度大于所有子组件宽度的总和时，该属性生效。配置了此属性的子组件，按照比例拉伸，分配父容器的多余空间
flexShrink	number	1（默认，启用） 0（禁用）	仅当父容器宽度小于所有子组件宽度的总和时，该属性生效。配置了此属性的子组件，按照比例收缩，分配父容器的不足空间
flexBasis	'auto' | Length	'auto'	设置组件在 Flex 容器中主轴方向上的基准尺寸。'auto'意味着使用组件原始的尺寸，不做修改 flexBasis 属性不是必需的，通过 width 或 height 也可以达到同样的效果。当 flexBasis 属性与 width 或 height 发生冲突时，以 flexBasis 属性为准

使用拉伸功能的示意代码如下。

```
Row() {
  // 元素 a 的基准宽度为 100，使用父组件剩余空间收缩
  Text("a")
    .flexGrow(0)
    .flexShrink(1)
.flexBasis(100)
  // 元素 b 使用父组件剩余空间拉伸
  Text("b")
    .flexGrow(1)
.flexShrink(0)
  // 元素 c 使用父组件剩余空间收缩，无基准宽度
  Text("c")
    .flexGrow(0)
    .flexShrink(1)
}
```

拉伸效果如图 12-5 所示。

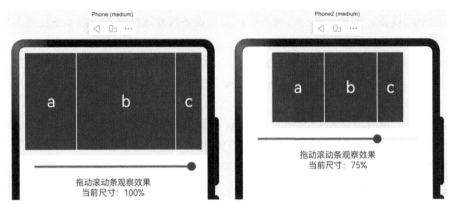

图 12-5 拉伸效果示意图

2. 均分

均分是指当容器组件的尺寸发生变化时，增加或减小的空间会均匀分配给容器组件内的所有空白区域。具体可以通过将 Row、Column 或 Flex 组件（通常为父容器）的 justifyContent 属性设置为 FlexAlign.SpaceEvenly 来实现（其他两个枚举值及其含义见表 12-4）。这意味着在父容器的主轴方向上，子元素会被等间距地布局，使得相邻元素之间的间距、第一个元素与行首的间距、最后一个元素与行尾的间距都相同。

表 12-4 justifyContent 属性实现均分功能的取值及说明

justifyContent 取值	说明
FlexAlign.SpaceEvenly	Flex 的主轴方向均匀分配弹性元素，相邻元素之间的距离、第一个元素与行首的间距、最后一个元素与行尾的间距都相同
FlexAlign.SpaceBetween	Flex 的主轴方向均匀分配弹性元素，相邻元素之间距离相同。第一个元素和最后一个元素与父元素边沿对齐
FlexAlign.SpaceAround	Flex 的主轴方向均匀分配弹性元素，相邻元素之间距离相同。第一个元素与行首的间距和最后一个元素与行尾的间距是相邻元素之间距离的一半

使用均分功能的示意代码如下。

```
Row() {
  Text("a")
  Text("b")
  Text("c")
  Text("d")
}.justifyContent(FlexAlign.SpaceEvenly)
```

4 个元素和它们的左右间距将平分屏幕宽度，均分效果如图 12-6 所示。

3. 占比

占比是指子组件的宽度和高度按照预设的比例随着父容器组件的尺寸变化而变化。通常有两种实现方式。
- 可以将子组件的宽度和高度设置为父组件宽度和高度的百分比，例如 .width('50%')。
- 当父容器尺寸确定时，可以通过 layoutWeight 属性配置在父容器主轴方向上有兄弟关系的组件的布局权重。

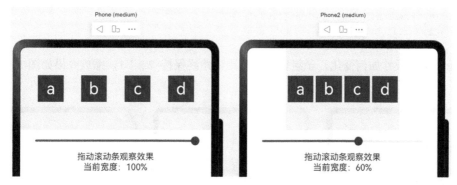

图 12-6　均分效果示意图

当使用 layoutWeight 设置布局权重时，需要注意以下几点限制。
- layoutWeight 属性仅支持父容器为 Row、Column 或 Flex。
- 设置 layoutWeight 属性后，组件通过 width 或 height 设置的尺寸会失效。

使用占比功能的示意代码如下。

```
Row() {
  Text("a").layoutWeight(1)
  Text("b").layoutWeight(2)
  Text("c").layoutWeight(2)
  Text("d").layoutWeight(1)
}
```

4 个元素的宽度将按照 1∶2∶2∶1 排布，其效果如图 12-7 所示。

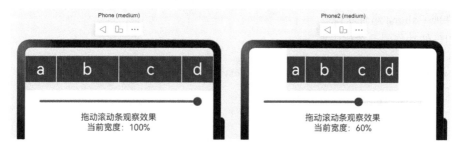

图 12-7　占比效果示意图

4. 缩放

缩放是指随着父容器组件的变化，子组件的宽度和高度始终保持预设的比例（如 1∶1），以实现自适应调整。主要是通过设置子组件的 aspectRatio（宽度与高度的比值，为 number 类型）来实现的。

使用缩放功能的示意代码如下。

```
Column() {
  Column() {
    Text("a").width('100%').height('100%')
  }.aspectRatio(2.3)
}
```

无论父组件尺寸如何变化，子组件的宽高比将始终保持 2.3：1，缩放效果如图 12-8 所示。

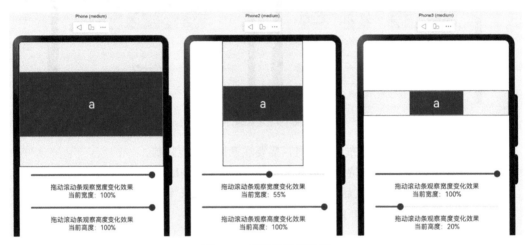

图 12-8　缩放效果示意图

5. 延伸

延伸是指容器组件内按照一定顺序排列的子组件，随容器组件尺寸变化显示或隐藏，可以随着显示区域尺寸的变化，显示不同数量的元素。通常通过 List 组件，或通过 Scroll 组件配合 Row 组件或 Column 组件实现。

使用延伸功能的示意代码如下。

```
List() {
  ForEach(this.dataSourceList, (item: object, index: number) => {
    ListItem() {
      // 列表元素实现……
    }
  })
}.listDirection(Axis.Horizontal)
// 设置宽度随 @State 变量变化
.width(`${this.widthPercent}%`)
```

随着 List 组件的宽度变大，更多的列表元素将被展示在第一屏，其效果如图 12-9 所示。

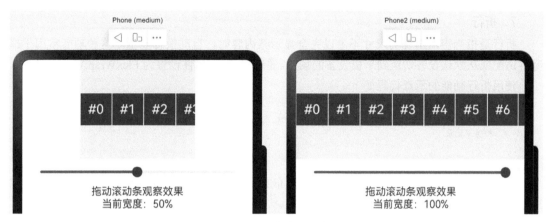

图 12-9 延伸效果示意图

6. 隐藏

隐藏是指容器组件内的子组件，根据其预设的显示优先级，在容器组件尺寸变化时显示或隐藏。具体来说，显示优先级相同的子组件会同时显示或隐藏。这一功能常用于分辨率变化较大，且不同分辨率下显示内容有所差异的场景。

主要通过设置布局优先级（displayPriority 属性，值越大，优先级越高）来控制显示和隐藏。当布局主轴方向上的剩余空间不足以容纳所有元素时，根据各子组件的布局优先级，从低到高依次隐藏，直到容器能够完整显示余下的元素。

使用隐藏功能的示意代码如下。

```
Row() {
  Text("Low").displayPriority(10)
  Text("Medium").displayPriority(50)
  Text("High").displayPriority(100)
  Text("Medium").displayPriority(50)
  Text("Low").displayPriority(10)
}
```

随着父组件的宽度变小，低优先级的元素将被隐藏，其效果如图 12-10 所示。

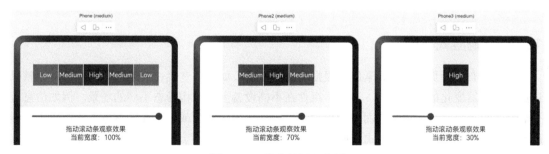

图 12-10 隐藏效果示意图

7. 折行

折行是指当容器组件的尺寸不足以完全显示其内容时，自动换行显示。这种功能常用于横竖屏适配或从默认设备切换到平板设备的场景。通过将 wrap 属性设置为 FlexWrap.Wrap 来实现。

使用折行功能的示意代码如下。

```
Flex({ wrap: FlexWrap.Wrap}) {
  ForEach(this.dataSourceList, (item: object, index: number) => {
    // 构建子元素
  })
}.clip(true)
```

随着父组件的宽度变小，没有足够空间排布的元素，将在下一行展示，折行效果如图 12-11 所示。

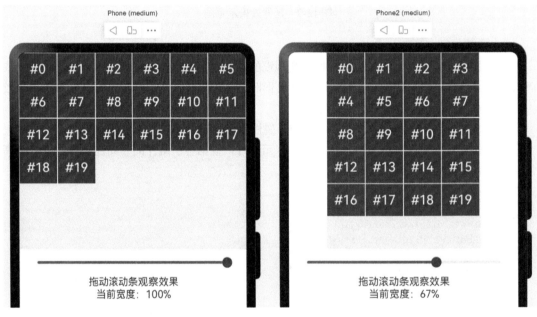

图 12-11　折行效果示意图

12.4.2　响应式布局

响应式布局指页面内的元素能够根据特定的特征（如窗口宽度、屏幕方向等）自动调整以适应外部容器变化的布局功能，适用于组件在不同设备上及结构形态不同的场景，例如信息流列表在手机上显示单列内容，而在平板设备上自动变化为双列或三列瀑布流形式。相较于自适应布局，响应式布局的布局方式更加灵活，但界面显示变化不可连续。

HarmonyOS 提供了三种响应式布局功能，即断点、媒体查询和栅格布局。

1. 断点

断点是指根据应用窗口的宽度划分不同区间。开发者可以针对这些区间实现不同的页面布局效果，以达到适配多设备屏幕类型的目的。HarmonyOS 的断点划分方式如表 12-5 所示。

表 12-5　HarmonyOS 的断点划分方式

断点名称	取值范围（vp）	设备举例
xs	[0, 320)	智能手表
sm	[320, 600)	手机（竖向）
md	[600, 840)	折叠屏（展开状态）
lg	[840, +∞)	平板（横屏）

开发者可以通过 HarmonyOS 提供的 UIAbility 获取窗口对象，并注册窗口大小变化事件，在回调中监听断点变化。具体步骤如下。

（1）在 onWindowStageCreate()方法中获取 Window 对象并注册监听。

```
// 应用入口 UIAbility
export default class EntryAbility extends UIAbility {
  private windowObj?: window.Window;
  // 其他声明周期函数
  onWindowStageCreate(windowStage: window.WindowStage): void {
    // 其他操作，如加载页面
    windowStage.getMainWindow().then((windowObj) => {
      // 以应用启动时的窗口宽度更新断点
      let windowProps = windowObj.getWindowProperties()
      let windowWidth = windowProps.windowRect.width
      this.updateBreakpoint(windowWidth)
      // 注册回调函数，监听窗口尺寸变化
      windowObj.on('windowSizeChange', (windowSize)=>{
        // 更新断点数据
        this.updateBreakpoint(windowSize.width)
      })
    })
  }
  // ...
}
```

（2）根据应用的实际情况，实现 updateBreakpoint()方法，定义需要的断点区间。

```
/**
 * 根据当前窗口尺寸更新断点
 * @param windowWidth 窗口宽度（px）
 */
private updateBreakpoint(windowWidth: number): void {
  // 先将长度的单位由 px 换算为 vp
  let windowWidthVp = px2vp(windowWidth)
```

```
let targetBreakpoint: string = ''
if (windowWidthVp < 320) {
  targetBreakpoint = 'xs'
} else if (windowWidthVp < 600) {
  targetBreakpoint = 'sm'
} else if (windowWidthVp < 840) {
  targetBreakpoint = 'md'
} else {
  targetBreakpoint = 'lg'
}
// 如还需要适配更多类型屏幕，可自定义更多断点
if (this.currentBreakpoint !== targetBreakpoint) {
  this.currentBreakpoint = targetBreakpoint
  // 为方便 App 内使用，用 AppStorage 记录当前断点类型
  AppStorage.setOrCreate('currentBreakpoint', this.currentBreakpoint)
}
}
```

（3）在需要适配多设备的页面或组件中，使用断点值处理页面展示逻辑。

```
@Entry
@Component
struct Index {
  @StorageProp("currentBreakpoint") breakpoint: string = '';
  build() {
    Row() {
      Column() {
        if (this.breakpoint === 'lg') {
          // 布局 A
        } else {
          // 布局 B
        }
      }
      .width('100%')
    }
    .height('100%')
  }
}
```

2. 媒体查询

媒体查询是响应式布局的核心工具，用于根据设备和应用属性信息设计相匹配的布局，包括显示区域、分辨率等。同时，在屏幕动态改变时，如分屏、横竖屏切换，也能够及时更新应用的页面布局，以确保用户体验的连贯性。

使用媒体查询监听屏幕特征变化的步骤如下。

（1）导入媒体查询模块。

```
import { mediaquery } from '@kit.ArkUI';
```

（2）根据规则，创建需要的媒体查询条件。媒体查询条件是通过媒体查询语法来定义的，它由媒体类型、逻辑操作符和媒体特征组成。其语法规则如下。

```
[media-type] [media-logic-operations] [(media-feature)]
```

- 媒体类型（media-type）：指定媒体查询的目标设备类型，通常为 screen，表示按屏幕相关参数进行媒体查询。
- 媒体逻辑操作（media-logic-operations）：用于连接不同的媒体类型与媒体特征的逻辑操作符，包括 and、or、not、only 及逗号（,）。
- 媒体特征（media-feature）：定义了媒体查询的具体条件，如设备的宽高、分辨率、屏幕方向等。

一些媒体查询条件的示例如表 12-6 所示。

表 12-6 媒体查询条件示例

媒体查询条件	说　明
(max-width: 800px)	屏幕宽度小于或等于 800 像素
(orientation: landscape)	屏幕方向为横屏
(device-type: tablet) and (min-width: 1024px)	设备类型为平板且屏幕宽度大于或等于 1024 像素
(dark-mode: true)	屏幕为深色模式

（3）设置状态变化监听。通过 matchMediaSync 接口设置目标媒体查询条件，保存返回的条件监听句柄 listener。

```
let listener: mediaquery.MediaQueryListener = mediaquery.matchMediaSync('(orientation: landscape)');
```

之后通过给条件监听句柄 listener 绑定回调函数 onPortrait，当 listener 检测设备状态变化时，就会执行回调函数。在回调函数内，可以根据不同设备状态更改页面布局或者实现业务逻辑。

```
@Entry
@Component
struct Page {
onPortrait(mediaQueryResult: mediaquery.MediaQueryResult) {
  if (mediaQueryResult.matches as boolean) {
    // 处理屏幕变为横屏时的逻辑，如改变组件位置
  } else {
    // 处理屏幕为非横屏时的逻辑
  }
}
aboutToAppear() {
  // …
listener.on('change', this.onPortrait);
}
}
```

HarmonyOS 媒体查询支持的媒体特征可以参考表 12-7。

表 12-7　HarmonyOS 媒体查询支持的媒体特征

类型	说明
height	应用页面可绘制区域的高度
min-height	应用页面可绘制区域的最小高度
max-height	应用页面可绘制区域的最大高度
width	应用页面可绘制区域的宽度
min-width	应用页面可绘制区域的最小宽度
max-width	应用页面可绘制区域的最大宽度
resolution	设备的分辨率，支持 dpi、dppx 和 dpcm 单位。其中： - dpi 表示每英寸的物理像素个数，1dpi ≈ 0.39dpcm； - dpcm 表示每厘米的物理像素个数，1dpcm ≈ 2.54dpi； - dppx 表示每个 px 的物理像素数（此单位按 96px = 1 英寸为基准，与页面中的 px 单位计算方式不同），1dppx = 96dpi
min-resolution	设备的最小分辨率
max-resolution	设备的最大分辨率
orientation	屏幕的方向。可选值： - orientation: portrait（设备竖屏）； - orientation: landscape（设备横屏）
device-height	设备的高度
min-device-height	设备的最小高度
max-device-height	设备的最大高度
device-width	设备的宽度
device-type	设备的类型。可选值：default、tablet
min-device-width	设备的最小宽度
max-device-width	设备的最大宽度
round-screen	屏幕类型，圆形屏幕为 true，非圆形屏幕为 false
dark-mode	系统为深色模式时为 true，否则为 false

3. 栅格布局

HarmonyOS 的栅格布局是为了解决多尺寸、多设备的动态布局问题而设计的辅助定位系统，在具体组件上表现为 GridRow 组件和 GridCol 组件，其中 GridCol 必须作为 GridRow 的子组件在栅格布局场景中使用。

（1）栅格布局的主要属性。栅格布局有 Margin、Column 和 Gutter 三个主要属性，栅格的样式也由这三个属性决定，其关系如图 12-5 所示。

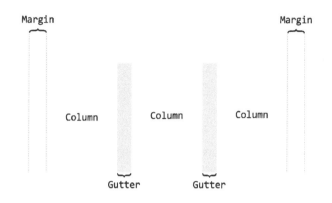

图 12-5　栅格布局属性的关系

- Margin：与普通组件中的 Margin 含义一致，表示元素相对于窗口左右边缘的距离，决定了内容可展示的整体宽度，用来控制元素距离屏幕边缘的距离关系。
- Column：Column 是栅格中的列数，默认为 12，其数量决定了内容的布局复杂度。在保证 Margin 和 Gutter 符合规范的情况下，系统会根据实际窗口的宽度和 Column 数量自动计算每个 Column 的宽度，不需要也不允许开发者手动配置。
- Gutter：Gutter 是每个 Column 的间距，默认为 0，控制元素和元素之间的距离关系，决定内容间的紧密程度。

在实际应用中，可以根据需求配置不同断点下栅格组件 Column 的数量，并调整 Margin、Gutter 参数，以灵活适配不同的布局需求。

（2）栅格组件的断点。

- 支持最多启用 6 个断点，默认提供了 xs、sm、md、lg 四个断点，支持新增断点（xl、xxl）或修改断点的取值范围。
- 默认以窗口宽度为参照物，也允许以栅格组件本身的宽度为参照物，只需要将参数 reference 设置为 BreakpointsReference.ComponentSize 即可。
- 断点发生变化时，会通过 onBreakPointChange 事件进行通知。

以下代码示例为一个栅格组件断点的监听，代码中自定义了断点的取值范围，并利用断点变化的回调进行界面刷新。

```
@Entry
@Component
struct GridBreakpoint {
  @State private currentBreakpoint: string = 'unknown';
  build() {
    GridRow({
      breakpoints: {
        value: ['100vp', '200vp', '300vp'],
```

```
    }
  }) {
    GridCol({ span: { xs: 12 } }) {
      Text("当前断点\n" + this.currentBreakpoint)
        .fontSize(30)
        .fontWeight(FontWeight.Medium)
        .height('100%')
        .textAlign(TextAlign.Center)
    }
  }.onBreakpointChange((currentBreakpoint: string) => {
    this.currentBreakpoint = currentBreakpoint;
  }).width('100%')
}
```

如果需要调试多屏幕尺寸的组件效果，则可以在 Previewer 中单击图 12-12 所示的按钮，开启拖曳模式。

图 12-12　开启拖曳模式

拖动预览界面右下角的按钮，即可预览在不同分辨率设备上的断点变化，如图 12-13 所示。

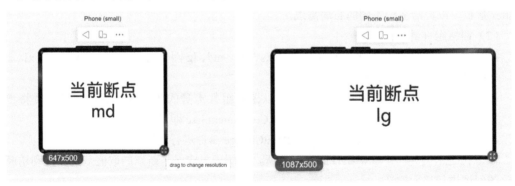

图 12-13　预览多分辨率设备上的断点变化

（3）GridCol 的 span、offset 和 order 参数。GridCol 组件支持配置 span、offset 和 order 三个参数，用于控制元素的栅格布局效果。这三个参数按照断点顺序 xs → sm → md → lg → xl → xxl 的取值具有继承性。例如，如果在 sm 断点下将 span 的值配置为 3，而不在 md 断点下配置 span 的值，则 md 断点下 span 的取值也是 3。它们的参数说明如表 12-8 所示。

表 12-8 GridCol 组件的参数说明

参数名	必填	默认值	说明
span	是	-	在栅格中占据的列数。如果 span 为 0，意味着该元素既不参与布局计算，也不会被渲染
offset	否	0	相对于前一个栅格子组件偏移的列数
order	否	0	元素的序号，根据栅格子组件的序号，从小到大对栅格子组件做排序

以下代码利用栅格组件的 span，控制列表布局在不同尺寸屏幕上的排布，实现在不同设备上展示不同列数的效果。

```
@Entry
@Component
struct GridOptions {
  private colors: Color[] = [Color.Blue, Color.Brown, Color.Green, Color.Orange, Color.Red, Color.Black]
  build() {
    GridRow() {
      ForEach(this.colors, (item: Color, index: number) => {
        this.buildColumnItem(index + '', item);
      })
    }.backgroundColor('#19000000')
    .height('100%')
  }
  @Builder
  buildColumnItem(text: string, bgColor: Color) {
   // sm: 全部栅格；md: 一半栅格；lg: 四分之一栅格
    GridCol({ span: { sm: 12, md: 6, lg: 3 } }) {
      Row() {
        Text(text).fontSize(80).fontColor(Color.White)
      }
      .justifyContent(FlexAlign.Center)
      .backgroundColor(bgColor).width('100%').padding({ top: 5, bottom: 5 })
    }
  }
}
```

在完成基本的布局代码后，可以在 DevEco Studio 的 Previewer 中开启多设备预览模式，开发者只需打开 Multi-profile preview 开关即可，如图 12-14 所示。

此时，在 Previewer 中可以看到不同屏幕大小的设备上栅格组件对子元素的不同排布方式，如图 12-15 所示。

如果在此基础上修改了 GridCol 的 offset 参数，则可以控制每个元素排布时的栅格偏移数量，实现新的布局效果。

图 12-14　在 Previewer 中开启多设备预览模式

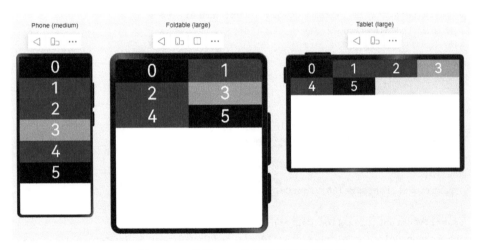

图 12-15　使用 span 控制栅格组件的效果

```
@Builder
buildColumnItem(text: string, bgColor: Color) {
  // 添加 offset
  GridCol({ span: { sm: 12, md: 6, lg: 3 }, offset: { lg: 6 } }) {
    // …
  }
}
```

由于代码配置的 offset 只有 lg 断点，因此只有在平板设备上的布局才会受影响，如图 12-16 所示。

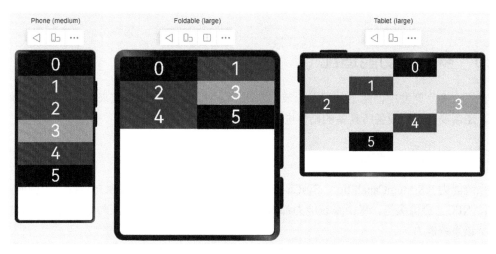

图 12-16　使用 offset 改变元素偏移的效果

如果使用 order 参数，则可以根据需要改变元素的排布顺序。

```
@Builder
buildColumnItem(text: string, bgColor: Color, index: number) {
  // 添加 order，设置为逆序排列
  GridCol({ span: { sm: 12, md: 6, lg: 3 }, order: { sm: DATA_LEN - index } }) {
    // …
  }
}
```

此时，可以将原本的"1→2→3→4→5"顺序变成"5→4→3→2→1"，如图 12-17 所示。

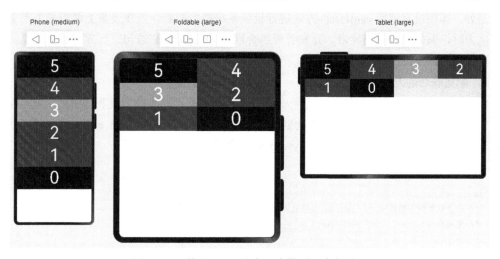

图 12-17　使用 order 改变元素排列顺序的效果

12.5 多设备功能适配

在"一多"开发中,除了使用上一节中介绍的各种灵活的布局方式来适配多种屏幕类型的设备,还需要对不同设备所具备的硬件进行业务逻辑层面的适配。

12.5.1 系统能力适配

系统能力(SystemCapability,SysCa)指操作系统中的每一个相对独立的特性,例如蓝牙、Wi-Fi、NFC、摄像头等。每个系统能力都对应多个 API,这些 API 存在与否取决于目标设备是否支持该系统能力。

在开发多设备应用时,默认的要求能力集是多个设备支持能力集的交集,而默认的联想能力集是多个设备支持能力集的并集。

1. 动态逻辑判断

如果某个系统能力没有写入应用的要求能力集,那么在使用前需要判断设备是否支持该系统能力。开发者可以使用 HarmonyOS 提供的 canIUse() 方法来判断系统能力的支持情况。

```
// 使用 canIUse()方法判断当前设备是否支持 NFC
if (canIUse("SystemCapability.Communication.NFC.Core")) {
  console.log("该设备支持 SystemCapability.Communication.NFC.Core");
} else {
  console.log("该设备不支持 SystemCapability.Communication.NFC.Core");
}
```

另外,即使没有使用 canIUse() 方法进行设备系统能力判断,当在设备上调用某个不支持的系统能力时,系统也会抛出异常。开发者应当合理使用 try catch 语句进行异常捕获,以防应用出现崩溃闪退的情况。

2. 配置联想能力集和要求能力集

DevEco Studio 会根据创建的工程所支持的设备自动配置联想能力集和要求能力集,同时支持开发者修改。在这种情况下,需要手动创建 syscap.json 文件,其路径在 entry 模块的 src/main 目录下,与 module.json5 文件同级。syscap.json 文件的内容示例如下。

```
// syscap.json
{
  "devices": {
    // 每个典型设备都对应一个 syscap 支持能力集,可配置多个典型设备
    // 需要和 module.json5 中的 deviceTypes 保持一致
    "general": [
      "default",
      "tablet"
```

```
    ],
    // 厂家自定义设备
    "custom": [
      {
        "某自定义设备": [
          "SystemCapability.Communication.SoftBus.Core"
        ]
      }
    ]
  },
  // addedSysCaps 内的 syscap 集合与 devices 中配置的各设备支持的 syscap 集合的并集共同构成联想能力集
  "development": {
    "addedSysCaps": [
      "SystemCapability.Communication.NFC.Core"
    ]
  },
  // 用于生成 rpcid，需慎重添加，可能导致应用无法分发到目标设备上
  "production": {
    //devices 中配置的各设备支持的 syscap 集合的交集，添加 addedSysCaps 集合再除去 removedSysCaps 集合，
共同构成要求能力集
    "addedSysCaps": [],
    // 当该要求能力集为某设备的子集时，应用才可被分发到该设备上
    "removedSysCaps": []
  }
}
```

3. 设备类型判断

设备类型分为 default（默认设备）、tablet、tv、wearable、2in1。如果应用的功能在不同的设备类型上表现不同，也可以根据 deviceInfo 进行区分，示例代码如下。

```
import { deviceInfo } from '@kit.BasicServicesKit'
@Component
struct DeviceAssistant {
  @State deviceType: string = 'unknown'
  aboutToAppear() {
    this.deviceType = deviceInfo.deviceType
  }
  build() {
    Column() {
      Text(`${this.getDisplayedDeviceType()}助手`)
    }
  }
  private getDisplayedDeviceType(): string {
    switch (this.deviceType) {
      case "wearable":
        return "手表";
```

```
    case "tablet":
      return "平板";
    case "tv":
      return "智慧屏";
    default:
      return "手机";
  }
 }
}
```

12.5.2 应用尺寸限制和适配

在实际开发过程中,合理地使用自适应布局和响应式布局能够尽可能地保障应用在不同设备上的显示效果。然而,用户的使用情况往往是多变的。在这种情况下,需要一定的措施来控制适配成本,以保障用户体验。

1. 限制窗口的尺寸调节范围

考虑到设计和开发等方面的成本限制,一款应用不可能完美地适配所有可能的窗口宽度。在这种情况下,开发者可以在 module.json5 文件中限制应用中各个功能的自由窗口尺寸调节范围,示例如下。

```
// module.json5
{
  "module": {
    // ...
    "abilities": [
      {
        "name": "EntryAbility",
        "srcEntry": "./ets/entryability/EntryAbility.ets",
        // ... 其他能力配置
        // 该能力支持的最小窗口宽度(vp)
        "minWindowWidth": 320,
        // 该能力支持的最小窗口高度(vp)
        "minWindowHeight": 540,
        // 该能力支持的最大窗口宽度(vp)
        "maxWindowWidth": 1440,
        // 该能力支持的最大窗口高度(vp)
        "maxWindowHeight": 2560,
        // 该能力支持的最小宽高比
        "minWindowRatio": 0.67,
        // 该能力支持的最大宽高比
        "maxWindowRatio": 2.3
      }
```

```
    ]
  }
}
```

2. 动态获取组件尺寸

在实际开发中，开发者可能需要获取页面中某个组件或区域的尺寸，以便进行更精确的布局计算和优化，类似于在 Android 开发中重写 onMeasure() 方法，以动态获取组件尺寸。

在 HarmonyOS 中，可以通过监听组件区域变化事件来实现。该事件在组件的尺寸或位置发生变化时触发，具体为 onAreaChange() 方法，示例代码如下。

```
Column() {
  // ...
}
.height('100%')
.onAreaChange((oldValue: Area, newValue: Area) => {
  // 调整布局
})
```

Area 对象字段的说明如表 12-9 所示。

表 12-9 Area 对象字段的说明

字段名	类型	说明
width	Length	组件当前的宽度
height	Length	组件当前的高度
position	Position	组件当前相对于父布局的位置，x、y
globalPosition	Position	组件当前的全局位置，x、y

12.6 本章小结

本章主要介绍了 HarmonyOS 的多设备适配，即"一次开发，多端部署"的能力。在需求分析阶段、设计阶段和开发阶段，无论是设计人员还是开发者，都需要根据不同设备的屏幕尺寸、分辨率和交互方式进行妥善处理，以确保用户在不同设备上的体验。本章还详细地从工程配置、页面开发、多设备功能适配的角度介绍了 HarmonyOS "一多"特性的相关内容。

第 13 章
打造多层级 Tab 信息流 App

13.1 项目设计

本章以市场上常见的信息流 App 为例，讲解如何在 HarmonyOS 系统中开发一款多层级的信息流应用。

首先需要创建一个信息流 App 的工程，创建步骤可以参考第 1 章，这里不再赘述。下面着重分析信息流 App 的功能及设计。

13.1.1 功能与界面设计

市场上的信息流 App 通常包含两级 Tab：第一级 Tab 为 App 的功能划分，其第一个 Tab 通常为新闻资讯 Tab，其他 Tab 一般为设置、我的等；第二级 Tab 为细分的新闻类型，如推荐、NBA 和财经等。

13.1.2 架构设计

在实现信息流页面之前，需要先对页面进行整体的架构

图 13-1 信息流 App

设计。在实际开发中，养成先完成设计再编码的习惯十分重要，可以避免不必要的返工。

页面整体由三级嵌套的容器构成，一级容器是二级容器的父容器，二级容器是三级容器的父容器，每级容器都自下而上形成父子关系，如图 13-2 所示。

- 一级容器为一级 Tab，作为整个 App 的底部导航栏，一级 Tab 包含"新闻"和"设置"两个导航元素，单击一级容器导航元素将切换到对应的二级容器页面，例如单击"新闻"会切换到信息流页面，单击"设置"会切换到设置页面。
- 二级容器为二级 Tab，用于信息流信息分类。二级 Tab 包含具体的信息流标签，如推荐、科技、财经等。单击对应的标签会切换到标签对应的三级容器，即标签对应的信息流页面。
- 三级容器是展示具体信息流内容的页面，是单击二级 Tab 切换过去的页面。三级容器是二级容器的子容器，二级 Tab 的每个 Tab 元素都对应一个三级容器。

图 13-2　容器分布展示

下面的章节将按照三级容器嵌套的思路讲解如何实现信息流 App。

13.2 一级 Tab 实现

HarmonyOS 官方提供了 Tab 组件,可以方便地实现一级 Tab。Tab 组件由 TabContent 和 TabBar 两部分组成。TabContent 是内容页,TabBar 是导航栏,导航栏可以设置在底部、顶部或者侧边。系统的 Tab 组件如图 13-3 所示。

一级 Tab 如图 13-4 所示,包含"新闻"和"设置"两个可以切换对应页面的导航元素。

信息流一级 Tab 实现的代码如下。在下面的代码中,当使用 Tab 组件时,首先通过 { barPosition: BarPosition.End } 来设置 Tab 组件的 TabBar 在页面底部。然后通过两个 TabContent 语句分别设置"新闻"和"设置"两个 Tab 页面。每个 TabContent 对应的内容都需要一个展示的页面,并通过 TabContent 的 tabBar 属性设置 TabBar 的导航。"新闻"的展示页面设置为 NewsPage,NewsPage 的实现将在 13.3 节的二级 Tab 实现部分介绍。"新闻"的 tabBar 属性通过一个自定义的 @Builder tabBarItem 来定义 UI。tabBarItem 接收三个参数:第一个参数是 tabBar 的下标位置,第二个参数为未选中 tabBar 时的图标,第三个参数为选中 tabBar 时的图标。"设置" Tab 的设置与"新闻"类似,这里不再介绍。

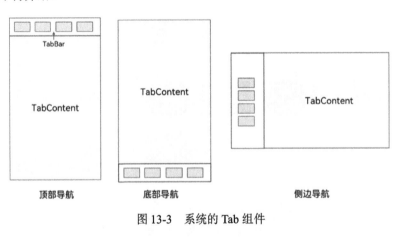

图 13-3 系统的 Tab 组件

图 13-4 一级 Tab

```
@Entry
@Component
export struct AppEntryPage {
    @State currentTabIndex: number = 0

    @Builder
```

```
    tabBarItem(index: number, normalIcon: Resource, selectedIcon: Resource, text: Resourc
eStr) {
        Column() {
            Image(this.currentTabIndex === index ? selectedIcon : normalIcon)
                .height(24)
                .width(24)
                .margin({ top: 3 })
            Blank()
            Text(text)
                .fontSize(12)
                .margin({ bottom: 3 })
                .fontWeight(this.currentTabIndex === index ? FontWeight.Bold : FontWeight
.Normal)
        }
        .justifyContent(FlexAlign.Center)
        .height(50)
    }

    build() {
        Tabs({ barPosition: BarPosition.End }) {
            TabContent() {
                NewsPage()
            }
            .tabBar(this.tabBarItem(0, $r("app.media.tab_news_normal"), $r('app.media.tab
_news_selected'), '新闻'))

            TabContent() {
                SettingPage()
            }
            .tabBar(this.tabBarItem(1, $r("app.media.tab_setting_normal"), $r('app.media.
tab_setting_selected'), '设置'))
        }
        .onChange((index: number) => {
            this.currentTabIndex = index
        })
        .scrollable(false)
        .animationDuration(0)
        .barBackgroundColor('#f0f0f0')
    }
}
```

13.3 二级 Tab 实现

二级 Tab 页面如图 13-5 所示，主要包含 Tab 标签和 Tab 标签对应的信息流页面。13.2 节的一级 Tab 实现部分通过系统的 Tab 组件完成，信息流页面的二级 Tab 实现部分同样可以通过 Tab

组件来完成。

二级 Tab 实现的代码如下，定义了一个 NewsPage 组件，用来表示信息流二级 Tab 页面，这里定义了 tabContentModels 属性数组，用来表示二级 Tab 对应的模型数据。数组中的每个元素都对应 UI 上的一个 Tab 标签，以及 Tab 标签对应的信息流页面内容。

图 13-5　二级 Tab 页面

```
@Component
export struct NewsPage {
  @State tabContentModels: NewsTabContentModel[] = []
  @State currentTabIndex: number = 0

  build() {
    Column() {
      Tabs({ barPosition: BarPosition.Start }) {
        ForEach(this.tabContentModels, (item: NewsTabContentModel) => {
          TabContent() {
            NewsContent({ newsList: item.newsList })
          }.tabBar(item.tabName)
```

```
            }, (item: NewsTabContentModel) => {
                return item.tabId
            })
        }
        .onChange((index: number) => {
            this.currentTabIndex = index
        })
        .barMode(BarMode.Scrollable)
        .barHeight(50)
        .align(Alignment.Start)
        .alignSelf(ItemAlign.Start)
    }
  }
}
```

NewsTabContentModel 的定义参考如下，定义了三个属性：tabId 表示二级 Tab 的唯一标识符，tabName 为 Tab 在 UI 上展示的名称，newsList 为 Tab 对应的信息流页面展示的信息流。因为信息流是逐条展示的，所以定义成数组。数组中的每个元素都表示一条信息流，信息流数据使用 TemplateCommonAttribute 模型表示。TemplateCommonAttribute 的定义在 13.4.1 节实现。

```
export class NewsTabContentModel {
  // Tab 的 Id, 唯一标识一个 Tab
  tabId: string
  // Tab 的名字
  tabName: string
  // 页面展示的模板模型数据
  newsList: TemplateCommonAttribute[]

  constructor(tabId: string, tabName: string, templates: TemplateCommonAttribute[]) {
    this.tabId = tabId
    this.tabName = tabName
    this.newsList = templates
  }
}
```

13.4 信息流

信息流内容页如图 13-6 所示，主要用于展示信息流。单击信息流后会跳转到相关的信息流详情页。实现该页面主要包括三方面内容：定义三种信息流模板、信息流数据的网络请求和处理、信息流单击事件处理等。其中，信息流数据的网络请求和处理将在 13.5 节介绍。

图 13-6　信息流内容页

13.4.1　信息流模板实现

定义三种信息流展示模板，如图 13-7 所示。

图 13-7　三种信息流展示模板

- 第一种模板是纯文本模板，展示内容为一条新闻描述信息。底部展示新闻作者、新闻评论数量、新闻更新时间的信息。
- 第二种模板是上文下图模板，上方展示一条新闻描述信息，下方展示三张图片。底部展示新闻作者、新闻评论数量、新闻更新时间的信息。
- 第三种模板是左文右图模板，左侧展示一条新闻描述信息，右侧展示一张图片。底部展示新闻作者、新闻评论数量、新闻更新时间的信息。

1. 作者、评论数量、更新时间区域的 UI 实现

从图 13-7 可以看出，三种模板均包含新闻作者、新闻评论数量和新闻更新时间的信息，并且样式统一。因此，我们可以创建一个组件来展示这些信息，以便在所有信息流模板中重复使用，提高代码的复用性、模板的开发效率和代码的可维护性。

创建一个名为 NewsDescriptionInfoComponent 的组件，用于展示作者、评论数量和更新时间的信息。由于这些信息都是文本，可以使用 Text 组件来实现。作者、评论数量和更新时间的信息需要在同一行展示，因此可以使用 Row 组件来实现。该组件定义了 author、commentCount 和 updateTime 三个属性，分别用于存储作者、评论数量和更新时间的信息。参考代码如下所示。

```
@Component
export struct NewsDescriptionInfoComponent {
    author?: string
    commentCount?: number
    updateTime?: string

    @Builder
    createText(text: string, leftMargin: number) {
        Text(text)
            .fontSize(10)
            .fontColor(Color.Gray)
            .margin({ left: leftMargin })
    }

    build() {
        Row() {
            if (this.author != null) {
                this.createText(this.author, 0)
            }
            if (this.commentCount != null) {
                this.createText(`${this.commentCount}评`, 5)
            }
            if (this.updateTime != null) {
                this.createText(this.updateTime, 5)
            }
```

```
      }
    }
  }
```

由于作者、评论数量、更新时间的文字颜色、大小都相同,只是展示的文案内容不同,因此可以通过 createText 函数创建并返回一个 Text 组件,在创建作者、评论数量、更新时间的 Text 组件时,通过 createText 函数完成。这样做的好处是可以对创建 Text 组件的逻辑进行复用,修改的 Text 属性会同时在作者、评论数量、更新时间上生效,避免了冗余逻辑。

2. 分割线的 UI 实现

由图 13-7 可以发现,三种模板的底部都包含一条分割线。分割线可以抽象成一个组件。

创建一个 DividerLineComponent 组件,用来表示分割线。由于分割线是一条横线,因此可以使用 Row 组件,并通过对 Row 组件设置背景色和高度来完成。参考代码如下所示。

```
@Component
export struct NewsDescriptionInfoComponent {
    build() {
        Row() {
        }
        .width('100%')
        .height(1)
        .backgroundColor(Color.Gray)
    }
}
```

3. 纯文本模板的 UI 实现

下面介绍纯文本模板的 UI 实现,如图 13-8 所示,可以将纯文本信息流模板自上至下划分为三部分。第一部分是新闻内容的描述信息,可以使用 Text 组件完成。第二部分是 NewsDescriptionInfoComponent 组件。第三部分是 DividerLineComponent 组件。三部分内容是按照纵向排列展示的,因此可以使用 Column 组件确保三部分内容展示在同一列上。

> 首次突破800亿元!河北软件和信息技术服务业产
> 业规模持续壮大
> 河北新闻网 0评 2024-02-23 08:30

图 13-8 纯文本模板

创建一个 TextOnlyTemplate 组件,用来表示纯文本模板,参考代码如下。

```
@Component
export struct TextOnlyTemplate {
    model?: TextOnlyTemplateModel

    build() {
        Column() {
            if (this.model) {
```

```
            Text(this.model.title)
                .fontSize(16)
                .maxLines(3)
                .margin({ top: 5, bottom: 5 })

            NewsDescriptionInfoComponent({
                author: this.model.author,
                commentCount: this.model.commentCount,
                updateTime: this.model.updateTime
            }).margin({ bottom: 5 })

            // 分割线
            DividerLineComponent()
        }
    }
    .width('100%')
    .alignItems(HorizontalAlign.Start)
  }
}
```

在开发中，UI 的展示通常是由数据驱动的，数据和 UI 的定义是分开的。对于一个 UI 组件，通常会定义一个数据模型类，用来表示要展示的 UI 内容，之后通过该数据模型类中的数据来展示 UI 信息。上述代码中定义了一个 TextOnlyTemplateModel 类型的数据模型，用来表示纯文本模板展示的信息流标题、作者、评论数量、更新时间等信息。TextOnlyTemplateModel 的定义如下面的代码所示。TextOnlyTemplateModel 的实现继承了一个 TemplateCommonAttribute 的基类，由前面的分析知道，信息流的三种模板都包含作者、评论数量、更新时间的信息，因此可以将这部分通用的数据抽象到基类中，在开发其他模板的过程中定义对应的数据模型时，也直接继承该基类。TemplateCommonAttribute 基类中还定义了其他三个字段，分别表示的含义和用途如下。

- templateId：用来表示模板的唯一 ID。因为信息流中的 UI 有多种模板，不同的模板需要的数据不一样。在开发中，需要服务器指定下发的数据展示在哪个信息流模板上，因此可以通过该字段来确定模型数据要使用的信息流模板。
- newsId：用来表示新闻的唯一 ID。每条新闻通常都有一个唯一的 ID，方便对新闻进行管理。
- webUrl：单击信息流后要跳转到新闻详情页，新闻详情页一般使用 Web 开发，因此该字段表示要跳转的 Web 页面。

除了 TemplateCommonAttribute 定义的通用信息，TextOnlyTemplateModel 类包含了一个新闻标题字段，该字段直接定义在表示纯文本模板数据的 TextOnlyTemplateModel 类中。

```
// 新闻模板通用属性
export class TemplateCommonAttribute {
```

```
    // 信息流模板ID，唯一确定使用的UI组件模板
    templateId: string
    // 新闻ID，唯一确定一条新闻
    newsId: string
    // 作者
    author: string
    // 评论数量
    commentCount: number
    // 更新时间
    updateTime: string
    // 跳转Web页面
    webUrl: string

    (templateId: string,
              newsId: string,
              author: string,
              commentCount: number,
              updateTime: string,
              webUrl: string) {
        this.templateId = templateId
        this.newsId = newsId
        this.author = author
        this.commentCount = commentCount
        this.updateTime = updateTime
        this.webUrl = webUrl
    }
}

// 只有纯文本模板数据模型
export class TextOnlyTemplateModel extends TemplateCommonAttribute {
    // 标题
    title: string
    (templateId: string,
              newsId: string,
              title: string,
              author: string,
              commentCount: number,
              updateTime: string,
              webUrl: string) {
        super(templateId, newsId, author, commentCount, updateTime, webUrl)
        this.title = title
    }
}
```

4. 左文右图模板的 UI 实现

下面介绍左文右图模板的 UI 实现，如图 13-9 所示，可以将左文右图信息流模板划分为三部分。第一部分包含新闻标题和图片，按照横向排列展示，使用 Row 组件完成。标题可以使用 Text 组件完成，图片展示可以使用 Image 组件完成。第二部分是一条分割线，可以使用前面实现的 DividerLineComponent 组件。第三部分也是一条分割线，同样可以使用 DividerLineComponent 组件。这三部分内容按照纵向排列展示，因此可以使用 Column 组件来保证所有内容在同一列上展示。

图 13-9　左文右图模板

和纯文本模板类似，左文右图模板也需要通过定义一个数据模型来驱动组件 UI 的展示。这里定义了 LeftTextRightImageTemplateModel 类，继承自 TemplateCommonAttribute 基类。LeftTextRightImageTemplateModel 中包含标题和图片信息，参考代码如下。

```
// 左文右图模板数据模型
export class LeftTextRightImageTemplateModel extends TemplateCommonAttribute {
    // 标题
    title: string
    // 图片
    image: ResourceStr

    (templateId: string,
            newsId: string,
            title: string,
            image: ResourceStr,
            author: string,
            commentCount: number,
            updateTime: string,
            webUrl: string) {
        super(templateId, newsId, author, commentCount, updateTime, webUrl)
        this.title = title
        this.image = image
    }
}
```

创建一个 LeftTextRightImageTemplate 组件，用来表示左文右图模板，使用 LeftTextRightImageTemplateModel 类型的模型数据驱动 UI 的展示，参考代码如下。

```
@Component
export struct LeftTextRightImageTemplate {
    model?: LeftTextRightImageTemplateModel

    build() {
        Column() {
            // 内容区
            if (this.model != null) {
                Row() {
                    Text(this.model.title)
                        .fontSize(16)
                        .maxLines(3)
                        .height(80)
                        .layoutWeight(1)
                        .align(Alignment.TopStart)
                        .margin({ right: 20 })

                    // 右侧图片
                    Image(this.model.image)
                        .width(100)
                        .height(80)
                        .borderRadius(5)
                }
                .width('100%')
                .height(90)

                NewsDescriptionInfoComponent({
                    author: this.model.author,
                    commentCount: this.model.commentCount,
                    updateTime: this.model.updateTime
                }).margin({ bottom: 5 })

                // 分割线
                DividerLineComponent()
            }
        }
        .width('100%')
        .alignItems(HorizontalAlign.Start)
        .onClick(() => {
            if (this.model) {
                pushToNewsLandingPage(this.model)
            }
        })
    }
}
```

5. 上文下图模板的 UI 实现

下面介绍上文下图模板的 UI 实现。如图 13-10 所示，上文下图信息流模板可分为四部分。第一部分是新闻内容描述区域，可使用 Text 组件展示新闻内容的描述信息。第二部分是图片展示区域，包含三张图片，横向排列，可使用 Image 组件和 Row 组件完成排列。第三部分是作者、评论数量、更新时间展示区域，可使用 NewsDescriptionInfoComponent 组件实现。第四部分是一条分割线，可使用 DividerLineComponent 组件实现。四部分的内容按纵向排列展示，因此使用 Column 组件确保在同一列上展示。

图 13-10　上文下图模板

和前面的模板类似，需要定义一个数据模型来驱动上文下图模板组件的 UI 展示。该模板定义了 TopTextBottomImageTemplateModel 类，该类继承自 TemplateCommonAttribute 基类。在 TopTextBottomImageTemplateModel 中定义了标题和三张图片的信息，参考代码如下。

```
export class TopTextBottomImageTemplateModel extends TemplateCommonAttribute {
  // 标题
  title: string
  // 左边图片
  leftImage: ResourceStr
  // 左边图片
  middleImage: ResourceStr
  // 左边图片
  rightImage: ResourceStr

  (templateId: string,
           newsId: string,
           title: string,
           leftImage: ResourceStr,
           middleImage: ResourceStr,
           rightImage: ResourceStr,
           author: string,
           commentCount: number,
           updateTime: string,
           webUrl: string) {
    super(templateId, newsId, author, commentCount, updateTime, webUrl)
    this.title = title
```

```
        this.leftImage = leftImage
        this.middleImage = middleImage
        this.rightImage = rightImage
    }
}
```

创建一个 TopTextBottomImageTemplate 组件来表示上文下图模板，使用 TopTextBottomImageTemplateModel 类型的模型数据驱动 UI 的展示，参考代码如下。

```
@Component
export struct TopTextBottomImageTemplate {
    model?: TopTextBottomImageTemplateModel

    @Styles
    imageStyle() {
        .borderRadius(5)
        .width('32%')
        .aspectRatio(1.5)
    }

    build() {
        Column() {
            // 内容区
            if (this.model != null) {
                // 上面标题文字
                Text(this.model.title)
                    .fontSize(16)
                    .maxLines(3)
                    .margin({ top: 5 })

                Row() {
                    // 左边图片
                    Image(this.model.leftImage)
                        .imageStyle()
                    // 中间图片
                    Image(this.model.middleImage)
                        .imageStyle()
                    // 右边图片
                    Image(this.model.rightImage)
                        .imageStyle()
                }
                .width('100%')
                .justifyContent(FlexAlign.SpaceBetween)
                .margin({ top: 5, bottom: 5 })

                NewsDescriptionInfoComponent({
                    author: this.model.author,
```

```
                commentCount: this.model.commentCount,
                updateTime: this.model.updateTime
            }).margin({ bottom: 5 })

            // 分割线
            DividerLineComponent()
        }
    }
    .width('100%')
    .alignItems(HorizontalAlign.Start)
    .onClick(() => {
        if (this.model) {
            pushToNewsLandingPage(this.model)
        }
    })
}
```

13.4.2 信息流单击事件处理

在代码中添加单击事件，使得用户单击信息流后，可以跳转到相应的详情页面，信息流的详情页面使用 Web 页面承接。

1．添加信息流单击事件

可以通过组件的 onClick 函数给组件添加单击事件，在前面定义纯文本模板、左文右图模板、上文下图模板的代码，在 build 函数中给最外层的 Column 添加单击事件。单击事件参考代码如下。

```
.onClick(() => {
    if (this.model) {
        pushToNewsLandingPage(this.model)
    }
})
```

在单击信息流时，会调用 pushToNewsLandingPage 函数，跳转到对应的信息流详情展示页面。pushToNewsLandingPage 的实现代码如下所示。在此函数中，通过 router 的 pushUrl()方法将页面跳转到 NewsLandingPage 页面，NewsLandingPage 用于展示信息流的详情页面。该函数将信息流的模型数据作为参数传递给 NewsLandingPage 页面，因为 NewsLandingPage 需要使用要展示的 Web 页面地址。

```
export function pushToNewsLandingPage(model: TemplateCommonAttribute) {
    const bundleName = getContext().applicationInfo.name
    const url = `@bundle:${bundleName}/news/ets/pages/NewsLandingPage`
    router.pushUrl({ url: url, params: model }, router.RouterMode.Standard,  (err, value)
=> {
```

```
        if (err) {
            console.error(`Push to News landing pagefailed, error code is ${err.code}, er
ror message is ${err.message}`);
            return;
        }
    })
}
```

2. 定义信息流详情展示页面

定义用于展示信息流详情的页面 NewsLandingPage，参考代码如下。在下面的代码中，定义一个 webUrl 属性，用于保存要展示的 Web 页面地址。在跳转到该页面时，对应信息流的模型数据被作为参数传递过来。在 aboutToAppear 的生命周期中，可以通过 router 的 getParams 函数取出该参数，然后通过 as 关键字将其转换为需要的类型。这里将 webUrl 属性设置为即将展示的 Web 页面地址。有了 Web 页面地址后，可以通过 Web 组件来展示页面。Web 组件的使用可以参考第 5 章，这里不再赘述。

```
@Entry
@Component
export struct NewsLandingPage {
    controller: webView.WebviewController = new webView.WebviewController()
    @State webUrl: string = ''

    // 创建组件时获取需要加载的 Web URL 地址
    aboutToAppear(): void {
        const params = router.getParams() as TemplateCommonAttribute
        if (params != null) {
            this.webUrl = params.webUrl
        }
    }

    build() {
        Column() {
            Web({ src: this.webUrl, controller: this.controller })
        }
        .width('100%')
    }
}
```

13.4.3 信息流内容页实现

为了展示信息流列表，开发者定义了一个名为 NewsContent 的组件。这个组件通过其 newsList 属性来保存和处理信息流的数据模型。由于 List 组件适合展示列表数据，因此用它在 NewsContent 组件中展示这些信息流内容。这样一来，每当用户访问信息流内容页时，

NewsContent 组件就会利用 List 组件来展示存储在 newsList 中的新闻或文章列表。在 List 组件中，可以先使用 ForEach 语句来遍历 newsList 数组，根据 templateId 字段来判断每个信息流模板的类型，再使用不同的信息流模板进行展示。参考代码如下。

```
@Component
export struct NewsContent {
    // 信息流模板模型数据
    newsList: TemplateCommonAttribute[] = []

    build() {
        Column() {
            if (this.newsList) {
                List() {
                    ForEach(this.newsList, (template: TemplateCommonAttribute) => {
                        ListItem() {
                            if (template.templateId === TemplateId.textOnly) {
                                TextOnlyTemplate({ model: template as TextOnlyTemplateModel })
                            } else if (template.templateId === TemplateId.topTextBottomImage) {
                                TopTextBottomImageTemplate({ model: template as TopTextBottomImageTemplateModel })
                            } else if (template.templateId === TemplateId.leftTextRightImage) {
                                LeftTextRightImageTemplate({ model: template as LeftTextRightImageTemplateModel })
                            }
                        }
                    }, (template: TemplateCommonAttribute) => {
                        return template.newsId
                    })
                }
                .scrollBar(BarState.Off)
            }
        }
        .margin({ left: 20, right: 20 })
        .height('100%')
    }
}
```

在上面的代码中，使用 TemplateId 来表示三种模板对应的 ID，定义如下。每一个模板 ID 值都需要和服务器下发的数据对应。

```
export class TemplateId {
    static readonly textOnly: string = 'textOnly'
    static readonly leftTextRightImage: string = 'leftTextRightImage'
    static readonly topTextBottomImage: string = 'topTextBottomImage'
}
```

13.5 信息流数据的网络请求和处理

本章前面部分已经介绍了信息流页面的 UI 开发，从信息流的二级 Tab 页到信息流内容页，UI 内容的展示都是通过对应的数据模型驱动的。本节将介绍如何从网络请求信息流数据，并将信息流数据展示在对应的信息流页面上。在请求网络数据之前，开发者需要与服务器协商好 C/S 数据协议。客户端根据 C/S 数据协议设计客户端展示 UI 所需的数据结构，并对数据进行解析及展示。

信息流 C/S 数据协议格式如下：最外层的 status 字段表示服务器是否正确返回了数据，data 字段表示信息流数据。由于信息流页面包含多个 Tab，每个 Tab 又包含多条信息流内容，因此 data 字段使用数组来存放每个 Tab 对应的信息。每个 Tab 又包含 ID、名字、Tab 下的信息流内容，分别使用 tabId、tabName、newsList 字段表示。newsList 中的元素是要展示的信息流内容，由于存在三种信息流模板，因此包含三种数据格式。templateId 为 textOnly 的数据结构表示纯文本信息流模板，templateId 为 leftTextRightImage 的数据结构表示左文右图信息流模板，templateId 为 topTextBottomImage 的数据结构表示上文下图信息流模板。这三个模板的数据结构与 13.4.1 节介绍的 UI 模板所需的数据一一对应。

```
{
    "status": "ok",
    "data": [
        {
            "tabId": "这个字段是信息流页 Tab 的 ID",
            "tabName": "这个字段是信息流页 Tab 的展示名字",
            "newsList": [
                {
                    "templateId": "textOnly",
                    "newsId": "这个字段是信息的唯一 ID",
                    "author": "这个字段是信息流的作者",
                    "commentCount": "这个字段是信息流的评论数量",
                    "updateTime": "这个字段是信息流的更新时间",
                    "webUrl": "这个字段是单击信息流跳转的网页地址",
                    "title": "这个字段是信息流的标题"
                },
                {
                    "templateId": "leftTextRightImage",
                    "newsId": "这个字段是信息的唯一 ID",
                    "author": "这个字段是信息流的作者",
                    "commentCount": "这个字段是信息流的评论数量",
                    "updateTime": "这个字段是信息流的更新时间",
```

```
                "webUrl": "这个字段是单击信息流跳转的网页地址",
                "title": "这个字段是信息流的左侧标题",
                "image": "这个字段是信息流的右侧图片"
            },
            {
                "templateId": "topTextBottomImage",
                "newsId": "这个字段是信息的唯一 ID",
                "author": "这个字段是信息流的作者",
                "commentCount": "这个字段是信息流的评论数量",
                "updateTime": "这个字段是信息流的更新时间",
                "webUrl": "这个字段是单击信息流跳转的网页地址",
                "title": "这个字段是信息流的上方标题",
                "leftImage": "这个字段是信息流下方的左侧图片",
                "middleImage": "这个字段是信息流下方的中间侧图片",
                "rightImage": "这个字段是信息流下方的右侧图片"
            }
        ]
    }
  ]
}
```

1. 网络数据请求与解析

在解析网络数据之前，需要根据之前定义的 C/S 数据协议来定义相应的模型数据类型。首先定义 NewsData 类型，它对应 C/S 数据协议的最外层结构。然后定义 NewsTabContentModel 类型，它对应 C/S 协议中 data 数组中的元素类型。NewsTabContentModel 的定义可以参考 13.3 节。在 C/S 协议中，newsList 字段对应每一条信息流数据。由于信息流包含三种模板，每种模板对应的模型数据类型也不同。因此，在 NewsTabContentModel 类型的 newsList 中，可以使用联合类型 TextOnlyTemplate | LeftTextRightImageTemplateModel | TopTextBottomImageTemplateModel 来表示，或者使用基类 TemplateCommonAttribute 来表示，13.3 节中使用的 TemplateCommonAttribute 就是如此。

```
interface NewsData {
    status: string
    data: NewsTabContentModel[]
}
```

为了方便学习，与第 5 章类似，需要先搭建一个简单的 mock 服务，以模拟信息流数据。搭建 mock 服务的步骤可以参考 5.2.2 节。定义一个名为 news 的接口。确定本地 Server 的 IP 地址，例如 IP 地址是 192.168.1.2，则可以请求 http://192.168.1.2:3000/news 接口来获取信息流列表。网络请求方式在第 5 章已经详细讲解过，请求信息流数据的参考代码如下。这里通过 NewsDataManager 单例类来管理网络请求。通过调用 requestNewsData 函数，完成对信息流数据的网络请求，并将请求的数据通过 completion 回调传递给调用 requestNewsData 函数的位置。

```typescript
export class NewsDataManager {
   private static manager: NewsDataManager

   static sharedManager() : NewsDataManager {
      if (NewsDataManager.manager == null) {
          NewsDataManager.manager = new NewsDataManager()
      }
      return NewsDataManager.manager
   }

    kvStore: distributedKVStore.SingleKVStore | null = null

   private constructor() {
      this.createKVStore()
   }

   requestNewsData(completion: (tabContents: NewsTabContentModel[] | null) => void ) {
      let httpRequest: http.HttpRequest = http.createHttp();
       httpRequest.on('headersReceive', (header) => {
          console.info('header: ' + JSON.stringify(header));
      });
      let url = "http://127.0.0.1:3000/news";
      let promise: Promise<http.HttpResponse> = httpRequest.request(
          url,
          {
              method: http.RequestMethod.GET,
              connectTimeout: 10000,
              readTimeout: 10000,
              header: {
                'Content-Type': 'application/json'
              }
          });

       promise.then((data) => {
          if (data.responseCode === http.ResponseCode.OK) {
             try {
                const newsDataString = data.result as string;
                let newsData: NewsData = JSON.parse(newsDataString);
                if (this.kvStore) {
                   this.kvStore.put('newsListData', newsDataString)
                }
                completion(newsData.data);
             } catch (e) {
                completion(null);
```

```
                }
            } else {
                completion(null);
            }
        })
    }
    private createKVStore() {
        // 这里创建 KV-Store 代码省略，可以参考随书代码
    }
}
```

2. 信息流数据存储

在请求到信息流数据后，可以对信息流数据进行持久化存储，这样在后续冷启动时可以先加载持久化的缓存数据，再请求网络数据。信息流数据的存储方式可以使用第 6 章介绍的键值数据库，在修改 requestNewsData 函数中的 promise 代码时，增加键值存储逻辑，参考代码如下。

```
promise.then((data) => {
    if (data.responseCode === http.ResponseCode.OK) {
        try {
            const newsDataString = data.result as string;
            let newsData: NewsData = JSON.parse(newsDataString);
            if (this.kvStore) {
                this.kvStore.put('newsListData', newsDataString)
            }
            completion(newsData.data);
        } catch (e) {
            completion(null);
        }
    } else {
        completion(null);
    }
})
```

3. 信息流数据驱动页面展示

在 13.3 节介绍二级 Tab 实现时，NewsPage 组件中定义了 tabContentModels 属性，通过遍历 tabContentModels 属性来展示所有的二级 Tab。整个二级 Tab 页面完全由 tabContentModels 属性中的数据驱动。因此，在请求到信息流的网络数据后，可以将解析好的数据赋值给 tabContentModels 属性。网络数据的请求时机可以放在 NewsPage 组件的 aboutToAppear 声明周期中，参考代码如下。

```
aboutToAppear(): void {
    NewsDataManager.sharedManager().requestNewsData((tabContents: NewsTabContentModel[] |
null) => {
```

```
        if (tabContents) {
            this.tabContentModels = tabContents
        }
    })
}
```

13.6　本章小结

　　本章详细介绍了一个简单的信息流 App 的实现，包括从信息流页面的三级容器架构设计到每个容器模块的实现，最后通过请求网络数据来驱动整个信息流页面的展示。通过学习本章，读者也可以完成一个简单的信息流 App。

第 14 章 HarmonyOS 应用发布

14.1 HarmonyOS 应用发布整体流程

HarmonyOS 应用在完成开发测试后，可以发布在 AGC（AppGallery Connect）平台。HarmonyOS 通过数字证书（.cer 文件）和 Profile 文件（.p7b 文件）等签名信息来保证应用的完整性。如果应用需要上架到华为应用市场，则必须通过签名校验。因此，必须使用发布证书和 Profile 文件对应用进行签名后才能发布，其整体流程如图 14-1 所示。

发布成功后，用户即可在华为应用市场搜索获取开发的 HarmonyOS 应用。

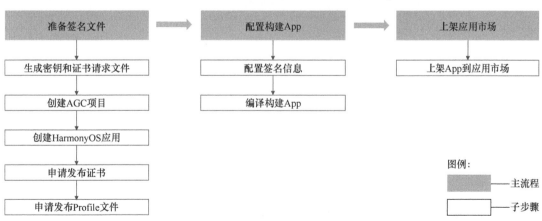

图 14-1　HarmonyOS 应用发布的整体流程

14.2 准备签名文件

HarmonyOS 应用的签名文件共有四种。
- 密钥文件：格式为 .p12，包含非对称加密所使用的公钥和私钥，存储在密钥库文件中。密钥对用于数字签名和验证。
- 证书请求文件：格式为 .csr，全称为 Certificate Signing Request，包含密钥对中的公钥及公共名称、组织名称、组织单位等信息。用于向 AppGallery Connect 申请数字证书。
- 发布证书文件：格式为 .cer，由华为 AppGallery Connect 颁发。
- Profile 文件：格式为 .p7b，包含 HarmonyOS 应用/元服务的包名、发布证书信息、描述应用/元服务允许申请的证书权限列表，以及允许应用/元服务调试的设备列表（如果应用/元服务类型为 Release 类型，则设备列表为空）。每个应用/元服务包中都必须包含一个 Profile 文件。

14.2.1 生成密钥和证书请求文件

密钥文件和证书请求文件都可以通过 DevEco Studio 生成。

在 DevEco Studio 的主菜单栏中，选择 Build→Generate Key and CSR 菜单命令，填写密钥文件信息，如图 14-2 所示。

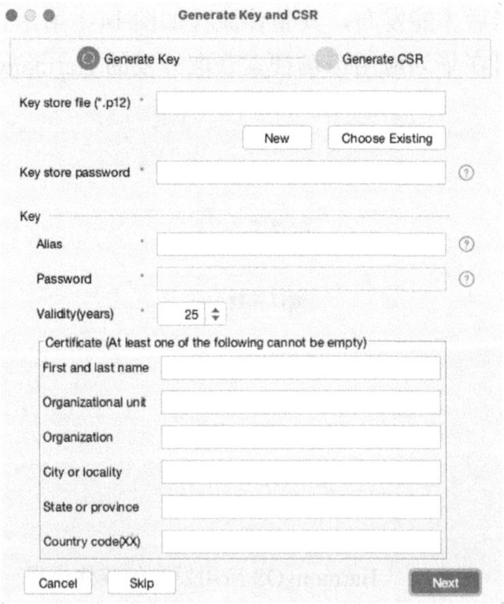

图 14-2　填写密钥文件信息

第 14 章　HarmonyOS 应用发布

在第一次创建 .p12 文件时，单击 New 按钮，生成密钥文件，如图 14-3 所示。
- Key store file：选择要保存的 .p12 文件的位置。
- Password：设置 .p12 文件的密码，必须包含大写字母、小写字母、数字和特殊符号中的至少两种，长度至少为 8 位。请记住该密码，后续签名配置时需要使用。
- Confirm password：再次输入 .p12 文件的密码。

单击 OK 按钮，继续填写密钥信息，如图 14-4 所示。

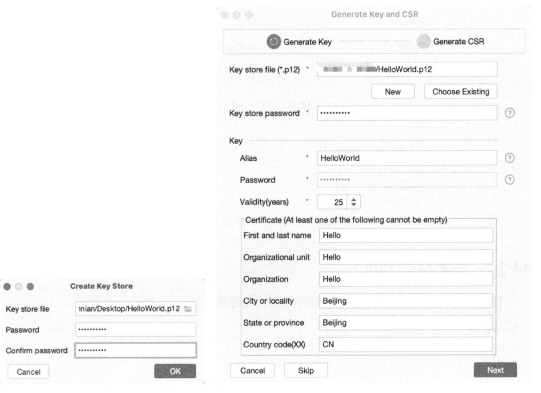

图 14-3　生成密钥文件　　　　　　图 14-4　填写密钥信息

- Alias（别名）：用于标识密钥的别名信息。请记住该别名，后续签名配置时需要使用。
- Password（密码）：与密钥库密码保持一致的密钥密码，无须手动输入。
- Validity（有效期）：建议设置为 25 年及以上，以覆盖应用/元服务的完整生命周期。
- Certificate（证书）：输入证书的基本信息，如组织、城市或地区、国家码等。

单击 Next 按钮，创建 CSR 文件，如图 14-5 所示。

设置 CSR 文件存储路径和 CSR 文件名，单击 Finish 按钮，会在设置的目录文件夹中生成对应的密钥文件和证书请求文件，如图 14-6 所示。

图 14-5　创建 CSR 文件

图 14-6　密钥文件和证书请求文件

14.2.2　创建 AGC 项目

登录 AGC 平台（如果没有 AGC 账号，可以先注册后登录），如图 14-7 所示。

图 14-7　AGC 平台

单击"我的项目"→"添加项目"菜单命令，新建 HelloWorld 项目，如图 14-8 所示。

第 14 章　HarmonyOS 应用发布

图 14-8　新建 HelloWorld 项目

14.2.3　创建 HarmonyOS 应用

单击图 14-8 中的 HelloWorld 项目，弹出 HelloWorld 项目的详情页面，如图 14-9 所示。

图 14-9　HelloWorld 项目的详情页面

单击"添加应用"按钮，配置应用信息，如图 14-10 所示。
- 选择平台：AGC 支持多类型的应用发布。为了开发 HarmonyOS 应用，需要选择 APP(HarmonyOS)。
- 支持设备：选择应用支持的设备类型。本书演示选择"手机"。
- 应用名称：用于 AGC 项目管理的名称，通常与工程项目名称相同。本书演示配置为

337

HelloWorld。
- 应用分类：应用分为应用和游戏，本书选择"应用"。
- 默认语言：应用默认使用的语言，本书选择"简体中文"。
- 是否元服务：HarmonyOS 应用是否为元服务，本书选择"否"。

填写应用的基本信息后，单击"确认"按钮，即可完成 HarmonyOS 应用的创建。

图 14-10　配置应用信息

14.2.4　申请发布证书

登录 AGC 平台，选择"用户与访问"，结果如图 14-11 所示。

图 14-11　选择"用户与访问"后的页面

进入"用户与访问"页面后，选择"证书管理"菜单命令，单击"新增证书"按钮，如图 14-12 所示。

在弹出的"新增证书"窗口中，填写要申请的证书信息，然后单击"提交"按钮，如图 14-13 所示。

- 证书名称：不超过 100 个字符。
- 证书类型：选择"发布证书"。
- 选取证书请求文件（CSR）：上传生成密钥和证书请求文件时获取的 .csr 文件。

第 14 章 HarmonyOS 应用发布

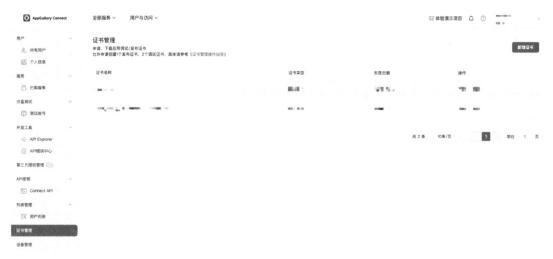

图 14-12 新增证书

图 14-13 填写要申请的证书信息

证书申请成功后,"证书管理"页面会展示证书名称等信息。单击"下载"按钮,将生成的证书保存至本地,供后续签名使用,如图 14-14 所示。

图 14-14 展示证书名称等信息

14.2.5　申请发布 Profile 文件

登录 AGC 平台，选择"我的项目"→HelloWorld 项目→HelloWord 菜单命令，单击左侧的"HAP Provision Profile 管理"选项，如图 14-15 所示。

图 14-15　HAP Provision Profile 管理

在"HAP Provision Profile 管理"页面，单击"添加"按钮，在"HarmonyAppProvision 信息"对话框中，填写 Profile 文件的基本信息，如图 14-16 所示。

图 14-16　"HarmonyAppProvision 信息"对话框

- 名称：不超过 100 个字符。
- 类型：选择"发布"。
- 选择证书：选择填写好的申请发布证书。
- 申请权限：如应用需要使用 ACL 方式申请的权限，请提供 App ID 并发送到 agconnect@huawei.com，申请开通"受限 ACL 权限（HarmonyOS API 9 以及以上）"配置项，然后在此配置项中申请权限。

如果应用不需要上述权限，则选择"受限权限（HarmonyOS API 9 以下）"，根据需要配置权限。

注：请确保此处申请的权限与软件包内配置的权限一致。

Profile 文件申请成功后，在"管理 HAP Provision Profile"页面展示 Profile 名称、类型等信息。单击"下载"按钮，将生成的 Profile 保存至本地，供后续签名使用，如图 14-17 所示。

图 14-17 "管理 HAP Provision Profile"页面

注：一个应用最多可申请 100 个 Profile 文件。

14.3 配置构建 App

HarmonyOS 应用构建需要配置签名信息，包括密钥文件、证书请求文件、发布证书和 Profile 文件等。签名信息配置完成后，才能构建 App。

14.3.1 配置签名信息

通过 DevEco Studio 配置应用的签名信息。

打开 HelloWorld 项目，在主菜单中单击 File→Project Structure 菜单命令，进入 Project Structure 对话框。

选择 Project 选项，单击 Signing Configs 选项卡，取消勾选 Automatically generate signature 复选框，配置工程的签名信息，完成后单击 OK 按钮，如图 14-18 所示。

- Store file：密钥库文件，选择 14.2 节生成的 .p12 文件。
- Store password：密钥库密码，需要与 14.2 节设置的密钥库密码保持一致。
- Key alias：密钥的别名信息，需要与 14.2 节设置的别名保持一致。
- Key password：密钥的密码，需要与 14.2 节设置的密码保持一致。

- Sign alg：固定设置为 SHA256withECDSA。
- Profile file：选择 14.2 节下载的 .p7b 文件。
- Certpath file：选择 14.2 节下载的 .cer 文件。

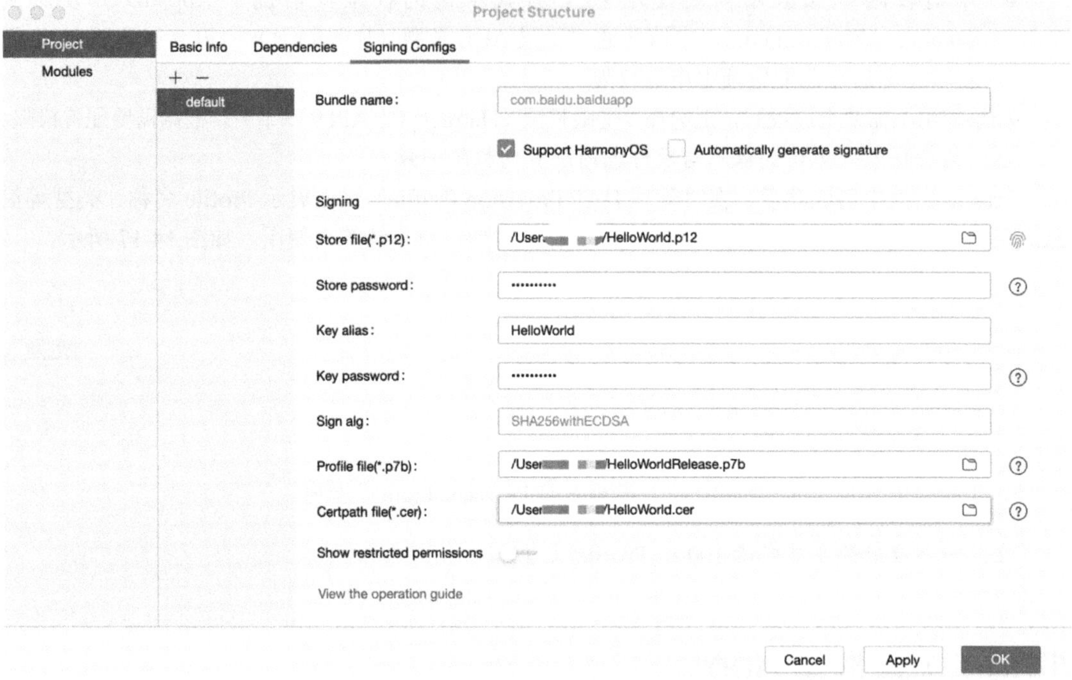

图 14-18　配置工程的签名信息

打开工程级 build-profile.json5 文件，显示 HelloWorld 项目的配置签名信息，如图 14-19 所示。

图 14-19　HelloWorld 项目的配置签名信息

14.3.2 编译构建 App

打开 HelloWord 项目，选择 Build→Build Hap(s)/APP(s)→Build APP(s) 菜单命令，如图 14-20 所示。

图 14-20 打开 HelloWord 项目

在编译完成后，将在工程目录 build→outputs→default 目录下生成 HelloWord-default-signed.app 文件，获取可用于发布的应用包，如图 14-21 所示。

图 14-21 获取可用于发布的应用包

14.4 上架应用市场

完成 HarmonyOS 应用签名后，可以通过 AGC 平台发布到应用市场。上架成功后，用户便可以下载发布的 HarmonyOS 应用。

登录 AGC 平台，选择"我的应用"菜单命令，以发布 HelloWorld 为例，如图 14-22 所示。

图 14-22 登录 AGC 平台

单击 HelloWorld 应用右侧的"发布"按钮，进入"应用信息"选项卡，如图 14-23 所示。

图 14-23 填写应用信息

1. 基本信息

如图 14-24 所示，基本信息可修改的选项只有"支持设备"。

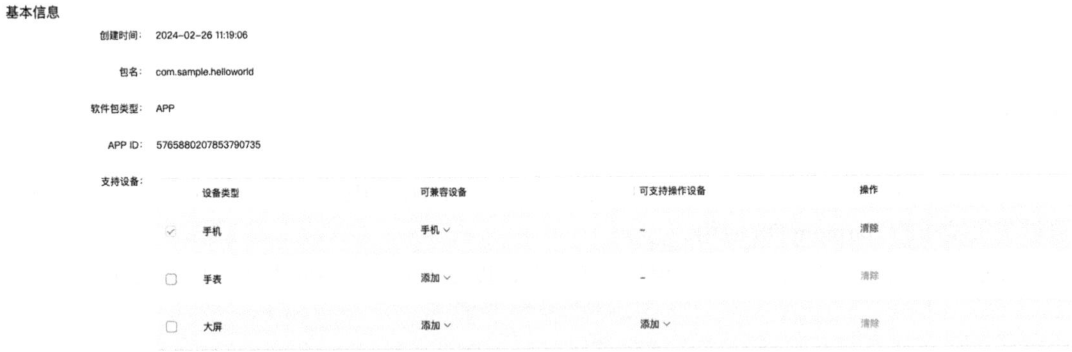

图 14-24 基本信息

支持设备内各项字段的含义如表 14-1 所示。

表 14-1　支持设备内各项字段的含义

配置项	说明
设备类型	可新增或减少分发设备 支持由单设备改为多设备，或由多设备改为单设备 升级应用仅允许增加设备类型，不支持删除原有在架应用已选择的设备类型。例如，在架应用支持的设备类型为"手机"，升级应用时无法取消勾选"手机"复选框
可兼容设备	单击下拉箭头，可根据需要选择兼容设备。 手机：可选择手机、平板； 大屏：可选择智慧屏； 手表：可选择智能手表、运动手表
可支持操作设备	单击下拉箭头，可根据需要选择支持的操作设备。 手机：无； 大屏：可选择遥控器、手柄、体感； 手表：无
操作	单击"清除"按钮，可一键清除所选的兼容设备与支持的操作设备

2. 可本地化基础信息

如图 14-25 所示，配置可本地化基础信息。

图 14-25　可本地化基础信息

详细配置项的参数和说明如表 14-2 所示。

表 14-2　详细配置项的参数和说明

配 置 项	说　　明
语言	必填。创建应用时的默认语言，如需为当前应用添加其他语言，则单击"管理语言列表"按钮，在"语言选择"对话框中勾选"语言"复选框，单击"确定"按钮
应用名称	必填。默认为创建应用时设置的应用名称
应用介绍	必填。简单描述该应用的功能、产品定位等，在 8000 字以内
应用一句话简介（小编推荐）	必填。简单介绍该应用，应突出应用的主要特色，以帮助提升应用下载率。元服务要求在 256 字以内，其他应用类型要求在 80 字以内。为保证良好的界面展示效果，建议不超过 25 字
新版本特性	选填。描述新版本的特性，在 500 字以内
应用图标	必填。分辨率为 216 像素×216 像素，若为 PNG 格式，则在 2MB 以内；若为 WEBP 格式，则在 100KB 以内（不允许为动图）
应用截图	必填。 横向截图：分辨率为 800 像素×450 像素，若为 PNG、JPG、JPEG 格式，则在 2MB 以内；若为 WEBP 格式，则在 100KB 以内（不允许为动图）。 竖向截图：分辨率为 450 像素×800 像素，若为 PNG、JPG、JPEG 格式，则在 2MB 以内；若为 WEBP 格式，则在 100KB 以内（不允许为动图）
应用视频	选填。应用介绍视频，将展示在应用详情页的"介绍"页
推荐视频	选填。应用推荐视频，将展示在应用详情页的顶部，仅开放给飞跃计划、联运等项目开发者使用

3. 应用分类

应用分类需要按照应用类型填写二级、三级类别，如图 14-26 所示。

图 14-26　选择应用分类

配置应用版本信息。选择"版本信息"→"准备提交"菜单命令，配置版本信息，如图 14-27 所示。

版本信息的配置项和说明如表 14-3 所示。

图 14-27　配置版本信息

表 14-3　版本信息的配置项和说明

配 置 项	说　　明
管理国家或地区	必填。 勾选"中国大陆"复选框
开放式测试	必填。 是否接入开放测试，接入开放测试后，被邀请的用户可以在应用未正式上架前，通过 AGC 平台下载 HarmonyOS 应用进行测试体验
软件版本	必填。 上传需要发布的 HarmonyOS 应用
付费情况	必填。 当前仅智能手表应用支持付费能力，其他设备类型的 HarmonyOS 应用仅支持免费下载
内容分级	必填。 年龄分级作为应用的必填信息，便于开发者向用户说明应用的适用对象。年龄分级作为应用的重要属性，在华为应用市场直接展示给用户，帮助用户找到适合其年龄等级的应用，进一步为未成年人用户打造纯净的使用环境
隐私声明	必填。 填写隐私政策网页链接地址。如果应用涉及收集、处理用户信息，则需要提供隐私政策声明的网页链接地址。该网址会在应用的详情页面添加隐私政策跳转，帮助用户清楚地了解如何处理敏感的用户数据和设备数据
隐私标签信息录入	必填。 根据应用是否收集用户的信息数据选择是否在华为应用市场的应用详情页展示隐私标签，告知用户应用如何使用个人数据

续表

配置项	说　明
版权信息	必填。 按照版权信息模板提供版权资料信息
备案信息	必填。 根据《工业和信息化部关于开展移动互联网应用程序备案工作的通知》，自 2023 年 9 月初起，在中国大陆地区提供互联网信息服务的 App 开发者，需要依法履行 App 备案手续，并通过 App 分发平台的备案信息核验
上架	必填。 当应用支持的设备为手机、车机、VR 或路由器时，可以指定应用的上架时间，支持"审核通过立即上架"或"指定时间"上架，时间精确到秒。 指定时间是所在地的本地时间，在设置时间之后，系统会自动转换成 UTC 标准时间并显示在后面

所有信息都填写完成后，单击右上角的"提交审核"按钮。提交成功后，可在"状态"中查看审核进度状态，如图 14-28 所示。

图 14-28　提交审核

14.5　本章小结

本章首先介绍了 HarmonyOS 应用上架的整体流程，然后详细介绍了应用签名所需的签名文件类型及其生成方法，接着介绍了如何使用签名文件构建一个签名应用，最后讲述了通过 AGC 平台上架应用所需配置的应用信息和版本信息。